Transhumanismo integral

Ricardo Mejía Fernández

Transhumanismo integral

En torno al deseo de vivir para siempre

Prólogo de Mario Iceta Gavicagogeascoa

Colección Nuevo Ensayo, nº 161

Fotocomposición: Encuentro-Madrid
Impresión: Pulmen-Madrid
ISBN: 978-84-1339-218-9
Depósito Legal: M-2366-2025
Printed in Spain

Para cualquier información sobre las obras publicadas o en programa
y para propuestas de nuevas publicaciones, dirigirse a:

Redacción de Ediciones Encuentro
Conde de Aranda 20, bajo B - 28001 Madrid - Tel. 915322607
www.edicionesencuentro.com - info@edicionesencuentro.com

ÍNDICE

SEGUNDA PARTE
EL RETO DE UN NUEVO TRANSHUMANISMO

A mi alumnado

PRÓLOGO

La corrección técnica de una acción no supone necesariamente su bondad moral, una evidencia que los antiguos pensadores griegos acuñaron con la distinción entre *praxis* y *poiesis*. Si observamos al ser humano en su conjunto apreciamos esa misma dualidad: un buen arquitecto o un buen músico no por eso son necesariamente unas buenas personas.

También a nivel social es preciso distinguir entre el progreso material y el cultural. Los grandes inventos, como la rueda, el arado, la pólvora, el hormigón, la máquina de vapor, la imprenta o Internet, han supuesto un progreso material para toda la humanidad. Nuestra generación se beneficia del creciente dominio de la naturaleza acumulado por nuestros predecesores. *En cambio, en el ámbito de la conciencia ética y de la decisión moral, no existe una posibilidad similar de incremento, por el simple hecho de que la libertad del ser humano es siempre nueva y tiene que tomar siempre de nuevo sus decisiones* (Benedicto XVI, *Spe salvi*, n. 24). El progreso es una realidad ambigua que va desde la honda hasta la bomba, en la célebre expresión de Adorno. Si el avance técnico no es acompañado de una mejora ética se convierte en una amenaza para el hombre y para el mundo.

La civilización medieval fue abiertamente teocéntrica puesto que tanto el gobierno como la ciencia y las artes estaban orientados al progreso espiritual y la salvación eterna de sus habitantes. La Modernidad ejecutó un vuelco antropocéntrico, de la mano de la Reforma y de la Ilustración. Las revoluciones burguesa, industrial y proletaria implantaron la racionalidad instrumental en las costumbres, la economía y la política. Más recientemente, el relativismo, que solo reconoce la verdad experimental, ha convertido en *sentido común* la total supremacía de la *praxis* sobre la *doxa*. Tras el fracaso de las utopías colectivas de la Modernidad, el relativismo ha enarbolado la utopía transhumanista, la cual afirma la necesidad moral de mejorar las capacidades del hombre y superar sus límites, incluida la muerte, por medio del desarrollo, sin trabas naturales ni éticas, de las ciencias y tecnologías emergentes: la nanotecnología, la biotecnología, la robótica, las tecnologías de la información, la inteligencia artificial, las neurociencias, la genética... Sin embargo, un transhumanismo meramente biologicista, que ignora las dimensiones ecológicas, amatorias, sociales, económicas y espirituales de la persona, resulta reductivo e inhumano. Incluso, en su formulación más radical, es antihumano, porque desprecia y violenta la vida real única existente, y promete reemplazarla en un futuro siempre indeterminado por un nuevo tipo de vida «posthumano».

El relativismo pretende justificar el monopolio veritativo de la razón práctica, lo cual supone una contradicción en sus términos, aunque lo impermeabiliza de toda crítica teórica. También el transhumanismo relativista rechaza como tecnófobo todo disentimiento, sin pararse a considerar sus argumentos, y se alimenta dialécticamente de sus decepcionantes resultados para apremiar la salvación posthumanista, en la línea de la cultura de la cancelación. No obstante, una ideología autoinmune permanece vulnerable a la «mordedura de lo real» (G. Marcel). Como en el cuento de C. Andersen, el realismo de un niño tiene el poder de quebrar la sugestión general y mostrar que el rey va desnudo. Aquí radica el valor del presente libro. Frente al reduccionismo relativista, Ricardo

Mejía propone dirigir una mirada desideologizada a lo real. Frente al pensamiento débil, cultivar las actitudes fundantes del pensamiento realista de la antigua Grecia: la contemplación, la reflexión y la formulación rigurosas.

Mejía parte de un enfoque antropológico fenoménico, que levanta acta de lo que hay de experimentalmente auténtico en el hombre. El «*homo sapiens*» es, a la vez, «*technicus*» y «*amoris*», es decir «persona». Posee una dimensión biológica, pero también ecológica, amatoria, social, económica y espiritual. Es un ser trascendente, abierto a lo otro (la naturaleza), al otro (la sociedad y la política) y al Otro (Dios). Este personalismo integral alienta un transhumanismo también integral, que mejore todas las dimensiones de la persona, y esté al servicio de su centralidad, dignidad y trascendencia. Mejía propone una «viricultura» del cuidado y de la mejora integral de la persona. Una tecnofilia humana y entrañable, y no antropotécnica sino transdisciplinar. El hombre es un ser natural y espiritualmente técnico. La técnica es una forma humana de amar, y el amor es la forma humana de emplear la técnica. Por consiguiente, el transhumanismo integral es «de» y «para» la persona, razón por la cual mejora las mejoras del parcial.

Se nota el rigor con que Mejía reflexiona y formula sus conclusiones. La obra está repleta de afirmaciones clarividentes, como esta: *la autoafirmación que nace de la nada no es más que nada autoafirmada*; o como esta otra: *la diferencia entre bioconservadores y bioprogresistas no existe, sino que es un constructo arbitrario.* También es de notar el frecuente recurso a neologismos, que, si bien requieren un esfuerzo asimilatorio, luego resultan intelectualmente luminosos: «naturfacto», «tecnoutopismo», «ultrasecularización», «solucionismo», «tecno-metafísica», «parcialismo», entre otras. Mejía no formula una propuesta precaucionista o bioconservadora, sino en la línea crítica del humanismo antropocéntrico parcial que trajo la Modernidad. Tampoco pretende recuperar el humanismo teocéntrico medieval. En diálogo con J. Maritain, pero marcando distancias con el pensador francés, propone un humanismo antropocéntrico integral, abierto a todas las dimensiones naturales de la persona.

En definitiva, el presente libro es importante por lo que avanza en esa dirección, y también porque señala el camino que nos falta por recorrer: *O nos dirigimos hacia una reforma de raíz del humanismo occidental, especialmente el humanismo cristiano, a la luz de la crítica y de la innovación de la investigación tecnocientífica, o tarde o temprano correremos el riesgo de acabar en el tragadero enjundioso de una ideología siempre hambrienta de nuestra especie en sus miserias y grandezas.*

✠ Mario Iceta Gavicagogeascoa

Arzobispo de Burgos

INTRODUCCIÓN

El eco infinitamente repetido de un sonido original, el hombre [...], la imagen multiplicada de un arquetipo, el hombre.

Friedrich Nietzsche

Las palabras que encabezan esta introducción, escritas por Nietzsche (1996, pp. 28-29) en su texto póstumo *Sobre verdad y mentira en sentido extramoral*, escrito en 1873 y publicado en 1903, expresan bastante de lo que versarán las páginas de este libro. Allí el alemán abandonaba muchas de sus preocupaciones metafísicas de juventud y optaba por biologizar ambiguamente el lenguaje y la verdad. Pero Nietzsche entendía la vida de una forma muy diferente a la de la biología actual, especialmente cuando esta última la ordena según el tipo de organización sistémica y la jerarquiza en niveles de mayor a menor complejidad irreductible.

A este otro Nietzsche, por el contrario, las cosas naturales ya no le parecen tener ningún sentido, lo cual contrastaba con la ontologización del poder de su juventud, así como con el finalismo que concedía a una voluntad del hombre retada a hacerse sobrehumana. Negando el principio de no contradicción, en Nietzsche *la verdad es mentira y la mentira es verdad*. No hay esencias en la vida pura y ciega, entre la cual se incluye el hombre como su especular momento; de tal suerte que, cuando lo pensamos o lo modificamos técnicamente, no podemos distinguir en él, ni epistémica ni moralmente, lo verdadero de lo falso, el bien del mal, de una forma categórica y racionalmente justificada. Solo hay espacio para una vida indeterminada, de la cual el hombre es un lejano conjunto de fonemas que nos empeñamos en *esencializar* y en defender como si, en verdad, fuera algo en sí mismo a proteger y consolidar:

> En algún apartado rincón del universo centelleante, desparramado en innumerables sistemas solares, hubo una vez un astro en el que animales inteligentes inventaron el conocimiento. Fue el minuto más altanero y falaz de la «Historia Universal»: pero, a fin de cuentas, solo un minuto. (Nietzsche 1996, p. 17)

El conocimiento humano, y lo que puede llegar a ser el hombre, no es más que un invento, un *factum* que, si bien ahora nos lo encontramos *hecho*, tal vez algún día, tal y como auguran los transhumanistas de nuestro tiempo, podrá ser *rehecho* y *deshecho* en el vasto basurero de la historia. Coincido con Nietzsche en algo terminante, que marca al transhumanismo moderno en su más cuestionable edición: estamos en una grave crisis de la verdad, esto es, tanto de la verdad en sí misma, como de la verdad del hombre. Esto, que muchos autores denominan *post-verdad* (cf. García del Muro 2018), hace que no haya ni *qué* ni *quién* esenciales, a los que se deba respetar por parte de la reflexión epistemológica o mediante nuestros proyectos e intervenciones tecnológicas. Pienso, como se verá en el primer apartado, que el transhumanismo, tal y como se ha venido presentando de parte de un sector muy mediatizado, es una forma subrepticia de nihilismo. Es más, me parece una escapatoria insatisfactoria ante el abismo hacia la nada por el cual, ya no solo al omitir las instancias normativas de la religión sino también las profecías filosóficas (como las del propio Nietzsche), nuestra civilización se precipita aceleradamente al vacío junto con los aclamados ídolos del progreso y del bienestar.

Friedrich Nietzsche (1996, p. 28) tenía razón en «que el mundo en su totalidad está ligado a los hombres», lo cual se comprueba en la epopeya transhumanista, al reverberar ese *eco* que preconizaba el alemán; un eco del hombre que, mientras lo repite y aunque quiera cambiarlo substancialmente o crear incluso otro ser superior, no cesa de sonar en las mentes de los transhumanistas cuando persiguen aumentar y multiplicar sus capacidades. Esto acarrea relevantes consecuencias en este libro, dado que una gran parte del transhumanismo no es sino el eco del humanismo occidental, aunque con un sonido, si cabe, más distorsionado y estruendoso.

En esta obra quiero establecer el enlace del transhumanismo con la tradición humanística de nuestra civilización, que resuena una y otra vez en él. De hecho, no parece posible una retórica en los transhumanistas sin que se refieran constantemente a las burdas reliquias de los defensores del *Homo sapiens*. Las antiguallas de este ser, piensan, se han de guardar en el insulso armario de un museo para, de esta forma, dar paso a una humanidad reluciente que, más pronto que tarde, prescindirá de tan ofensivo concepto. Por ende, no hay transhumanismo, del tipo que sea, y que pretenda ser mínimamente comprensible, a menos que se rescaten dichas reliquias. Incluso para desfigurar y destruir al hombre se debe volver al mismo hombre y sacarlo, de tanto en tanto, de la polvorienta vitrina en la que debe ser puesto.

En las páginas que seguirán este volumen, además de intentar esbozar un transhumanismo diferente que arroje luz crítica al mayoritariamente presente, quiero, más bien, establecer puentes en vez de fosos tanto hacia muchas de las legítimas aspiraciones de este reciente movimiento, como hacia el humanismo occidental que toma como contrapunto. El humanismo ya no puede ser el que era, agazapado en el placentero regazo de la superioridad de las humanidades y presumiendo de su pasado glorioso. Un imparable futuro se cierne sobre nosotros. ¿Pero no hay nada que hacer para detenerlo? O renovamos las bases y los temas del humanismo, ofreciendo nuevos criterios de pensamiento y de acción de los desafíos tecnológicos, o nos arriesgamos a que se impongan, sobre nuestra humanidad y la sociedad en general, los *discursos de transformación o de substitución*, en la estela de una salvación puramente inmanentista, que pronuncian nuevos ideólogos, que se adjudican a sí mismos el objetivo de tomar el relevo tanto de las ineficaces ciencias humanas, como de las religiones tradicionales.

Las nuevas tecnociencias tienen mucho que ofrecer para mejorar y robustecer la dignidad de la persona humana ante todo aquello que la intimida y obstaculiza. ¿Se opone esto a que las tradiciones filosóficas y religiosas cuenten ya con un riquísimo acervo de recursos temáticos, éticos y simbólicos que ensanchan y purifican la panorámica de estas nuevas disciplinas? En absoluto. Y es que nos hallamos en medio del bullicio (pues todavía falta mucho por realizar) de una «revolución tecnocientífica» (cf. Echeverría 2003), la cual algunos entienden, directamente, en tanto que una «revolución científica» (cf. Harari 2015), sin precedentes en la historia: hoy se puede intervenir materialmente sobre la vida humana, como nunca antes se había podido hacer (se puede, por ejemplo, modificar cardiopatías genéticas mediante técnicas como el CRISPR-Cas9 o investigar en nanotecnología contra el cáncer a nivel celular); de modo que el pronóstico que muchos se atreven a aventurar no es más que el de un crecimiento exponencial de las nuevas disciplinas que mejoran biológicamente el cuerpo humano.

«Transhumanismo integral», además de proponer con este concepto un marco teórico y práctico diferente al abrigo del movimiento transhumanista, es el nombre que doy a una crítica y a una provocación dirigida en una doble dirección: hacia los que sufren de una tecnofilia idolátrica que les impide experimentar la realidad, así como hacia quienes les aflige una tecnofobia irracional, que les resguarda, en las cavernas de la ignorancia, con respecto al poder tecnocientífico del presente y el cual, de seguro, crecerá más y más en el futuro. El profesor Nick Bostrom, abiertamente transhumanista y utopista en su instituto recientemente clausurado de la Universidad de Oxford, ha declarado el carácter no monolíticamente fijado de este movimiento:

> El transhumanismo es un movimiento poco definido que se ha desarrollado gradualmente durante las últimas dos décadas y que promueve un enfoque interdisciplinario para comprender y evaluar las oportunidades de mejorar la condición y el organismo humanos que ofrece el avance de la tecnología. (Bostrom 2005, p. 1)

Puesto que no hay una sola definición del transhumanismo y, en su seno, existen muchas divergencias internas, nada impide repensarlo y reformularlo en otros términos. La imprecisa caracterización de Bostrom nos puede sonar sugerente, aunque no puede estar exenta de un cauteloso discernimiento reflexivo y crítico. Hay que leerse muy bien la letra pequeña de las recetas transhumanistas. Mi propuesta, fundamentalmente crítica, será la de un *enfoque interpretativamente antropológico*, en el que confluyan, en nuestra experiencia vivida y en contraposición a una naturalización atécnica del *Homo sapiens* (como la del *bon sauvage* rousseauniano), la consideración personal de lo óntico y de lo técnico. En consecuencia y sin pretender escribir una introducción al transhumanismo *in genere* (ya las hay y de gran nivel: cf. Damour y Doat 201; Diéguez 2007; Esteban Duque 2022, entre otras), esta obra, por su parte, se encuentra a caballo entre la fenomenología y la antropología emprendiendo una revisión tanto del humanismo occidental, como de la reflexión sobre la tecnología de los últimos decenios.

He de confesar *dos motivaciones principales* por las que he escrito este libro. La primera proviene de mi experiencia docente. Mientras enseñaba mi curso sobre el transhumanismo en nuestro posgrado de Filosofía, un alumno interesado por el tema me preguntó, no sin expresar cierta perplejidad, lo siguiente: «¿Nadie se ha atrevido a proponer algo distinto, como un Popper o Wittgenstein, en el seno del neopositivismo?». Sin aspirar a igualar a los autores citados por mi alumno, su pregunta me hizo pensar durante mucho tiempo. Además de esto, la segunda motivación ha sido más bien intelectual, a resultas de la literatura declaradamente dogmatista que publican muchos transhumanistas. Hace unos años, mientras leía *Homo Deus*, me quedé perplejo ante el planteamiento siguiente del polémico historiador transhumanista Yuval Noah Harari:

> Billones de personas, incluyendo a muchos científicos, continúan usando las escrituras religiosas como una fuente de autoridad, pero estos textos ya no son una fuente de creatividad [...]. La Biblia es mantenida como una fuente de autoridad, incluso aunque ya no es una verdadera fuente de inspiración. [...] Estas escrituras no tienen nada que decir sobre ingeniería genética o inteligencia artificial, y muchos sacerdotes, rabinos y muftíes no entienden los últimos descubrimientos en biología y ciencia computacional. Por ello si quieres entender estos descubrimientos, no tienes mucha opción —necesitas pasar tiempo leyendo artículos científicos y dirigiendo experimentos de laboratorio, en vez de memorizar y debatir textos antiguos. (Harari 2017, p. 321-322)

He de reconocer que, en años, no había leído tanta arbitrariedad, condensadas en pocas líneas, recogidas por parte de un profesor universitario: se trata de un desarropado *discurso de substitución* de la sabiduría humanística por parte de la que aportarían las tecnociencias. Y estas palabras las ha escrito, no un científico o un tecnólogo, sino un doctor en Historia. Esto será típico en los transhumanistas mayoritarios. Así pues, la pregunta de mi alumno de posgrado y este inaudito desdén hacia la sabiduría de las humanidades (¡por parte de un estudioso de las humanidades!) que ofrecen los textos clásicos y religiosos de la Antigüedad, me han llevado a escribir resolutivamente el libro que el lector tiene entre sus manos. No podemos quedarnos de brazos cruzados ante la creciente avanzada que sitia nuestra herencia cultural humanista y teológica. Para este cometido, he viajado al Reino Unido en calidad de profesor invitado en el Departamento de Filosofía, Lógica y Método Científico de la London School of Economics and Political Science, la cual dio cobijo a personalidades como Russell, Popper, Lakatos o Nancy Cartwright. Debo decir, pues, que esta obra está finalizada en su totalidad en el Centro de Filosofía Natural y Ciencia Social de dicho departamento, de modo que deseo agradecer a sus miembros, especialmente a los profesores Bryan Roberts y a Roman Frigg por patrocinar mi estadía (y osadía) intelectual hospedándome en su casa, al abordar, de esta otra manera, al transhumanismo.

En cuanto a la estructura de este volumen, esta responde a la forma siguiente: el lector se las habrá con *doce capítulos*, divididos equitativamente en *dos grandes partes*: la primera, en tanto que *pars destruens*, está dedicada a presentar la idea del transhumanismo integral en medio de una gran diversidad de propuestas (capítulo I), a través de la reflexión crítica sobre los puntos y temas más polémicos del movimiento transhumanista: el deseo irrefrenable de vivir (capítulo II), la búsqueda del éxito a toda costa ante la amenaza del fracaso (capítulo III), la maquinización de la persona humana (capítulo IV), el eugenesismo como distintivo transhumanista a revisar de raíz (capítulo VI); así como el transhumanismo en tanto que consecuencia del proceso de secularización de la sociedad y de las tecnociencias actuales (capítulo VI).

En lo que respecta al segundo gran apartado, en tanto que *pars construens*, el lenguaje que emplearé será mucho más positivo y también propositivo, aunque no, por esta misma razón, ingenuo. En el capítulo VII explicaré por qué considero al transhumanismo integral un enfoque interpretativamente antropológico. No obstante, este enfoque, que no consiste en la tecnificación unilateral de nuestra vida, se fija a sí mismo poner en el centro a la persona en tanto que digna y trascendente (capítulo VIII), llegando a plantear si es o no posible una nueva perspectiva que sintonice en los puntos cruciales con la antropología trascendental (capítulo IX). Así mismo, el capítulo X constará de un trasfondo ético, al preguntarme por la imperiosa necesidad de mejorar al hombre con un tipo diferente de tecnologías, de modo que en el capítulo XI aportaré el nuevo concepto de «tecnologías humanas» (las únicas que me parecen congruentes para con la persona). Finalmente, propondré, en el último capítulo, las bases para una mejora integral no eugenésica de la persona; una mejora, antes bien, con la que se cuide responsablemente de la integralidad de la vida humana.

Antes de proseguir con los mencionados capítulos, debo llamar la atención del lector en lo siguiente: esta obra consiste en el intento de *proponer* un enfoque diferente, en vez de *imponerlo.* Si me quejaré a menudo del dogmatismo (ya lo acabo de hacer en esta introducción) de muchos de los miembros del movimiento transhumanista, no es cuestión de que yo siga en su misma línea. El transhumanismo integral no es la alternativa final, perfecta y obligatoria a todo tipo de transhumanismo: es, simple y llanamente, otra manera de interpretar este pluriforme movimiento contemporáneo. Más de una vez, y esto lo escucho a menudo en mi alumnado en la Facultad Civil (algunos cristianos practicantes y otros agnósticos o ateos), constato la queja, seguramente discutible, de que en los intelectuales católicos existe un *déficit de apertura a lo real.* Dicha apertura no es un plegarse a lo nuevo de manera sincretista o vagamente ecléctica, sino realizar el encomiable esfuerzo de abrirse a las nuevas problemáticas e intentar responder a ellas con una razón iluminada tanto por nuestra tradición cultural, como por una reflexión filosófica y teológica seria.

En cuanto a mi modesto cometido, aquí me propongo dialogar particularmente con el humanismo inspirado en el cristianismo y en la reflexión hispánica e iberoamericana, especialmente con los personalistas y los fenomenólogos que sobresalieron a lo largo del agitado siglo XX. Estoy de acuerdo con mi alumnado en que nos falta más apertura a la realidad, si bien entiendo dicha apertura como un mayor enjuiciamiento, racionalmente crítico (que no criticista), de la misma. Es más fácil atacar y humillar al adversario que proponerle alternativas de sentido. Puesto que mi lenguaje será más bien el de la propuesta que el condenatorio, no hemos de acostumbrarnos a examinar las cosas *desde fuera*, esto es, desde la posición altiva de la superioridad moral de la propia atalaya ideológica. Me gusta que muchos expertos españoles en este tema, como Antonio Diéguez (2017) o Adela Cortina (2022b), se refieran al transhumanismo, en vez de en cuanto una tecnociencia en sentido estricto, como una *ideología*. Así mismo, Elena Postigo (2019) ha vinculado al transhumanismo con una Modernidad líquida, según la célebre expresión baumaniana, que se proyecta y recrea a sí misma al modificar, mediante las biotecnologías, una presunta «naturaleza líquida» de la persona humana.

Habida cuenta de que nadie se libra de expresar y pertenecer a un marco ideológico, realizaré, en definitiva, una crítica de la ideología transhumanista hegemónica a la luz del humanismo de raigambre cristiana, el cual bosquejaré en tanto que abierto a una réplica más allá del maniqueísmo entre bioprogresistas y bioconservadores (cf. Buchanan 2011). Así, y si en verdad es viable una mejora tecnológica del *Homo sapiens*, me referiré a una mejora más amplia (una *mejora integral* en función del bien de la persona, de la sociedad y del planeta), en la cual no se tenga que confirmar el prejuicio (y el estereotipo, a estas alturas) del argumento en favor de la naturaleza en tanto que opuesto al biomejoramiento humano transhumanista. ¿Es posible introducir una racionalidad que aprenda del transhumanismo, especialmente en los elementos veritativos que posea en su pluriformidad, y que, a la vez, le aporte otra forma de interpretar dichos elementos?

En suma, este libro quiere ser una expresión, muy pobre seguramente, pero efectuable, de lo que el centenario Edgar Morin (1984, p. 293) califica como «razón abierta», esto es, «un método de conocimiento» laborado siempre con una voluntad más metodológica que adoctrinadora, que demanda, en la medida de lo posible, una «inteligencia de la complejidad» que no proscriba acometer, aunque cueste, una «ciencia con conciencia [que] se refiere evidentemente a la célebre frase del poeta Rabelais, frase pedagógica por excelencia: 'La ciencia sin conciencia no es sino ruina del alma'» (Morin y Le Moigne 1999, p. 25).

PRIMERA PARTE

ELEMENTOS CRÍTICOS DEL TRANSHUMANISMO

I. POR UN AUTÉNTICO TRANSHUMANISMO

Escribir libros filosóficos es un oficio de riesgo. El objetivo que me propongo pensar en esta obra, que quizá implique no lograrlo en absoluto, es pensar un nuevo transhumanismo. ¿Cómo llevar a cabo esto si ni siquiera sabemos si todavía pervive el humanismo occidental? Acertar en una empresa como la que me ocupa no es nada fácil ya que, como he dicho en la Introducción, tenemos muy poco claro lo que es el transhumanismo, como para vislumbrar otra forma de plantearlo. Ruego al lector que, al menos, me conceda la venia de intentarlo.

Pese a que nada ni nadie pueden garantizarme que lo conquiste, creo que es justamente por eso mismo, por no tener demasiado claro qué es el transhumanismo y cuáles son sus variaciones, que es posible presentar, todavía, una versión diferente entre la disparidad de sus discursos y de los perfiles biográficos de sus más célebres exponentes. El transhumanismo es una *ideología*, esto es cierto, pero cabría matizar que se trata una *ideología maleable*. El hecho de que el transhumanismo, en sus diversas formas, conceptualizaciones y ramificaciones no sea un movimiento uniforme y monolítico, sino que dé cabida, bajo el paraguas del *mejoramiento humano* (*human enhancement*) a tantísimas ediciones (algunas contradictorias entre sí), hace que sea posible que ahora mismo esté escribiendo estas páginas. Me gusta mucho la definición de

Antonio Diéguez (2017, p. 40) del transhumanismo *in genere* como la búsqueda tecnológica del mejoramiento humano, en la medida en que cree, se enrole y cumpla efectivamente «el intento de transformar substancialmente a los seres humanos por medio de la aplicación directa de la tecnología». Aunque se puede y se debe cuestionar críticamente esta tentativa, opino sin titubeos que no se ha de demonizar, como si el humanismo occidental fuese inmaculado y cerrado.

En efecto, la demonización del transhumanismo que encontramos especialmente en críticas tecnofóbicas, las cuales nacen de sistemas políticos totalitarios o de las religiones mayoritarias, me parece muy poco meditada; por no decir, además, que adolece precisamente de no ser consciente de lo que trataré a continuación. El transhumanismo no es un bloque compacto, no es la profesión de fe en un conjunto de dogmas fijados para siempre y, además, comparte con las religiones muchos elementos comunes; tales como la búsqueda de la salvación, la espera de un mundo mejor y la trascendencia. Me considero cercano al transhumanismo en muchos aspectos. Deseo confesar esto, antes de adentrarme en la frondosa selva de esta problemática y de sus cuestiones más espinosas.

Así pues, intento aproximarme al transhumanismo como movimiento *in genere*, aunque, para qué negarlo, bosquejando una nueva propuesta que no se encuentra del todo cómoda en lo relativo a los temas y respuestas cruciales de la versión generalizada. La sensatez me llama. La versión hermenéutica que presentaré en este libro, la cual no es sino la de una «hermenéutica del sí [mismo] que se encuentra a igual distancia de la apología del *Cogito* que de su abandono» (Ricœr 2006, p. xv), entablará un diálogo con la filosofía de la ciencia y de la tecnología contemporáneas. No busco, por tanto, una hermenéutica del sujeto sino *de* la persona (en los dos sentidos del genitivo), es decir, estrictamente fenomenológica y antropológica, en cuanto que concerniente a la naturaleza de la persona humana en tanto se vive a sí misma; renunciando a elucubrar una suerte de transhumanismo religioso o teísta en su acepción más abstracta.

Precisamente por esta razón, lo que aquí me propongo plantear y pensar es un *enfoque interpretativo de tipo antropológico que no quiere excluir*. No faltarán quienes, desde el plano separadamente religioso, reivindiquen una fe absolutamente incontaminada de las cosas terrenales y temporales, sin atender al dato de que, si hablamos en propiedad, la fe teologal (cf. Sánchez Cañizares 2013) es una fe que se recibe encarnada y mundanalmente (aunque no *mundanamente*). Este distingo me parece de suma importancia: en tanto que don, se trata de una fe nacida, recibida y vivida en medio del mundo, en el quicio de aquello que los medievales llamaban *saeculum*. La fe, la cual actúa de manera siempre agraciada y cooperada en este mundo, no tiene por qué depravarse en la *mundanalización* que la estructura (aunque sí en la *mundanización*), puesto que cumple y participa del más radical y novedoso de los eventos que se han visto y se han conocido *en* este mundo: el acontecimiento encarnativo del Verbo. Parece inconcebible, tanto para fervorosos ateos como para fervorosos creyentes, la realidad según la cual, por pura gratuidad e iniciativa propia, el Absoluto decida entrar de lleno y desenvolverse encarnadamente en nuestro mundo y en la historia; sin por ello verse obligado, de manera necesaria (contra Hegel), a disolverse en él. Esto es un escándalo para *dos prototipos* de actuantes, los cuales a menudo se caricaturizan a sí mismos: por un lado, para los que se cierran en banda a preguntarse por el Absoluto y cualquier clase de trascendencia diferente de la objetivada o producida artefactual o naturfactualmente, y, por el otro lado, para quienes creen en el Absoluto aquejados de una mentalidad de la separación y sin darse cuenta que la sacralidad y experiencia religiosa que tanto privilegian (sin llegar a integrar la carne que somos en nuestra experiencia vivida) puede implicar una traición implacable a la acción creadora (el tiempo es también fruto de *l'action créatrice*); no soportando la estructura temporal, mundanal e histórica, unitaria y distinta a la vez, de la Encarnación. Entre lo mucho que caracteriza al evento efectivo y eficaz de la Encarnación, en tanto que autodonación kenótica definitiva, es haber salvado la distancia y no, por el contrario, arrepentirse de esta libérrima y amorosa acción. En mi enfoque transhumanista me baso en Jacques Maritain (1966, p. 62) y su expresión «humanismo integral», aunque imploro a quien me lea que no malinterprete mis intenciones: como el neotomista converso solo puedo decir «humanismo, sí; pero humanismo teocéntrico, enraizado allá donde el hombre tiene sus raíces; humanismo integral, humanismo de la Encarnación». No está entre mis objetivos el «ateísmo virtual de la sociedad maritainiana», como criticaba un tanto con arbitrariedad el padre Meinvielle (1948, p. 229). Este libro, por contra, es una *preparatio*, entre muchas, para el encuentro concreto con el mayor de los acontecimientos. Hace poco, conversando con un joven filósofo, me contaba que un popular autor de un *best seller* católico, en una conferencia a universitarios jóvenes, se atrevió a plantear la pregunta, y a legitimarla retóricamente, de si realmente debemos, en tanto que católicos, transformar este mundo. No pude más que quedarme ojiplático.

Que un cristiano ponga en duda tomarse en serio las realidades terrenales y temporales de este mundo, en las que, en tanto que vocacionados a ello, hemos recibido la misión de transformarlas y orientarlas a su fin último, me parece una vergüenza y un preocupante síntoma de que, definitivamente, no podemos permanecer inactivos ante tamaños despropósitos. Por ello, en la primera parte de este libro, prefiero centrarme, más bien, en el primer prototipo (que abunda en el transhumanismo), dejando la segunda y tercera partes del libro *también* para el segundo grupo, esto es, aquel que no acaba de creer en la radical y extraordinaria vecindad de su ahora encarnado y de su esperanza radical. Me preocupan, por tanto, los guiñoles contemporáneos de lo profano y de lo sagrado enfrentados, los cuales amenizan unas variopintas trifulcas a nivel eclesial y político, como las bellamente escenificadas en *Don*

Camillo y el honorable Peppone de Carmine Gallone. Y es que encontramos estas escenas caricaturescas demasiado a menudo en el día a día de la vida de la Iglesia y en los vaivenes políticos.

LA CRISIS DEL HUMANISMO OCCIDENTAL Y LA REVOLUCIÓN TECNOCIENTÍFICA: SIGNOS DE LOS TIEMPOS DE LA ÉPOCA TRANSHUMANISTA

Es evidente que el humanismo está en crisis y que ha de ser inspeccionado en profundidad. El primer prototipo de humanismo, acríticamente tecnofílico y ultraoptimista, y del cual arranca mayoritariamente el movimiento transhumanista, exhibe una característica muy destacable que puede valer para comenzar a entender sus entresijos y posturas: al negar toda esencialidad impuesta de lo alto o por el sujeto en la naturaleza humana, se lleva a término tanto una *exclusión* de la posibilidad y de la existencia del Absoluto, así como también de la trascendencia auténtica.

Esto ha sido, no podemos omitirlo, muy trillado por un tipo de humanismo excluyente de la Modernidad, que se postra ante la diosa Razón y desecha lo que no *comprehende* (lo único admisible es lo subsumible en la razón); lo cual, aunque suene demasiado obvio y poco productivo en las soluciones concretas, desgraciadamente se encuentra en un estado de agónico agotamiento. Más bien, la mayoría de transhumanistas que amplifican este tipo de humanismo (a los que más adelante llamaré «parciales» o «reduccionistas» y explicaré el porqué) llevan hasta el paroxismo la crisis del humanismo moderno; una grave crisis en la que no hay lugar para la resignación o el lamento de los filósofos románticos, existencialistas o religiosos. Alain Touraine (1994, p. 37) describía de manera espléndida, en cuanto que heredero directo de la Modernidad, este tipo de humanismo:

> El modernismo es un antihumanismo pues sabe muy bien que la idea de hombre ha estado vinculada con la de alma, la cual impone

> la idea de Dios. El rechazo de toda revelación y de todo principio moral crea un vacío que debe llenar la idea de sociedad [de sociedad tecnológica, en nuestro caso], es decir, la idea de utilidad social. El hombre es solo un ciudadano, la caridad se convierte en solidaridad y la conciencia se convierte en el respeto de las leyes. Los juristas y los administradores [pero también los científicos y tecnólogos, añadiríamos] reemplazan a los profetas. [...] La sociedad no es más que el conjunto de los efectos producidos por el progreso del conocimiento. Abundancia, libertad y felicidad avanzan juntas porque son producidas por la aplicación de la razón a todos los aspectos de la existencia humana. La Historia no es otra cosa que la ascensión del sol de la razón al firmamento. [...] El universo de las luces de la razón es transparente, pero también está cerrado en sí mismo, como un cristal. Los modernistas viven dentro de una burbuja, protegidos contra todo lo que turba la razón y el orden natural de las cosas.

Esto se me antoja, por lo tanto, como el *primer signo de los tiempos,* que nos lleva de forma directa hacia el transhumanismo, aunque corrigiendo dicho *orden natural*, lo cual sin duda se ha de estudiar justamente para interpretarlo de la manera más cabal que esté a nuestro alcance. De hecho, el movimiento transhumanista, que prosigue con el mencionado humanismo modernista, implica la narrativa y el intento de dar respuestas, científicas y tecnológicas rigurosas, a este grave aprieto que aflige al humanismo occidental cuando se frustra en el ascenso apoteósico de la razón. Se ataca, pues, un humanismo incapaz de seguir poniendo en el quicio de la realidad a un *Homo sapiens* sesgado, predeterminado biológicamente como así creen y, por si fuera poco, que actúa como abusador y explotador cruel de la tierra y de sus congéneres. ¿Están estos transhumanistas por completo equivocados en esta crítica?

Martin Heidegger (2006, p. 15) en la *Carta sobre el humanismo* de 1946, aun defendiendo el ser y la esencia del hombre, atacaba como nadie al humanismo occidental: «¿comment redonner un sens au mot 'Humanisme'? [se interrogaba el pensador en lengua francesa] Esta pregunta nace de la intención de seguir manteniendo la palabra 'humanismo'. Pero yo me pregunto si es necesario».

Creo, francamente, que Heidegger no fue consciente, en su misiva a Jean Beaufret, de la problemática y las consecuencias filosóficas, científicas y técnicas que estaba desencadenando: al dudar del humanismo, inauguraba unos planteamientos y corrientes cada vez más cuestionadores, no solo de la tradición humanista, sino principalmente de la naturaleza y de la dignidad de la persona humana. Esto, tal y como se vivió en el pasado siglo, podía conducirnos a una técnica destructiva del hombre.

No obstante, y contra lo que se podría imaginar, el alemán daba en la diana central del humanismo occidental, lo cual dista visiblemente tanto del transhumanismo actual, como de su especificación posthumanista: «[...] meditar y cuidarse de que el hombre no sea humano en lugar de no-humano, 'inhumano', esto es, ajeno a su esencia. Pero ¿en qué consiste la humanidad del hombre? Reside [escribía el alemán] en su esencia» (Heidegger 2006, p. 21). Esto mismo es lo que hoy nos estamos jugando con el progreso y la aceleración de la tecnología. Se ha de cuestionar que defender la esencia del hombre solo puede ser vista, desde la perspectiva del transhumanismo del primer prototipo que he descrito (aquel que continúa la versión más oblicua y frustrada del humanismo), como un impedimento (el mayor quizá) para mejorar al hombre. Pienso que más bien ha de suceder lo contrario.

No tardarán, pues, en comparecer en el escenario quienes se aprovecharon de la situación inaugurada por Heidegger, no para recuperar la pregunta por la esencia, sino para finiquitarla. Uno de sus discípulos, Jean-Paul Sartre, que nunca perdonó la afiliación totalitaria del alemán y su conservadurismo, desató un debate enorme tras pronunciar su conferencia *El existencialismo es un humanismo* en 1946: el hombre es una realidad que desconoce completamente *quién* es y *qué* es. Solo se experimenta como pura libertad ante a un ingente cúmulo de posibilidades. El hombre puede hacerse un *quién* en la medida en que se decida voluntariamente a proyectarse y autosignificarse. Si cumple esta ardua tarea, el ser humano también podrá ir esculpiendo su propio *qué*. Así pues, no hay nada escrito, ni en los libros sagrados ni en la naturaleza biológica, que normativice y estanque la existencia autodeterminadora del hombre.

Esto, revertiendo severas modificaciones políticas, será continuado por Michel Foucault, especialmente en *Las palabras y las cosas*. En dicha obra, que marcó el pensamiento de este *enfant terrible* del mayo francés del 68, podemos constatar la relegación temática y el cuestionamiento tanto del ser como del lugar preminente del ser humano, el cual, posteriormente, enarbolará el pensamiento contemporáneo. Así pues, puesto que no siempre nos hemos preguntado sobre nosotros mismos, sino de forma mucho más pretérita sobre el cosmos, la *physis* o la mismísima divinidad, pensaba Foucault (1997, p. 375) que «el hombre no es el problema más antiguo ni el más constante que se haya planteado el saber humano».

El hombre, entonces, es «una invención reciente» que aparece muy tarde en la historia natural, el cual, fuera del poder que circula y se acciona en él, este insubstancial ente desconoce su proveniencia y no ha podido experimentar una *nuda vida* al margen de las relaciones de poder que padece, que facilita y que ejerce (Foucault 1997, *Ibíd.*). Antes de la etapa de su ética del cuidado (cf. Amengual 2020), mucho más antropológica en la fase final de su vida, Foucault (1997, p. 375) sentenciaba lo siguiente, ejemplificando de este modo la crisis del humanismo que cabe constatar para comprender el surgimiento, en el presente, de una multiplicidad de ediciones *trans*, *post* y *anti*-humanistas:

> [...] el hombre es una invención cuya fecha reciente muestra con toda facilidad la arqueología de nuestro pensamiento. Y quizá también su próximo fin [...] entonces podría apostarse a que el hombre se borrará, como en los límites del mar un rostro de arena.

Y es que, volviendo a Sartre, al igual que gran parte de los transhumanistas, el pensamiento que precede la situación actual no ha sido sino el *antiesencialismo* aplicado al hombre: este consiste en un ser indeterminado que, sin saber verdaderamente *quién* es, busca con angustia el sentido pleno de *su* vida. No depende de dioses ni de dogmas. El hombre parte de la nada y se precipita a la nada, de suerte que, en tanto que libre y abierto, no tiene más límite que la angustia de la decisión o la negativa de seguir adelante en la búsqueda del sentido de su vida. Esta paroxística libertad puede proseguir, o no, con sus objetivos.

De este modo, el hombre es un *pro-yecto*, que se experimenta en tanto que *iectum* o arrojado *para* algo que le supera, en el sentido heideggeriano; hallándose inmerso en el *extrañamiento* (*Entäusserung*), un concepto que se remonta a Hegel, hacia sus propios asuntos y metas. En términos de la *Fenomenología del espíritu* de este último autor, la alienación es la consecuencia del extrañamiento, puesto que, como afirma el profesor Pedro Cerezo (2018, p. 75), «toda alienación es así una modalización histórica del extrañamiento constitutivo de la razón» ante las diferentes exterioridades que la circundan. De hecho, y si uso expresiones fenomenológicas, no es igual extrañarse ante la nada que, retomando expresiones ottianas, hacerlo ante Dios como *mysterium tremendum et fascinans*. En conformidad con este planteamiento, Sartre (1973, p. 27) afirmaba que hay dos tipos de existencialistas:

> Lo que complica las cosas es que hay dos especies de existencialistas: los primeros, que son cristianos, entre los cuales yo colocaría a Jaspers y a Gabriel Marcel, de confesión católica; y, por otra parte, los existencialistas ateos, entre los cuales hay que colocar a Heidegger, y también a los existencialistas franceses y a mí mismo. Lo que tienen en común es simplemente que consideran que la existencia precede a la esencia, o, si se prefiere, que hay que partir de la subjetividad. ¿Qué significa esto exactamente?

En unos y en otros, la cosa está clara: *la existencia precede a la esencia*, si bien olvidan algo relevante. Hoy en día es innegable, tanto para los cristianos como para los agnósticos o ateos, que no partimos de cero cuando pretendemos ejercer nuestra libertad, dado que nuestra naturaleza biológica nos constriñe; toda vez que nos posibilita. Tantos los existencialistas como los más acérrimos transhumanistas parecen omitir esto. En lo concerniente a estos últimos, no obsta afirmar, parafraseando a Sartre, que *la existencia tecnocientífica precede y subordina*, no ya la esencia (término que se ha abandonado definitivamente), sino la condición humana en nuestra defección presente, o, según la expresión de Antonio Diéguez (2021), de nuestros «cuerpos inadecuados». Pero, yendo un poco más lejos de este especialista, ¿para quién y en qué sentido son inadecuados estos cuerpos o nuestra especie, si no podemos hablar en términos esenciales o substanciales de una adecuación o perfección humana en sí misma? Si los transhumanistas no aceptan ninguna esencia o substancia inmutables del hombre, ¿no es mejor afirmar que, en lugar de pretender modificarlo *substancialmente*, buscan cambiar más bien su condición corporal material tanto específica como individual?

Sartre (1973, pp. 83-85) revisó el sentido tradicional del humanismo cuando este se entendía a sí mismo «como una teoría [esencialista, se entiende] que toma al hombre como fin y como valor superior», de modo que quiso cambiarlo por una acepción existencialista, que tal vez se pueda enlazar con un cierto tipo de transhumanismo actual en tanto «que significa en el fondo esto [lo siguiente]: el hombre está continuamente fuera de sí mismo; [ya que] es proyectándose y perdiéndose fuera de sí mismo como hace existir al hombre y, por otra parte, es persiguiendo fines trascendentales como puede existir». El hombre no posee ninguna naturaleza previa y oculta a respetar, sino que, antes bien, debe *hacérsela* en conformidad con sus objetivos existenciales. Pero ¿debe hacerla técnicamente? Sin duda en un sector del transhumanismo, que se basa sin quererlo absolutamente en el humanismo que estamos comentando, la técnica, en cuanto que substituto de la auténtica trascendencia, sirve para redefinir y reconfigurar materialmente al hombre en maneras disruptivamente novedosas.

Es más, y si seguimos dando voz a Sartre (1973, pp. 31), «el hombre empieza por existir y [...] después se define [...] si no es definible, es porque empieza por no ser nada. Solo será después, y será tal como se haya hecho. Así, pues, no hay naturaleza humana, porque no hay Dios para concebirla». Esta cita no puede ser más elocuente para hallar el origen, en un determinado humanismo, del transhumanismo *in genere*. Despojados de Dios, solo nos queda el tedioso hacernos, el viejo y siempre ocurrente arte de la técnica. Aunque con un tono marcadamente trascendentalista y para nada profesionalizado en lo que hoy llamamos tecnociencias, Sartre convirtió al ser humano, el cual parte de una nada angustiante y arcana, en un verdadero técnico o artífice de su propio destino: nada como sus acciones, en las que hoy no hemos de descartar las técnicas, podrá ser tan decisivo ante la enormidad de posibilidades que se van presentando en su autodeterminación voluntaria. Y es que, en un sector del transhumanismo, tal y como se podrá advertir en los siguientes capítulos, al esperar estos intensamente en un mayor progreso fabricado en el reino unitario y unificado de la ciencia y la tecnología, el hombre está *fuera de sí* (deslumbrado por la investigación y la manipulación técnicas), mientras [se] proyecta el mundo feliz de una vida humana sin mal, ni dolor, ni muerte.

Esto se conseguirá, si el hombre se fusiona y se reconcilia con el saber y el hacer de estas nuevas disciplinas. Una vez hallamos alcanzado la unidad y unificación de la ciencia y la tecnología, aliadas en la meta cada vez más audaz y ambiciosa de mejorar al hombre, podremos darnos cuenta del *segundo signo de los tiempos* en el que cabe, así lo considero, examinar al transhumanismo: no me estoy refiriendo sino a la llamada *revolución tecnocientífica*, según la expresión de Javier Echeverría (2003). ¿En qué consiste, pues, esta revolución que marca el transhumanismo contemporáneo en sus diferentes versiones? La ciencia *axiológica* que nos precede, la cual nos aportaba valores primordialmente cognitivos e instrumentales, se convierte en nuestros días en una *praxiología*, esto es, implicando y generando valores prácticos para cambiar la naturaleza, la sociedad y la política; tal y como podremos observar en, al menos, una notable porción del transhumanismo.

Bajo este enfoque, el segundo signo de los tiempos se atisba, cuando ya no hablamos tanto de la *ciencia* (bien avanzada la Modernidad, la *ciencia fundamental* había sido considerada, por excelencia, la física en tanto que antítesis de la metafísica) y de la *técnica* (como arte o destreza experta en dominar la naturaleza) *por separado* y concediéndoles una autonomía total. Más bien, y desde el paradigma de la interdisciplinariedad (o incluso de la transdisciplinariedad), si antes predominaban «los valores epistémicos como verdad, objetividad y universalidad» de la ciencia, en las nuevas tecnociencias cobran una importancia exponencial «los valores técnicos, como utilidad, eficacia, funcionalidad, aplicabilidad y rentabilidad» (Nava Amezcua 2020, p. 123). Así la antigua *scientia* de lo eterno y de lo universal se convierte en las múltiples y reflexionadas destrezas de la manipulación técnica y de su sistematización. En la medida en que se interioricen los mencionados valores y se simbioticen con las ciencias, cuando se investigue por un saber que sirva para cambiarnos efectivamente según nuestros objetivos epocales, se podrán hacer efectivas las nuevas disciplinas tecnocientíficas.

Huelga decir que no son exactamente iguales las necesidades materiales del *Sapiens* del paleolítico que el actual, lo cual le lleva a crear cada vez nuevas tecnociencias y a abandonar otras, en función de las cambiantes necesidades del hombre, los valores sociales, así como de las condiciones políticas por las que este va atravesando a lo largo de su historia específica. Esto se comprueba en lo que se denomina actualmente «tecnologías emergentes», especialmente cuando, por ejemplo, en el caso del transhumanismo (al menos en uno no-reduccionista), se «descarta la tecnociencia como disciplina encerrada en la verdad y la totalidad, y se sitúa en la convergencia de la nanotecnología, [la] biotecnología, [la] informática y [las] ciencias cognitivas» (Merejo 2013, p.14). Mas el problema sobreviene cuando esta convergencia, desde la óptica más sesgada, se identifica con la verdad y la salvación del ser humano.

Sea como fuera y desde un punto de vista natural, dado que nuestras aspiraciones y metas concretas, especialmente las que se dirigen a transformar lo material, cambian a lo largo del tiempo (con más motivo si se trata de modificar substancial y definitivamente la condición humana), así también cambiará el tipo de ciencia y de técnica (de *tecnociencia*, escribiré a partir de ahora a propósito de la simbiosis preferida por los transhumanistas) que creemos y usemos para conseguirlo. Al igual que el hombre inesencial, las tecnociencias no solamente se van moldeando por intereses individuales o colectivos, lejos de una neutra buena voluntad, sino que, además, están atravesadas por la sociedad, la política, la religión y la cultura. Así las cosas, usaré, en la significación que acabo de hacer, el binomio, ora singularizado ora pluralizado, de «tecnociencia» a lo largo de los capítulos que seguirán.

Gilbert Hottois, un experto en el transhumanismo y un pionero en la conceptualización de las tecnociencias afirma, análogamente a un Sartre negador de una esencia humana que nos limite o nos normativice, que más bien nos hemos de considerar en vías de devenir (*todavía más*, diría yo, y no *ex novo*) «una especie técnica [*species technica*], un nodo plástico de posibilidades que no pueden anticiparse, precisamente porque son técnicas» (Missa 2021, p. 7). He escrito «todavía más», dado que ya somos una especie *naturalmente técnica*, si hago mías las conocidas expresiones orteguianas. Por ello, invito al lector a que, por un momento, se detenga y observe con atención sus propias manos; que perciba cómo estas, sin ser unas rígidas garras o unos ganchos, se adaptan a una amplia gama de objetos y de contextos en conformidad con su deliberación racional.

El mismo ejemplo de la mano del *Homo sapiens*, ductilizada en la medida en que hemos necesitado de más flexibilidad para manipular y usar unas muy variadas herramientas que han salvaguardado nuestra supervivencia, nos remite a nuestra natural tecnicidad. Pero también a nuestra razón. Esto nos recuerda, en el momento en que usamos nuestras manos para expresarnos, saludar o simplemente para tomar una taza de café, que no solo producimos objetos técnicos, sino que nuestra carne está intrínsecamente tecnificada a lo largo de milenios de evolución biológica. Incluso un medieval como santo Tomás de Aquino, que no conocía el paradigma evolutivo moderno, se dio cuenta de esto, en la primera parte de su *Summa Theologiae*; avanzándose claramente a su tiempo:

> Pero [...] el hombre tiene entendimiento y las manos, de los cuales puede servirse de mil maneras para buscarse armas, vestidos y demás cosas necesarias para vivir. Por eso, las manos son llamadas *órgano de los órganos* [...] También le convenía más a la naturaleza racional, que puede concebir infinitas cosas, que tuviera la facultad para procurarse infinitos medios. (*S. Th.* I, q. 91, a. 3, ad. 2)

Manos tecnificantes y razón van unidas en la naturaleza técnica humana. Por este motivo, el cual corrobora nuestra tecnicidad por lo que el Aquinate ha expresado anteriormente, pienso que se equivoca biológicamente Hottois en su futurización: la especie técnica no es la que está por venir; es, antes bien, la que somos actualmente y la que se seguirá tecnificando más adelante por medio del deseo y la razón, pese a que, en caso de hacerlo de manera destructiva, podríamos causar un enorme daño o poner en peligro incluso nuestra misma especie. Pero nuestra tecnicidad natural puede conscientemente orientarse hacia el bien y no hacia el mal. Lo que los filósofos morales o las religiones históricas han visto como un peligro es ya una realidad en el ser humano: somos una especie que puede ponerse en riesgo, modificando la condición humana, pero también hacer mucho bien mediante las tecnociencias. Las últimas tecnologías emergentes y convergentes así lo avalan. Una cosa es servirnos de la técnica para materializar muchos de nuestros deseos y deliberaciones racionales, y otra bien diferente es que estos, y el resto de dimensiones de la vida humana, acaben completamente tecnificados.

En ese dantesco panorama podríamos imaginar los escenarios más tremendamente distópicos. El peligro, según la distopía conjeturada por Hottois (1984, p. 148), en *Le signe et la technique*, reside en que el difícil equilibrio entre la ciencia y la técnica, entre la *scientia* y la sabiduría clásicas unidas al arte prudencial que se suplen mutuamente, se pierdan irremisiblemente y acabe pudiendo contra nosotros la «aplicación del imperativo anti-ético de la técnica, es decir, la implementación ilimitada de todo lo que la tecno-operatividad 'permite', [lo cual] solo puede llevar al hombre fuera de la ética, en un universo donde la experiencia moral y la sensibilidad ética ya no existirán, ya que esta realización implica [por ejemplo] la posible reconstrucción de la especie, [o también] la mutación de la especie 'homo' a la «especie técnica». Incluso los exponentes de una filosofía moral consecuencialista, que fuese menos ducha en las tecnociencias, sostienen que la negación de la naturaleza humana ha de ser condición necesaria para que la acción moral sea considerada, a justo título, tal cosa.

Así lo cree, por ejemplo, Giorgio Agamben (2003, p. 43) en *Homo sacer*, cuando establece que «el hecho del que debe partir todo discurso sobre la ética es que el hombre no es, ni ha de ser o realizar ninguna esencia». Lo que se ha leído en la crisis del humanismo europeo, puede ojearse ahora en la ética posmoderna. Pese a mis reservas para con una ética vaciada de todo espesor ontológico, subscribo con Hottois que el transhumanismo, sin la ética y arrancado de sus hondas raíces en la reflexión humanística, es ininteligible y aun peligroso; lo cual no obsta para que un pensador católico se proponga bosquejar una versión provocativa, que no use la naturaleza humana como argumento contra el transhumanismo, al interior de un movimiento que ampara tantísimos exponentes y posturas. A diferencia de Agamben, no creo que el transhumanismo tenga que ser posible y válido siempre y cuando siga, a pie juntillas, el programa antiesencialista y solo descubriéndose heredero del más penoso de los humanismos, como sucede mayoritariamente, esto es, del más excluyente de la naturaleza humana y de cualquier clase de trascendencia:

> El transhumanismo es humanismo religioso y secular, que asimila las revoluciones tecnocientíficas que se han producido y la investigación y el desarrollo futuros, capaces de enfrentar el tiempo infinitamente largo de la evolución y no solo la temporalidad finita de la historia. Es un humanismo capaz de expandirse, diversificarse y enriquecerse indefinidamente. (Hottois 2018, p. 302)

Esta cita no me puede ir mejor para seguir el hilo de mi argumentación. En este libro mostraré precisamente los rasgos de *religiosidad* (sin ser *stricto sensu* una religión) y *secularidad* (sin excluir la trascendencia o lo sagrado) de cualquier transhumanismo que se precie; concretamente a través de las diversas formas que revierte este movimiento; tal y como en seguida abordaré a modo de introducción. También me dedicaré a mostrar el claro potencial de esto, no tanto para rendirnos impasiblemente a la disfuncionalidad y predeterminación biológicas, como para trabajar en aras de un *progreso tecnocientífico* no mitificado. Sí, repito esta idea: se puede defender el progreso, sin tener que sobrevalorarlo en una mohína mitología neopositivista.

LAS VARIEDADES DEL TRANSHUMANISMO

He dicho al principio del libro, cuando cité a Bostrom, y de este capítulo, que el transhumanismo es un movimiento abierto, diverso y plural; imposible de sistematizar a la perfección. Tanto es así que no podemos encorsetarlo bajo unos pocos estereotipos. Franck Damour y David Doat (2021, pp. 15-16) identifican, por lo menos, *cuatro grandes tipos de transhumanismo.*

En primer lugar, y además del origen californiano de este movimiento en las décadas de los 80 y de los 90 del siglo pasado, encontraríamos un *transhumanismo identitario y militante* que puede ser rastreado en asociaciones, redes de cooperación, manifiestos y movimientos asociativos. La mayoría de las asociaciones transhumanistas están federadas en entidades como Humanity+ o AFT-Tecnoprog, las cuales se emplazan en potencias internacionales como Estados Unidos, Francia y otros países occidentales (a excepción, al menos oficialmente, de China). Entre estos transhumanistas podríamos encontrar a multimillonarios, intelectuales o, simplemente, a miembros asociados. Hay que destacar, además y como hacen estos dos expertos, la Declaración Tecnoprogresista, la cual fue proclamada en el Congreso Trans-Vision de 2014. Este texto tiene por firmantes a figuras claramente futuristas como Amon Twyman, David Wood o James Hughes. Deseo subrayar, en dicha declaración, la pretensión siguiente:

> Los tecnoprogresistas buscan un futuro mejor. El núcleo de nuestro compromiso estipula que el progreso tecnológico y la democracia son los prerrequisitos necesarios para emancipar la humanidad y liberarla de sus taras. (Damour y Doat, pp. 105-106)

Este texto nos sirve para no asociar, con poco rigor, el transhumanismo *in genere* con una política y una economía conservadora: aunque son minoría, hay transhumanistas que se consideran socialmente comprometidos e incluso que militan en formaciones socialistas. En segundo lugar, encontraríamos un *transhumanismo fundacional y teórico*, mucho más intelectualizado, que se reagrupa en centros de investigación universitarios y en fundaciones de Europa o América. Entre los más reconocidos ideólogos del transhumanismo podemos volver a mencionar a Nick Bostrom, el cual hasta hace poco dirigía el clausurado *Future of Humanity Institute* de la Universidad de Oxford, a Julian Savulescu o a Max More; entre otros muchos.

Max More, llamándose realmente Max O'Connor, modificó su nombre para expresar su defensa del mejoramiento humano (*enhancement*), entendiendo este recurrido concepto, ciertamente, en cuanto que *aumento biológico*. Su nombre es ya un símbolo del *enhancement* transhumanista: Max More quiere decir aquel que logra devenir «*the maximum more*» a través de las tecnociencias. Cabe mencionar, en este sentido, su famoso artículo publicado en 1990, bajo el epígrafe *Transhumanism. Toward a futurist philosophy*. En esos años, More fundó el Instituto Extropy, así como la revista especializada homónima, en la cual se han publicado los trabajos del movimiento *extropiano*; el cual busca la prolongación, extensión e incremento de las capacidades humanas involucradas en la voluntad, la inteligencia y la vida del cuerpo.

El extropianismo, por ende, asume rasgos de tipo *longevista*, al buscar alargar y optimizar la calidad y la materialidad de la vida al máximo; incluso imaginando un futuro en el que no sufriremos, no enfermaremos y no moriremos. David Pearce, por ejemplo, enfatiza la importancia de vencer el envejecimiento y lograr alargar la vida al máximo, sugiriendo que deberíamos trabajar colectivamente para construir una civilización de la Triple S, esto es, de *s*uperlongevidad, *s*uperfelicidad y *s*uperinteligencia. Así pues, otro que no se escapa de esto es Zoltan Istvan, el cual argumenta que perseguir los mayores avances tecnocientíficos hacia la inmortalidad se desglosa lógicamente y es éticamente consecuente para aquellos que tienen la vida como un valor absoluto. Así pues, para Istvan, si un ser humano razonable ama y valora absolutamente la vida, querrá vivir el mayor tiempo posible; desarrollando inclusive el deseo de ser inmortal.

En tercer lugar, podemos detectar un *transhumanismo sociocultural*, el cual, como reconoce Damour y Doat (2021, p. 16), consiste en un transhumanismo tácito y pragmático que «no se reivindica, ni se piensa como tal, sino que se hace sin que se diga». Este transhumanismo se transmite de manera velada, desempeñando un papel clave a favor de la hegemonía cultural de la tecnofilia en la esfera pública, así como en los diferentes estilos de vida y tribus urbanas, que se expresan y se estetizan de manera eminentemente tecnocientífica. Básteme poner aquí, en tanto que ejemplo llamativo, a la tribu urbana *cyberpunk* y a su estética futurista que incorpora, en medio de una diversidad de distintivos tradicionales, elementos y símbolos provenientes de la técnica; muy especialmente de la ingeniería informática.

Uno de los atributos de este tercer transhumanismo es el llamado *solucionismo tecnológico* (cf. Morozov 2016), es decir, esperar que las nuevas tecnologías pondrán en nuestro haber la solución a los problemas y males humanos. Tanto los que acríticamente son considerados bioprogresistas, cuyo valor absoluto impuesto a la vida coincide con la creencia ciega en el progreso tecnológico, como los bioconservadores que se rigen por oponer los derechos de la naturaleza con los de las tecnociencias, pueden ser, a este tenor, transhumanistas socioculturales. Si somos consecuentes con este rasgo, muchas personas que conocemos y con las que nos cruzamos diariamente, como los profesionales de la salud o los usuarios y pacientes de estos ámbitos, pueden resultar, sin ser demasiado conscientes de ello, transhumanistas culturales.

En cuarto lugar, podemos contar con un *transhumanismo mediático*, el cual consistiría en una exteriorización no necesariamente identitaria y sincera de lo que se expresa en los *mass media*. Se trataría, en definitiva, de un discurso y una praxis que busca sobre todo llamar la atención, o incluso causar alarma social, tanto para atraer a nuevos adeptos que se puedan interesar por el movimiento, como para atacar al propio movimiento. Por eso he escrito, al principio, que el transhumanismo no es ni compacto ni monolítico ya que, en conformidad con esta última variante del movimiento, se podría dar el caso de que la postura bioconservadora de los mayores anti-transhumanistas y tecnófobos, como por ejemplo la achacada a Francis Fukuyama, sea tenida, también, por la de un transhumanismo mediático. ¿Cómo puede ser esto? Estos bioconservadores, sin saberlo, contribuyen con su alarmismo a generar más atención y sobresalto social sobre el movimiento. Así pues, este transhumanismo, el cual paradójicamente tal vez no se quiera, se puede apreciar en campañas publicitarias, así como en la literatura, el cine o las redes sociales.

Por lo tanto, el transhumanismo mediático, bautizado igualmente como un *transhumanismo espantapájaros* por Damour y Doat (2021), se suele decantar por el empleo de las distopías como recurso retórico y publicitario. Según Gregory Claeys (2010), en su *Cambridge Companion*, las distopías se utilizan a menudo, no solo en los medios de comunicación sino en la misma literatura, para mostrar (en tanto que advertencia, crítica o puro cebo publicitario) formas de vida que debemos evitar y que, no obstante, se proponen como anzuelo. Otra clasificación es la de Steve Fuller y Veronika Lipinska (2014), para quienes «los ejes tradicionales, izquierda-derecha o conservadores-liberales, quedarán obsoletos —se dice— y serán sustituidos por el eje precaucionistas-proaccionistas (precautionaries-proactionaries)» (Marcos 2016, p. 107). Así, el transhumanismo se desglosará en el tipo y en el nivel de cautela que se mantenga ante sus posibilidades y límites.

Además de lo apuntado con esta división doble y con los cuatro tipos diferentes descritos, pero interseccionados, de transhumanismo, me gustaría agruparlos, por fines pedagógicos, en *dos nuevas clasificaciones*, las cuales iré explicando al lector a lo largo de este libro: se trata de la contienda entre los transhumanistas *parciales* y los transhumanistas *integrales*. En cuanto a los primeros, que son los mayoritarios en las diversas formas descritas, quiebran la unidad antropológica material-espiritual de las personas humanas y las reducen habitualmente a unos pocos o, incluso, a un solo tipo de sus múltiples dimensiones: la dimensión material que vivimos en tanto que organismos biológicos evolutivamente maltrechos. Entre este tipo se puede detectar, de manera muy estólida e incluso fanática, un amor desordenado por la tecnología (que llamaré en adelante *tecnofilia acrítica*), una mentalidad *eugenesista* a favor de seres humanos biomejorados solo por las tecnociencias (descartando, claro está, la *peor* vida); así como, no se ha de olvidar esto, una defensa de un *tecnoutopismo* (el futuro tecnológico será mucho mejor que el actual) y de la *tecnosalvación* que propone en casos muy extremos una soteriología inmanentista.

Esta peculiar oferta de salvación significa, por tanto, una salvación plena y completa que solo puede cumplirse por medio de las tecnociencias (llamadas antropotecnias[1] cuando se aplican al ser humano en contextos mucho más extra-médicos que médicos), la cual se dirige sobre todo a salvar la dimensión cognitivo-computacional de la inteligencia humana. En palabras de la teóloga franciscana Ilia Delio (2003, p. 49), en su trabajo *La Inteligencia Artificial y la salvación cristiana*, la persecución de un *biomejoramiento* ilimitado por parte de muchos transhumanistas parciales «parece esconder la búsqueda de la tecnosalvación, es decir, el intento por conseguir la perfección y la inmortalidad aparte del sufrimiento y de la muerte». Así pues, y como he escrito en otros lugares, esto presenta una tecnoutopía con tintes de teoría de una salvación humana realizada de manera puramente materialista e inmanentista. Tanto es así que, en los autodenominados *migracionistas* de la mente a la máquina (entre los cuales hay transhumanistas favorables), la carne habrá de ser suplida por un más óptimo dispositivo

[1] Damour y Doat (2021, p. 118) aceptan como definición válida de «antropotecnia» la de Jérôme Gofette (2006) en *Naissance de l'anthropotechnie*, en tanto que «[…] todo arte o técnica de transformación extra-médica del ser humano por la intervención de su cuerpo. Las prácticas contempladas bajo esta categoría son numerosas: dopaje o aumento de las capacidades físicas o mentales, modulación del humor, modificaciones estéticas no reparadoras, modificaciones de la sexuación, […] apariencia de género […] y de la sexualidad […] afrodisíacas, inhibidoras […] contracepción, interrupción voluntaria del embarazo, elección de características del niño, gestación subrogada, octogénesis, amputaciones, e implantación de prótesis de todo tipo por razones no médicas». A diferencia de esto, el transhumanismo integral pone en duda que el contexto no-medicinal sea el único de las antropotecnias.

físico, mientras que la mente es la que habrá de perdurar y salvarse; combinando, así, una suerte de dualismo neocartesiano y un neognosticismo religioso.

Puesto que no todos subscriben todas estas características juntas, se podría sostener, sin temor a error, que los transhumanistas parciales se adhieren, en diferentes grados, a lo que he llamado una *tecnofilia acrítica*.[2] Así pues, este primer gran grupo de transhumanistas perpetúan, en su ideologización más extrema, un humanismo excluyente de lo trascendente; así como también reduccionista de la carnalidad de una persona humana que languidece ante las nuevas antropotecnias. Se basa principalmente en *aumentar* la dimensión material humana, la cual dará de sí el anómalo fruto de una mente que estará más liberada y expandida, si explota el potencial de los descubrimientos tecnocientíficos actuales y venideros. Algunos expertos, como el propio Gilbert Hottois (2013) o también Mark Hunyadi (2022) en su libro *Le temps du posthumanisme*, se refieren al transhumanismo parcial con el apelativo genérico de «posthumanismo».

No estoy de acuerdo con esto. No todos los transhumanistas parciales tienen que ser posthumanistas, al menos de entrada, aunque es muy probable que lo terminen siendo como corolario de sus argumentaciones. En efecto, hay transhumanistas parciales que, manteniendo su reduccionismo materialista (o monismo anómalo) de fondo, no intentan bosquejar imaginativamente otro ser por completo diferente al humano (como sucede, por ejemplo, con los *transespecistas*). Al no considerarlo exactamente lo mismo, considero que el posthumanismo es la versión más extrema del transhumanismo parcial, e incluso me arriesgo a afirmar que constituye la consecuencia lógica y necesaria de quien cree y espera

---

2 No es que estos transhumanistas no sean críticos en absoluto, sino que no lo son de manera más decidida: critican tipos de tecnociencias existentes o imaginarias para salvarse a sí mismos, pero no la idea misma de que por medio de las tecnociencias nos acabemos salvando del todo a nosotros mismos.

apasionadamente en el poder ilimitado de las tecnociencias no solo para reformar o restablecer la salud humana, sino para recrear otras naturalezas superiores a la nuestra.

Ruego, por ende, al lector que, cada vez que lea el término «posthumanismo» en esta obra, lo entienda, no como sinónimo sino como lo más extremo del transhumanismo parcial. Como creen muchos de los transhumanistas mayoritarios, el hombre está en un éxodo indefinido hacia la tierra prometida de la salvación tecnocientífica, mientras que su potencial real no es el que cuenta primordialmente. A esto se puede atribuir el símbolo del poema borgeano, según el cual nuestro tiempo se va escurriendo hasta agotarse de la clepsidra de nuestra única e irrepetible oportunidad histórica de vivir.

EN VEZ DEL HUMANO TRANSITORIO, UN HUMANO INTEGRAL ABIERTO A LO REAL

¿Pero es el humano biológicamente mermado del presente un nómada (en tanto que transhumanista automejorador) que puede decidir si camina, absorto, hacia una condición posthumana que le redima de su finitud y de las construcciones de su condición carnal? ¿Nos hemos de forzar solamente a vivirnos como seres en transición, inhábiles para hacernos cargo de la realidad presente y cuidar de los demás y de nuestro entorno?

Mientras este nómada, este mono desnudo, aguarda que se cumplan las esperanzas transhumanisas (o posthumanistas), me pregunto qué le depara a su vida actual. Peter Sloterdijk (2001, p. 73) ha pensado que el *animal fracasado* que actualmente «llamamos hombre es, en verdad, la forma de vida aporética, sin salida. Es el ser que tiene que hacer algo consigo para soportar su falta de salida [...] En eso, son los hombres, de la cabeza a los pies, criaturas de la huida hacia delante». ¿No es este planteamiento demasiado taxativo y arriesgado ante la realidad que nos apremia?

Parece que el hombre es visto como un apátrida dispuesto, en todo momento, a huir y refugiarse bajo las narrativas y las promesas más seductoras que provienen de gurús versados en las antropotecnias. Al estar movidos por una condición aporética *ab initio* y un futurismo exacerbado, Mark Hunyadi (2022, p. 18), aunque cabe evitar la sinonimización, nos deja bien claro en qué consiste el posthumanismo:

> [...] designa la posthumanidad, es decir la superación biológica [*dépassement biologique*] de la especie humana hacia seres de naturaleza diferente [lo cual dista, por lo menos en las temáticas aunque no en el desplazamiento del ser humano, del movimiento posthumanista posmoderno y poscolonial de los estudios culturales], es decir [designa] la superación de un cierto ideal de cultura letrada en favor de un intervencionismo tecnológico que reemplaza tendenciosamente la perfectibilidad del espíritu por la manipulación directa de su base material (genes, cuerpo, cerebro).

Lo espiritual será, pues, remplazado por lo material ya que, según el monismo materialista anómalo (o un tipo de dualismo que explicaré más adelante) que rige este proyecto, todo en el ser humano se reduce a lo más pequeño y elemental de nuestro cuerpo. A diferencia de esto, la segunda gran clasificación transhumanista, en la que me hallo y que quiero aportar en esta obra, es la que denomino *transhumanismo integral*; la cual consiste en un nuevo enfoque (y no en una nueva religión o doctrina) que reinterpreta lo humano ante el desafío de las nuevas antropotecnias. De este modo, se puede inquirir tanto el cuidado y el mejoramiento del ser humano en sus múltiples dimensiones (no solo el biomejoramiento en términos materiales), como incorporar la aceptación no derrotista de nuestra realidad finita y vulnerable. Se trataría, así, de un transhumanismo que cuida y que mejora (y que no solo mejora el cuerpo, obviando a la persona), en una constante apertura hacia lo real.

El que quiera ser transhumanista integral habrá de hacer, en sí mismo, un inacabable esfuerzo *reideologizador*, desde la teoría crítica, o *desideologizador*, desde una husserliana *epojé* o puesta en cuarentena (imposible de completar), de aquellas rémoras que le obliguen a concebir a la persona como una maltrecha máquina y a las nuevas tecnologías como su deidad redentora; probando así de no caer en un *mejorismo*[3] (cf. Hunyadi 2022) de cuño materialista y utilitarista en medio de la desértica inmanencia de este mundo. Y es que, así lo pienso, no puede darse mejora alguna, sin pasar antes por la antesala de un realismo y de una ética (y bioética) de la *vulnerabilidad* (cf. Ten Have 2024) de la condición humana. Solo quien es consciente de sus fallos, de sus heridas existenciales, de sus límites, y no solo de su inmenso deseo de salvarse, puede intentar ponerse en camino. En vez de convertir al hombre en un mero objeto técnico para sí mismo, el transhumanismo integral no es propuesto como una versión tímida o *soft* entre las muchas otras versiones de este movimiento, sino que acaso constituye su más radical versión: responde no a un ser humano cercenado y reprimido por ideologías que neutralizan su realidad carnal, al igual que muchos objetos que manipulan las tecnociencias, sino a la persona humana en su más efectiva y profunda realidad.

Por este motivo, el transhumanista integral remarcará la importancia de todo lo relativo a lo material y al progreso de las tecnociencias, toda vez que sitúa en su justo lugar a la espiritualidad humana en calidad de centro y motor de plenificación en la persona. Como he dicho antes, ruego que no se confunda mi aportación con algo así como un transhumanismo religioso o una nueva religión. Aunque en él se reconoce la religiosidad humana como fenómeno y como religación ontológica de nuestra especie, el transhumanismo integral significa una nueva *hermeneia* estrictamente antropológica y secular. Una vez más el lector deberá, según se

[3] Según Mark Hunyadi (2022, p. 86), «el utilitarismo implícito que habita el mejorismo [*méliorisme*] posthumanista no considera más que las consecuencias y el objetivo a alcanzar: el supuesto bienestar del individuo».

mire, reideologizarse o desideologizarse: hablar de religión como institución histórica con más motivo de su religiosidad constitutiva no significa salirse ni un ápice del hombre como unidad y totalidad irreductible. Antes bien, esto implica abordar, más ampliamente y con mayor *autenticidad* (cf. Lumbreras Sancho 2020), a la persona humana.

Por tanto, no es estrictamente necesario, aunque pudiera ser aconsejable, profesar religión alguna para considerarse transhumanista integral. Tan solo se precisa atender, sin recortarla arbitrariamente, a la persona humana en su más efectiva y compleja realidad natural, en tanto que naturalmente abierta a la trascendencia de lo otro, de los otros y de lo Totalmente Otro. El transhumanismo tampoco hablará solo de *cuerpos* (una piedra y un corazón pueden llamarse cuerpos indistintamente) sino de *carne*, a resultas de la profundad espiritual del cuerpo vivido de la persona. Así pues, decir que somos cuerpo, por la vaga extensión de este concepto, dice muy poco de nosotros mismos.

Por eso mismo, este transhumanismo persigue ser experimental y experiencialmente auténtico: porque examina, explora y ahonda fenomenológica y tecnocientíficamente en la carne humana del *Homo sapiens*, el cual es naturalmente imposible de reducir a compartimentos estancos. Tal autenticidad, por consiguiente, se ha de mantener si de verdad se busca la verdadera mejora de la carnalidad de este homínido, esto es, un perfeccionamiento, no de una parte aislada de su organismo encarnado, sino de todo él; en tanto que persona a la vez enraizada en la historia natural y social (al contrario del nomadismo posthumanista), así como también *viadora*, en medio del mundo y de la historia, mediante sus anhelos más profundos.

Me opongo, pues, a claudicar ante la colonización ideológica materialista y tecnicista que se apodera del transhumanismo mayoritario, y lo hago por una clara razón: tanto los parciales como los integrales compartimos, como mínimo, el deseo de trascender esta vida y de cualificarla, aunque divergimos en el cómo: el transhumanista integral colma este deseo mediante los medios que legítima y lícitamente pueden restablecer, cultivar y transformar la vida humana. Pero no solo realiza esto enfatizando medios instrumentales y materiales. Este nuevo enfoque se relaciona, en la línea de Andrew Feenberg (2002), con una *tecnofilia crítica* que no alardea, con demasiada seguridad subjetiva, de que *ya* es suficientemente crítica. Esto es obvio, sin desfavorecer que se puedan seguir abriendo nuevos horizontes y posibilidades, tanto en este homínido técnico que desde siempre se ha automejorado, como en el pluriforme movimiento transhumanista.

> La crítica radical de la tecnología y los intentos de extraer sus implicaciones positivas para el futuro. Presentar un proyecto reconstructivo es la mejor respuesta a la acusación de que la crítica es irracionalista o tecnofóbica. La racionalidad científico-técnica no es un monolito ahistórico que debe defenderse o rechazarse en su conjunto, sino un complejo evolutivo de atributos que pueden configurarse de diversas maneras y con diversas implicaciones sociales. (Feenberg 2002, p. 131)

Así pues, ¿no es, por ventura, la tecnofobia anti-transhumanista, que teme y desconfía del presunto progreso de las tecnociencias, creyendo con ello que protege al ser humano de sus peligros, un antihumanismo muy semejante al que ataca, en la medida en que no solo paraliza, sino que niega *ad hoc*, la tecnicidad del hombre impresa en nuestra carne? Por tanto, la crítica por parte de este otro transhumanismo no colonizado por el *establishment* ultrasecularista y tecnoutopista, no ha de convertirse en una perpetuación fatalista y derrotista del mal natural, que se inflige sobre el ser humano. Los tecnofóbicos, aun con las mejores de las voluntades, no se dan cuenta que en esta actitud se hacen colaboradores del mal sobre el que somos moral y técnicamente responsables, precisamente al no observar que la carnalidad del hombre es, en cuanto tal, técnica y que, desde hace milenios, esta se ha ido modificando para que nuestra vida personal y comunitaria adquiriese mayores niveles de dignidad, convivencia y superación del dolor innecesario.

Bajo esta nueva óptica, la criticidad del transhumanismo integral es congruente tanto con el paradigma de la complejidad, como una metodología transdisciplinar, que no se realizan *desde fuera* mecanizando al hombre como un objeto, tal y como es manifiesto en los transhumanistas parciales que creen optimizar al *Sapiens* cosificándolo desde *otra* realidad futura y enajenando su experiencia. Por el contrario, este enfoque se realiza a través de nuestra unidad orgánica y espiritualmente técnica, la cual se descubre en nuestra unidad vivida (experiencial y experimentalmente) en tanto que la cuidamos y prestamos atención a los galopantes desarrollos, médicos y extra-médicos, de las nuevas antropotecnias. ¿Es, por tanto, el transhumanismo integral una nueva forma de bioconservadurismo?

¿Se trata, quizá, de un nuevo *precaucionismo*, como del que tratan Fuller y Lipinska (2014), que frenaría a unas antropotecnias lamentablemente privadas de un cultivo mayor de lo humano? ¿No es, más bien, este otro enfoque, una de las formas más radicales y osadas del transhumanismo? ¿Por qué contener a la naturaleza humana en su multidimensionalidad? ¿Por qué ser cautelosos a fin de que la persona se trascienda a sí misma de manera espiritual y tecnológica? El transhumanismo integral ni reprime ni se limita a pedir cautela: solicita, por el contrario, que la persona se pueda desarrollar no solamente desde uno de sus pluriformes aspectos y que las nuevas tecnologías sean intrépidas y no tan temerosas en alcanzar esto.

No diré nada más, por el momento, sobre el enfoque integral, dado que espero que el lector lo pueda ir descubriendo por vez primera, al hilo de las páginas que siguen; sobre todo las que se encuentran en la segunda gran parte de la obra. Pero antes, me parece de recibo examinar los elementos más problemáticos del transhumanismo mayoritario en la primera parte del presente volumen. Acabo este capítulo introductorio con una hermosa parábola de Sören Kierkegaard (1963) en su obra *Los lirios del campo*, a la cual invito al lector a meditar pausadamente, puesto que condensa, con la belleza de su prosa filosófica, los entresijos que principian un transhumanismo parcializador del hombre (sobre todo en su extremación posthumanista más extrema), al cual habrá de servir de respuesta el otro enfoque con el que he titulado la obra que el lector tiene entre sus manos:

> Había una vez —fabula el autor danés— un lirio en un lugar apartado, junto a un arroyuelo [...] Estaba vestido más hermosamente que Salomón en toda su gloria [...] despreocupado y alegre todo lo que duraba el día. El tiempo pasaba sin darse cuenta y «felizmente». Pero un día llegó a su vera un pajarillo charlatán que le habló de esto y de lo otro. «Este pajarillo —escribe Kierkegaard— era un mal pájaro [...] lo que quería es darse importancia [...] haciendo sentir al lirio lo atado que estaba al suelo». Le contó que existía un campo lejano de lirios «completamente maravillosos», al lado de los cuales nuestro humilde lirio «aparecía como una nada». Con estas razones, el lirio comenzó a preocuparse, «no volvió a dormir tranquilo [...] ni a despertarse alegre [...] se sentía encarcelado y atado al suelo». Acabó por pedir ayuda al pajarillo para proceder a un trasplante. Y una mañana, el pajarillo escarbó con su pico en torno al lirio, desenterró sus raíces y voló, lirio en pico, hacia el campo de los lirios completamente maravillosos. «¡Ay! —concluye Kierkegaard—, el lirio se marchitó por el camino». (Marcos 2016, p. 110)

II. EL DESEO DE VIVIR

¿Puede haber una característica más propiamente humana que la de querer vivir, esto es, la de vivir felices y viendo cumplidos nuestros anhelos más profundos? Natasha Vita-More (2013, p. 19) indica, a tenor de una condición *cyborg*, que «la transhumanización propone una intervención de la biología modificando la corporeidad, extendiendo la vida biológica y preservando el cerebro mediante su transferencia a plataformas no biológicas». Así pues, y substituyendo una trascendentalidad demasiado espiritualizada en la tradición filosófica y en las religiones, en el transhumanismo solo hay cabida para una extensión biologicista de la vida, pensando que ello compensará nuestro natural deseo de vivir:

> El deseo humano de adquirir nuevas capacidades es tan antiguo como nuestra especie misma. Siempre hemos buscado expandir los límites de nuestra existencia, ya fuera socialmente, geográficamente o mentalmente. Hay una tendencia, al menos en ciertos individuos, a buscar siempre un modo de sortear todo obstáculo y limitación a la vida y a la felicidad humanas. (Bostrom 2011, p. 157)

Con independencia de los medios, moralmente lícitos o no, los transhumanistas desean con todas sus fuerzas vivir. Este anhelo antropológico por una vida cumplida, que en nuestra sociedad del bienestar y del progreso tecnológico nos parece tan aceptado y justificado socialmente, no lo ha sido siempre en la historia del pensamiento humano. Un caso bien particular, que desde el transhumanismo mayoritario es criticado a menudo, se materializa en ese intento de justificación de la muerte y del fracaso rotundo de la vida que se encuentra en diversas religiones y doctrinas filosóficas.

Quiero poner un ejemplo muy concreto, todavía más radical que el sadismo que se ha imputado a este tipo de pensamientos: el caso del filósofo alemán Philipp Batz (1841-1876), el cual se labró un controvertible terreno en la filosofía bajo el pseudónimo de Philipp Mainländer y que, de forma trágica, acabó ahorcándose. Haciendo caso omiso de las nuevas posibilidades que ofrecía la técnica de su tiempo, Mainländer escribió, al interior de su *Filosofía de la redención* (1876), una *Apología del suicidio*, en la cual, paradójicamente, no tenía más remedio que reconocer que no hay rasgo más propio de lo humano que el de buscar la vida; si bien, y aquí subyace su aspecto más polémico, abandonarla le saldría más rentable al hombre que tener que pagar, en su obstinación por vivir, el precio de padecer una vida con complicaciones de salud, preocupaciones o afectaciones a causa del sufrimiento físico y espiritual:

> El hombre lisa y llanamente quiere la vida. La quiere de un modo consciente y por un (inconsciente) impulso demoníaco. [...] en segundo lugar la quiere de una determinada forma. Pues bien, prescindiendo de los santos (de los santos brahmanes indios, budistas, cristianos y sabios filósofos, como lo fue Spinoza), cada cual espera que el soplo divino lo lleve de flor en flor, tal como a la mariposa la transportan sus alas; en esto consiste la habitual confianza en la bondad. (Mainländer 2011, p. 125)

El hombre está hecho para la vida, pero, contrariamente a las interpretaciones excesivamente benévolas de una motivación religiosa o secular que le impulsa a vivir, la vida natural biológica del hombre también le aboca al sufrimiento, a malgastar su existir en las inclemencias de encontrarse en este mundo; de modo que cortar con este agónico estado constituye, según este trágico pensador, una *forma de liberación*. Algo parecido a Mainländer, al menos en lo que concierne a ese romper necesario con la vida presente, sucede con la propuesta posthumanista de liberarnos efectivamente de las determinaciones biológicas; abandonando muy lejos el declive de nuestra especie por una renovación ejecutada por el poder técnico. Pero Mainländer, contrastando de manera firme con los humanismos *trans* y *post* que nos encontramos hoy, hace de la muerte anticipada, del suicidio, una solución liberadora al margen de toda posible solución técnica a los problemas humanos. Discursos como este son intolerables para quienes actualmente buscan, de forma un tanto precipitada en las nuevas tecnologías, el mejor (re) medio para alcanzar lo que esta malograda vida no puede ofrecernos. Proseguía Mainländer en la línea que estoy comentando, toda vez que mantenía una similitud y una desemejanza para con este tipo de propuestas:

> Puesto que la experiencia instruye al más imbécil sobre el soplo divino, el cual no es solo un suave céfiro, sino también un frío viento glacial del norte o una temible tormenta que puede aniquilar a la flor y a la mariposa; así, junto con la confianza se instala el temor de Dios. [...] ¿Confía este hombre en Dios? Él confía en temor. Su confianza no es nada más que temor de Dios en los andrajos del ropaje de la confianza: el temor mira a través de miles de huecos y roturas. (Mainländer 2011, *Ibíd.*)

Mainländer veía al Dios pro-vida como un triste pasatiempo ante el destino imparable del sufrimiento y la muerte, siendo la mejor creencia la de reaccionar con resolución, no para cambiarlo, sino para empezar desde ya a morir. En el transhumanismo parcial, que intercambia la vieja idea del Dios todopoderoso y providente por la del progreso ilimitado de las producciones técnicas humanas, podemos observar algo muy similar y, a la vez, totalmente diferente de lo afirmado por este filósofo. Siguiendo con las acostumbradas paradojas, el mismo temor de atravesar los más terribles padecimientos que, desde un materialismo azaroso, nos puede imponer nuestra condición humana, es el que nos puede empujar a alcanzar mayores cotas de dominio y de mejora técnicas de la vida biológica. Liberarnos de dioses lejos de nuestro alcance —afirman muchos transhumanistas— y tomar conciencia de nuestra animalidad fracasada nos podrá llevar a liberarnos, por nuestros propios medios, de esta despiadada lotería biológica. Espetaba a este respecto el filósofo alemán:

> Es solo la carne, como dicen los teólogos, la que tiembla o se regocija: el alma está llena de confianza. El temor de Dios es temor a la muerte, la confianza en Dios es desdén de morir [...] Por eso, el desdén de morir es base y condición *sine qua non* de la auténtica confianza. (Mainländer 2011, p. 126)

Mas el temor a morir no puede tener la última palabra y quedarnos, contra los propósitos del mismo Mainländer, en la «incontestabilidad» o en la «impasiblidad» (Mainländer 2011, *Ibid.*), mientras se abalanza sobre nosotros el desastre por el que habremos de pasar corporalmente, si previo a eso no hacemos nada, al menos teóricamente, para detener este fatídico desenlace. Por este motivo, los transhumanistas opinan que en gran parte del humanismo occidental, en el que se hallan filosofías o doctrinas religiosas como estas, se detecta la aserción del fracaso de esta vida; no poniendo ningún (re)medio factible para solucionarlo. Curiosamente, el pesimismo entrópico de Mainländer, que afecta no solo al individuo sino al universo, no se opone a la posibilidad de la redención; la cual, aunque resulte sorprendente, se trata, según su ley del debilitamiento universal, de un dejar que la vida del universo (entre la que se cuenta la humana) acabe consigo misma. Dios es el nombre que los creyentes otorgan a la pulsión de muerte universal, la cual no solo nos define a nosotros, sino al cosmos entero. De este modo, el filósofo proponía que el temor se tornase en confianza, aunque la confianza de la cual nos estaba hablando, no era sino la de entregar esta vida a la muerte universal y dejar de padecer en balde.

Hoy abundan quienes asumen la posición de superar el temor a *vivir sufriendo* por la confianza, tanto moderada como ciega, de que la ciencia finalmente podrá permitirnos *seguir viviendo*; aunque esta carne maltrecha se tenga que incorporar (o dejarse intervenir) en un dispositivo físico tecnológico mucho más eficiente y eficaz, o incluso si fuese factible la posibilidad posthumanista de que todo aquello que pensamos o sentimos acabe siendo migrado en tales dispositivos, sin que necesitemos *a posteriori* de la tumba del alma a la que se refería la tradición platónica. No solo tomar conciencia de nuestra condición mortal y no dejarnos espantar por este destino definitivo, sino, sobre todo, la confianza total en la ciencia y en la tecnología parece ser actualmente *conditio sine qua non* (en contraste con la impasibilidad mainländeriana) para que podamos vernos redimidos algún día por nosotros mismos y por nuestra astucia, sobre todo gracias a nuestros propios avances tecnológicos:

> Quien haya superado el miedo a la muerte —él y solo él— puede cultivar la flor más exquisita y fragante en su espíritu [...la] confianza incondicional. Pues, del modo que sea: ¿qué podría aún afligir a un hombre tal en este mundo? ¿Miseria? Él no tiene miedo de morirse de inanición. ¿Enemigos? Ellos pueden, a lo sumo matarlo, y la muerte ya no significa espanto alguno para él. ¿Dolor corporal? De tornarse insoportable, él, el «forastero en la tierra», lo expulsa en unos pocos minutos junto a su cuerpo. (Mainländer 2011, p. 126)

En el transhumanismo, cambiando la total nihilidad por la más crasa positividad, continúa en gran medida este tenerse como forasteros en el planeta, estando dispuestos a partir hacia la aventura exploradora de una condición transhumana (o posthumana de forma extrema) que nos aporte mayor calidad de vida. No obstante, sucede un cuestionable *mecanismo de substitución*, como he indicado en la introducción de este libro, en esta ambiciosa empresa: no es la religión y ni tan siquiera, como en Mainländer, una filosofía que pretenda redimir al hombre concientizándolo de su inexorable fracaso, la que nos redimirá a cada uno. En el transhumanismo nos redimirán de un modo indiscutible, dando cumplimiento a nuestro deseo de vivir, las nuevas y pujantes fusiones de la ciencia y la tecnología.

Haciendo suyo el mismo desprecio de la carne y de la vida terrenal de muchas de las doctrinas filosóficas y religiosas que sin embargo critican, el transhumanismo mayoritario deposita en el progreso de las denominadas *tecnociencias* toda su confianza y esperanza: confiar en ellas no es otra cosa que confiar en nosotros mismos y dejar de ser esclavos de los dioses y de los dogmas. Es hora, entonces, de poner en relieve, en vez de los riesgos, las bondades y los beneficios de las tecnociencias (cuando estas se aplican a la mejora principalmente extra-médica del hombre, hemos apuntado que los transhumanistas parciales las llaman *antropotecnias*). Así pues, a este transhumanismo que quiebra nuestra unidad antropológica (sobre todo al concebir al hombre como una mente inteligente y libre, que puede disponer, modificar, e incluso prescindir, de su cuerpo biológico) bien se le podían extrapolar las mismas palabras que Mainländer achaca a la religión en tanto que esta detiene al hombre en la más ilusoria de las confianzas en contra de la muerte y de la nada que nos define:

> Cuando la religión le da al individuo una magnífica confianza, entonces se la obsequia bajo el velo de una hermosa locura. La religión embauca al hombre con una imagen dulce que despierta en él un deseo ardiente, y al abrazar este magnífico espejismo, aplasta el miedo a la muerte en su pecho. Él desprecia la vida terrenal para recibir a cambio una bella vida celestial. (Mainländer 2011, *Ibíd.*)

La «hermosa locura» de los defensores de una condición trans y posthumana inminentes reside en pensar que una producción nuestra acabará liberándonos de nosotros mismos y de nuestras peores taras. Esto solo será posible a costa de convertir las antiguas supersticiones religiosas y discursos filosóficos derrotistas en un verdadero y pragmático saber científico-técnico. ¿Pero es esto así en el transhumanismo parcial mayoritario? ¿En el momento en que los transhumanistas y los posthumanistas se refieren a los descubrimientos tecnocientíficos, aduciendo que, gracias a ellos, con toda probabilidad matemática, algún día, tendremos la oportunidad de dejar de ser unos infelices *Homo sapiens*, de verdad han dejado atrás la fe para abrazar el saber que libera? ¿Han superado, entonces, al igual que criticaba Hegel, la fe (*Glauben*) de las figuraciones religiosas para llegar a la verdad esencial del saber (*Wissen*)? No obsta apuntar, por su pertinencia contemporánea, que Hegel (2017, p. 85) criticaba el «desdichado prejuicio», no solo de separar, sino de contraponer fe y saber, religión y ciencia; describiendo a las primeras como «el modo y manera de la conciencia en que la verdad es para todos los seres humanos sea cual sea su formación» y, esta misma razón, situándolas en la base para conocer la verdad en sí misma.

Desgraciadamente, en este tiempo de extremo deslumbramiento tecnocientífico distamos enormemente del «período de la incredulidad desconsolada», que incluso el propio Mainländer (2011, p. 127) creía viable en tanto que substituto de la ilusión que proviene de la religión. Hoy el nihilismo se escuda en la positivización extrema de las nuevas simbiosis de ciencia y tecnología. Para la transhumanista Donna Haraway (1991, p. 53) «con el debilitamiento de la religión, las ciencias biológicas comparadas se convirtieron en la nueva base para las decisiones de valor, la base evolutivamente más adaptativa para el juicio [correcto]». Parece que, a tenor del caso transhumanista y posthumanista, no hay reparos en volver a las positivizaciones más fulgurantes como substitutivas de las oscuras creencias religiosas.

Pero, ¿son estas positivizaciones verdaderamente o, tal vez, se nos antojan como nuevas figuraciones, que nos instalan más en lo futurible que en lo real? ¿Son las tecnociencias el nuevo Dios-tapagujeros de la *nadidad* e impotencia del ser humano? ¿No comparten los seguidores de estas corrientes, incluso con un pensador suicida como fue Mainländer, la presuposición de reducirlo todo a la materia física y, con su arreglo, de poder elevarnos a una condición mejorada en todos los sentidos? Aunque suene extraño, el nihilismo del alemán era cientificista. ¿Puede ser esto posible? El apologeta del suicidio, que creía en una vida solo redimible con la filosofía científica, asestaba, de una forma que nos recuerda a las corrientes mencionadas, que «en el mundo no hay ni un milagro, ni un secreto insondable», dado que, una vez convertida la filosofía en física, «la naturaleza es perfectamente sondable» (Mainländer 2011, *Ibíd.*).

Los presupuestos de estas corrientes mejoradoras y superadoras de lo humano por el solo saber no son en absoluto novedosos. Si es totalmente cierto que el alemán defendía «un saber (no una fe), sobre el cual puede erigirse una confianza en Dios» (Mainländer 2011, *Ibíd.*), ¿no estamos de algún modo facultados para entrever esto mismo en las versiones secularistas e inmanentistas, en las que solo cabe la confianza en las tecnociencias y, por ende, se censura «el amor por la muerte» y el sufrimiento que predican las religiones y la filosofía (como la del propio autor alemán)? Parecería, en conformidad con estos paralelismos interpretados en uno de los discursos filosóficos más pesimistas de la historia, que defender a toda costa el saber científico y la eventual capacidad para transformar y superar la condición humana es, a la vez y contra toda lógica, una *voluntad de vivir* y una *voluntad de morir*.

De vivir, sabiendo y actuando desde la verdad de nuestro destino mortal inexorable. *De morir*, al intentar poner remedio al desasosiego de una vida mísera, enfermiza y predeterminada a desaparecer. ¿Cómo pueden conciliarse aquí los contrarios? He aquí la contradicción más flagrante del transhumanismo mayoritario y de cualquiera de las distopías posthumanistas. Amar y entregarse a toda costa al saber y a la destreza tecnocientíficas implican que, algún día, no solamente lleguemos a repudiar el inicio liberador de la menesterosidad específica humana, sino a aspirar a cambiarla (o a anularla por completo) para ser sintéticamente otros seres. Por decirlo de otro modo más sencillo, *amar el saber y la intervención técnica sin límite es amar la muerte sin límite.*

Mediante la eugenesia, en sus diferentes prácticas, se ha permitido no solo modificar la vida, sino seleccionarla y eliminar aquella que no se corresponda con los estándares de progreso y de civilización alcanzables en un futuro inmediato o lejano. Y esto no es en absoluto neutro. En efecto, como sucede en cualquier tipo de eugenesia, la vida está a merced de las ideologías. Cuanto más estas corrientes defienden una versión extrema de la eugenesia, acabarán propugnando, de una forma u otra, que *saber es saber matar.* Y aún más: *vivir depende de la muerte.* Por ello, escribía Mainländer (seguramente sin darse cuenta de las implicaciones contemporáneas de sus planteamientos a favor de una ideología científica de la muerte) que su defensa de la filosofía sin religión, de una ciencia aliada con la muerte (en este caso con el suicidio liberador) no era sino una sacralización del mismo saber humano y un empoderamiento para decidir tanto sobre la vida como sobre la muerte:

> Por consiguiente, solo se ha de tener en cuenta que en lo más interno del núcleo de nuestra esencia queremos la muerte; es decir, solo se ha de quitar [científicamente] el velo sobre nuestra esencia y, en el acto, aparece el amor por la muerte, esto es, la total incontestabilidad en vida [...]. Este desvelamiento de nuestra esencia es apoyado por una clara mirada al universo, la cual encuentra, en todos lados, la gran verdad: [...] que la vida es esencialmente desdicha y que se ha de privilegiar el no ser frente a ella. (Mainländer 2011, p. 129)

Pienso que este texto de Mainländer es actualísimo. No faltará quien lea, en la diversa y plural literatura transhumanista, que cuanto más se ahonde en la imperfección de la naturaleza humana, tal y como es comprobable biológica y fenomenológicamente, así como en nuestro potencial para mejorarla, más querremos *acabar* con ella; sea deformándola, sintetizándola o, más directamente, eliminándola. Además, como ellos mismos propugnan, ya no hay lugar en el transhumanismo parcial (y mucho menos en el posthumanismo) para un acatamiento ciego de los dictámenes de las religiones y de sus dioses: lo que Mainländer criticaba en la práctica religiosa, lo encontramos hoy en la ideología transhumanista[4] que se aplica en la teoría y en la práctica tecnocientíficas. Pero en esta ideología parcial y reduccionista que es mayoritaria en el movimiento transhumanista, «la total incontestabilidad en vida o la bienaventurada y magnífica confianza» (Mainländer 2011, *Ibíd.*) no se tiene ya en la realidad efectiva de las tecnociencias sino, *a fortiori*, en su potencial predictivo y en la aneja retórica futurista de poder algún día dominar plenamente la vida y la muerte.

La «gran verdad» a la que se refiere el alemán es la que persigue en nuestro tiempo la ideología transhumanista, prestando la sola atención al entramado material del universo, del cual el hombre solo se distingue en su mayor complicación maquinística. Esto también es compartido con Mainländer (2011, *Ibíd.*) en el descrédito de la vida biológica en su estado evolutivo presente: «[...] la vida [esta, la nuestra] es esencialmente desdicha y [...] se ha de privilegiar el no ser [el que algún día nos traerá el vuelo de Minerva de las tecnociencias] frente a ella». Inserto en la época en la que le tocó vivir, el alemán no contaba con una técnica capaz de procurar una vida sin tantos sufrimientos a la humanidad, así como tampoco para alargarla indeterminadamente. Por eso, la única ciencia que podía aportar el alemán en su tiempo no era otra que la pura teorización filosófica, la cual no solo descubre sino que confirma que, ante la nada y muerte, tan solo cabe la aceptación y la entrega

[4] Cada vez que atribuya el adjetivo «ideología» al transhumanismo parcial no estoy afirmando en absoluto que el enfoque integral carezca totalmente de ella.

conscientes, tanto a nivel individual como colectivo; las cuales equivaldrían, a ojos del pensador suicida, a la misma redención de la vida humana personal y comunitaria.

Pero la versión nihilista a favor del suicidio que hace Mainländer ha de ser substituida, diríamos ahora, por el progreso de las nuevas tecnologías, las cuales, y esto se espera con ganas, nos harán vivir más y mejor sobre la base de la selección y el descarte exponencial de la vida menos perfeccionada. Aunque parezca contradictorio (para Mainländer, de hecho, no lo fue nunca), *solo matando, viviremos*. Es decir, y a tenor de esta ideología abortista de la vida humana en cuanto tal, la capacidad de intervenir directamente sobre la misma para mejorarla o eliminarla (incluso matando, afirmaríamos llanamente, en conformidad con el tipo de visión que se mantenga acerca de lo que es bueno, perfecto y digno de vivir) es condición necesaria de una vida redimida y libre de todas aquellas ataduras que resultan de miles de años de lucha evolutiva.

Así pues y de la apología de un exterminio humano masivo por parte del alemán, pasamos ahora, en un inusitado cientificismo y tecnicismo, a la apología de las tecnologías emergentes y convergentes en tanto que definitorias y decisorias sobre la vida presente; inclusive para modificarla substancialmente en aras de la creación de seres híbridos más perfectos o de nuevas especies que desbanquen a la nuestra. Es necesario, como defiende la transhumanista Donna Haraway (1991), una «reinvención de la Naturaleza». La versión nihilista de Mainländer, donde la muerte es la mejor respuesta científica al sinsentido de la vida, se transforma, en el transhumanismo, en una versión dogmática (no menos nihilista en la neutralización de la dignidad de lo humano y en la subordinación absoluta de la persona a la mediación de su propio instrumental técnico) de la fe ciega en las tecnociencias como garantes de una vida feliz y lograda. «*Philosopher, c'est apprendre à mourir*: este es el quid de la sabiduría» (Mainländer 2011, p. 129), nos confesaba el alemán. En el transhumanismo positivizante, por su parte, la clave está en rebelarse con esto mediante un indefinido saber manipulante que nos permita modificar, seleccionar y aumentar una vida humana peor por otras mejores. Tanto el filósofo suicida como la ideología transhumanista, aunque difieren en que el primero hace de la decisión definitiva de acabar con la propia vida su fin y la segunda su medio paradójico para vivir mejor, tienen en común su profundo deseo de soliviantar la dureza de la vida humana:

> Pero quien no sea capaz de soportar más el peso de la vida, debe desecharlo. Quien no puede soportar más en el salón del carnaval del mundo o, como dice Jean Paul, en el gran cuarto de servicio del mundo, que salga por la puerta «siempre abierta» a la silenciosa noche. (Mainländer 2011, p. 129)

Cualesquiera transhumanistas, entre los que se encuentran los transhumanistas integrales, abogarán por reducir, controlar o eliminar al máximo el sufrimiento de la vida presente. Como hemos leído en la cita anterior, esa puerta que está abierta de par en par en Mainländer no es más que abandonar esta vida mediante la autoejecución libre motivada por la imposibilidad de encontrar otra salida (filosófica, religiosa, científica o técnica) para seguir aguantando el sufrimiento. En cambio, los transhumanistas, denominados así generalmente, creen haber encontrado en las antropotecnias, tanto reales como posibles, la solución a los males inherentes y consecuentes de la naturaleza humana. Pero esto puede variar. En el caso de los transhumanistas parciales, la *única vía* para la redención humana, como he afirmado ya, proviene de las antropotecnias principalmente extra-médicas.

¿Y qué ocurre con esta otra versión del transhumanismo que he llamado *integral*? Por el contrario, los que miran desde este otro enfoque, y aun admitiendo que las antropotecnias ocupan un lugar central para que la persona humana adquiera unas mejores y saludables condiciones de vida, saben bien que estas, entendidas reductivamente al margen de la salud humana, no constituyen, ni de lejos, la única salida para solucionar todos los problemas humanos. Y ello no lo admiten por la sola fe religiosa, ni por una filosofía enemiga de la ciencia, como probablemente se podría imaginar, sino por el uso crítico de la razón; el cual les permite, en la medida de lo posible y siempre desconfiando de la validez de su crítica, poner bastantes contornos a los límites del pensar y del obrar humano.

Afirmé en la Introducción que el transhumanismo parcial no me parecía menos nihilista que los nihilismos más viscerales, como el que se puede leer en Mainländer y que se justifica del siguiente modo: «la silenciosa noche» (*Ibíd.*) del suicidio propuesto por el filósofo es casi indistinguible de la luz deslumbrante que engatusa a muchos transhumanistas en la positivización de las tecnociencias; una luz detrás de la cual hay poco o nada real (y mucho menos salvífico) que ofrecer y que nos ciega en la creencia de que un ser finito como el hombre será capaz, mediante sus medios y creaciones finitas, de acabar algún día con su propia finitud. ¿Acabar con la finitud significa remediarla? ¿Matar es vivir? ¿Qué es, pues, la muerte sino la finitud contra sí misma? Responderé a estas cuestiones, sondeando las metáforas del alemán. El transhumanismo parcial mayoritario es un discurso nihilista no admitido en cuanto tal, en el cual el altisonante ruido de sus promesas de redención (todavía imposibles de concretar y de cumplir) no se diferencia en absoluto del mayor de los silencios: aquel de quienes, ante el clamor de los hombres de ser salvados aquí y ahora, no pueden sino callar tajantemente y dar paso a la nada de lo que ni se sabe, ni se puede proponer o aplicar fácticamente.

Desarrollando las metáforas mainländerianas, el deslumbramiento que causa el transhumanismo parcial en sus seguidores les impide ver que, pese a la intensidad de tanta luz impactando en sus pupilas, quienes les alumbran son tanto o más falibles, tanto o más mortales y dolientes, como sus propios adeptos. Análogamente a lo que podemos en leer en los manifiestos transhumanistas mayoritarios, hay de forma general un llamado urgente a que la vida real se postergue, o se abandone, en nombre del trabajo por un saber manipular en aras de la mejor vida posible; una vida todavía no manifestada por las tecnociencias, pero que pronto lo será. Es decir, se trata de un movimiento que cambia el hastío que ahora nos invade y *pre-ocupa* por lo *todavía-no cumplido*, por la *nada* que entorpece cualquier clase de trascendencia auténtica:

> Hermanos míos, salid sin temblar de esta vida, si carga con tanto peso sobre vosotros: no encontraréis ni un reino celestial ni un infierno en vuestra tumba. Por cierto, la filosofía inmanente también se dirige con su ética a los que están cansados de vivir [...] Hubo una vez un campo trascendente que ya no existe más. Quien esté hastiado de la vida y se plantee la pregunta: ¿ser o no ser?, ¿debería extraer todos los fundamentos a favor y en contra únicamente de este mundo? [...] Más allá del mundo, no hay ni un lugar de paz ni un lugar de tormento, sino solo la nada. (Mainländer 2011, pp. 130-131)

El transhumanismo parcial se me antoja como un *pro-yecto inmanentista*, un arrojamiento del propio ser humano hacia la nada más crasa y desarropada, de forma análoga a la historia bíblica de Esaú, cuando vendió al patriarca Jacob su primogenitura y, con ella todos sus derechos y privilegios, por un mendrugo de pan y un plato de lentejas (Gn 25, 27-24). Este transhumanismo sesgado bien puede ser tildado de ideología inmanentista porque aspira a la redención y a la salvación plenas, a la vida ilimitada, partiendo y quedándose en los límites de lo material en tanto que *posiblemente* manipulable; sin ni tan solo intentar objetivar críticamente los mismos límites de la realidad que somos, de nuestras capacidades, de nuestro potencial e instrumental humanos. Confundir lo trascendente con lo inmanente, lo posible con lo real, implica el error fatal de creer que lo definitivo se encuentra en lo provisional, en lo revisable y transitorio de los métodos, modelos, teorías, programas o terapias que planifican las tecnociencias y que se suceden en ellas.

En cambio, el transhumanismo integral enfatiza que la persona humana, en tanto que desea profundamente un estado de plenitud y satisfacción, ha de evitar caer en la grave confusión de querer saciar su sed de infinitud con las solas aguas turbias y escasas de la historia de la ciencia y de la tecnología. Recordando a Heidegger, sale francamente caro olvidar la diferencia ontológica, en especial la que todavía se puede leer en su curso de Marburgo *Die Grundprobleme der Phänomenologie* (1927) o también en *Identität und Differenz* (1957). En la primera obra, este asunto quedaba meridianamente claro, aunque los transhumanistas parciales, los cuales obvian mucha de la literatura filosófica al respecto, se aferren a un tipo de nihilismo encubierto que —así lo creo— se remonta a Mainländer:

> El problema de la diferencia entre el ser en general y el ente salta a primer plano, pues solo su elucidación debe darnos la posibilidad de ver temáticamente, de manera unívoca y asegurada metodológicamente, algo como el ser en su diferencia con el ente, haciendo de ello el objeto de una investigación [llevándose a término de este modo a partir de] la consideración óntica del ente, a la tematización ontológica del ser [...] Es solamente cuando el ser se ofrezca a la vista de la fenomenología en su determinación temporal, cuando estaremos en posibilidad de aprehender ya claramente la diferencia del ser y del ente, y de fijar el fundamento de la diferencia ontológica. (Heidegger 2000, pp. 275-277)

Solamente desde la consideración fenomenológica, desde su misma estructuración temporal y mundanal, es desde donde podemos apreciar y diferenciar lo óntico y lo ontológico o, dicho de otro modo, aquello que pertenece a los objetos, planes y herramientas de la ciencia y de la tecnología; de aquello que por sí es acto y no depende de nada para ser. Si no consideramos en serio nuestro ser, ¿cómo aspirar a ver todo lo demás? El propio Kant, con un lenguaje bastante raro para nuestro contexto contemporáneo, mantenía el distingo conceptual de lo *condicionado* y lo *incondicionado*, en la medida en que la razón no ha de contentarse con lo fundado por ella sino, a través de sus propios límites, preguntarse por aquello que la regula incondicionalmente. Y es que el transhumanismo parcial parece olvidarse de todo esto, si es que alguna vez lo ha tenido presente de manera profunda.

En cuanto al transhumanismo integral, que reconoce y afirma el deseo de vivir en plenitud de la persona humana, tiene mucho cuidado en no olvidar que el hombre no puede explicarse ni comprenderse solamente a partir de sus realizaciones prácticas (científicas o técnicas), o partiendo únicamente de sus dimensiones meramente materiales (sobre todo cuando se entiende la materia como opuesta, o también carente, de todo sentido y de toda profundidad espiritual). Lo parcial, lo sesgado, que critico en esta obra, si retomo las poéticas expresiones de Mainländer (2011, p. 130), consiste en esa inconfesada «lucha contra la vida» que efectúa el transhumanismo en su edición más reduccionista; la cual, a todas luces y por desgracia, ha devenido mayoritaria en el conjunto de aquellos que nos afanamos por una vida más digna y honorada; poniendo a las nuevas tecnologías al servicio de este noble empeño.

No puede llamarse «defensa de la vida» a una guerra sin tregua contra la naturaleza humana con la que hemos nacido y que compartimos con el resto de congéneres que pueblan este planeta. No es en absoluto defender la vida repulsar o negar el valor a la única vida que por el momento poseemos, usando especialmente un lenguaje monista anómalo o dualista, cada vez que nos referimos a los seres humanos y a sus cualidades. Mainländer (2011, p. 135) denunciaba en su tiempo, de una manera que todavía se puede escuchar hoy en muchos transhumanistas, que «todos los demás [seres humanos] están condenados a consumirse 'eternamente' en el infierno de la existencia [... así que] pobre de aquel que se imagine que puede ser redimido en la totalidad [al margen de la ciencia]». Este filósofo atacaba duramente a Schopenhauer, citando *El mundo como voluntad y representación*, por haber cerrado este la puerta a los hombres para que se redimiesen a sí mismos, entrando en la patria definitiva «por sus propios pies» (Mainländer 2011, *Ibíd.*). En este nihilismo científico, la ciencia es la chistera de la que se puede extraer todos los remedios técnicos que resolverán todos los problemas humanos. Por este motivo, no es disparatado acusar al transhumanismo parcial de convertirse en lo que más desprecia de los partidarios de la religión: hacer promesas que muy difícilmente podrán ser cumplidas.

Mainländer (2011, p. 134) no tenía más remedio que servirse de la filosofía, a falta de antropotecnias efectivas en su época decimonónica, para afirmar que «una filosofía [convertida en ciencia] que quiera ocupar el puesto de la religión tiene que, ante todo, poder conceder el consuelo de la religión —el cual exalta y estimula—». Pero la diferencia con respecto a las supercherías religiosas es contundente en uno de los filósofos antecedentes (aunque no reconocido) de los transhumanistas parciales, el cual vengo trayendo a colación: solo la ciencia y la técnica fusionadas y aliadas salvarán completamente al hombre; como si parafraseasen más de un siglo y medio después al alemán, cuando este utilizaba a su favor una irónica cita schopenhaueriana: «Yo, en cambio, recurriendo a la naturaleza, digo: quien se quiera redimir puede lograrlo siempre 'por la razón y la ciencia, la suma fuerza del ser humano'» (Mainländer 2011, p. 135).

Pero el *quid* de todo este asunto, el cual los transhumanistas parciales parecen obviar sistemáticamente, reside en preguntarnos si en verdad goza el hombre del poder efectivo para redimirse a sí mismo. Si lo tiene, los transhumanistas parciales aciertan indefectiblemente. Si no lo tiene, no están sino conminando por el momento a las personas humanas a la nada, es decir, *a la nada que más nadea*; si parafraseamos la enrevesada expresión de Heidegger. Al desconocer los avances biotecnológicos, informáticos, neurocognitivos o nanocientíficos actuales, Mainländer se cerró a reconocer cualquier positividad después de esta vida y que la pudiese redimir:

con la muerte se acaba todo, y ello revierte en los seres humanos en tanto que su mayor liberación (aunque después no se enteren de ello en su total aniquilización). Después de esta vida nos espera, como sentencia este pensador, la *nada*; lo cual convierte también esta vida nuestra, en cuanto vivida actualmente, en *nada*.

Por contra, los transhumanistas parciales *llenan* la obviedad de esta nada con el potencial presuntamente abrumador de las tecnociencias, falsificando la realidad vulnerable del ser humano y su *nadidad*, bajo la perspectiva de una pronosticable redención ejecutada por estas disciplinas. Tal vez a este nihilismo, que no se desea admitir y que se aferra a las retóricas triunfalistas provenidas de las antropotecnias extra-médicas, le convendría tomarse más en serio la muerte como tema todavía no resuelto, en vez de desplazar su consideración intelectual por medio de proyectos que no son sino los títulos de los propios deseos de redención y salvación plenas. Quizá sería deseable que estos respetables *scholars* y emprendedores transhumanistas, seguramente sin ninguna intención de darnos gato por liebre, leyeran de nuevo a Mainländer cuando exclamaba:

> La deducción es lógica de punta a cabo, y todo en la naturaleza adhiere al resultado, ante el cual es posible que un espíritu débil se derrumbe temblando; el sabio, en cambio, se estremece con júbilo hasta lo más íntimo de su alma. ¡Nada más será, nada, nada, nada! ¡Oh esta perspectiva hacia el vacío absoluto! (Mainländer 2011, p. 136)

¿No esconden, tal vez, los transhumanistas parciales, bajo la pasión positivizante de la fuerza investigadora, ese pavor a *morir del todo*, como expresaba Unamuno, esto es, una debilidad que es la que, a fin de cuentas, nos engrandece? Mainländer, al no poder agarrarse a ningún mesianismo estrictamente religioso o tecnocientífico, no escondía su nihilismo, al darse cuenta que lo intramundano no podía salvar al hombre de la muerte: solo la filosofía podía prepararle y predisponerle, en un trabajo interior, hacia ese trance crucial y definitivo; siendo esta la auténtica victoria y liberación. Como cristiano pienso que el nihilismo *in extremis* de este autor, posicionándose a ultranza a favor del suicidio como única redención del hombre, es de todo punto inadecuado: hay una bondad, una belleza y una verdad ontológicas en la carnalidad del hombre que apuntan, en cuanto tales, a algo más que sí mismo.

No hemos de imitar al Dios mainländeriano que se aniquila a sí mismo para que nosotros hagamos lo mismo, sino al que nos abraza y nos sostiene en la vida; como el que siembra la semilla del Reino en medio del campo terrenal. Llevando el sello divino de Aquel que «no es Dios de muertos sino de vivos» (Lc 20, 38), el hombre está destinado a la vida perfecta y a anticiparla aquí y ahora, no siendo un objeto neutro más entre muchos, o un ente arrojado entre otros (sean vivos o inertes) en medio de la podredumbre de la historia. Que la ilusión del transhumanismo parcial sea una suerte de dogmatización, que se escuda en el progreso, me parece cierto, pero no lo es menos que también sea dogmatista el nihilismo propuesto por el alemán: la nada y la muerte que sellan cada individuo humano, sus acciones, su futuro y su historia, consistiría también en una forma de dogmatización pretendidamente incuestionable.

Solo me complace la postura de Mainländer, pese a sus paralelismos con el transhumanismo parcial, por su negativa rotunda a aferrarse a los espejismos de su tiempo. Su famosa ley del debilitamiento universal, según la cual cualquier realidad natural, incluido el ser humano, tienen su realidad y finalidad ontológica en morir, contrasta fuertemente no solo con el eudaimonismo cristiano, sino también con el hedonismo tecnocientífico y esa relectura de la nietzscheana voluntad de poder, que se puede leer en algunos de mis colegas transhumanistas. Max More (2010, p. 2) ha escrito en este sentido lo siguiente: «Estoy de acuerdo con Nietzsche (en *La voluntad de poder*) en que el nihilismo es solo una etapa de transición que resulta de la ruptura de una interpretación errónea del mundo. Ahora tenemos muchos recursos para dejar atrás el nihilismo y afirmar una perspectiva de valores positiva (pero en constante evolución)».

¿Pero la nada se supera positivándola de manera acrítica? ¿No es, tal vez, esta la nueva faz con la que el nihilismo se asoma nuevamente de manera discreta, pero mortal, sobre el hombre y la historia? Franco Volpi (2005, p. 18) pensaba que la pregunta radical por el ser no puede excluir la absoluta carencia de hallar una respuesta, dado que la filosofía (y la ideología transhumanista, cabe añadir) «no puede eximirse de pensar la nada, si es verdad que para cumplir con el deber que le es propio, vale decir, la pregunta acerca del ser en cuanto ser, debe deslindar a este último de su oposición esencial, es decir, de la nada». En cuanto a sí, un transhumanista integral procurará dudar y vacilar siempre acerca de sus propias respuestas y soluciones a los interrogantes y males que afectan al hombre.

Así pues, no obsta darse cuenta, junto al pensador alemán y en tanto que transhumanista integral, que no hay redención posible para el hombre desde una solipsista y deshabitada debilidad ontológica humana. En contraposición al fanatismo de muchos religiosos, políticos o científicos, esa es la función principal de la filosofía convertida en ciencia por el alemán: *decir la verdad*, tal como sucedía con la *parresía* helénica, proclamando a diestro y siniestro nuestra condición mortal, la debilidad que somos e, *in extenso*, la imposibilidad ontológica de la autorredención a espaldas de nuestra naturaleza. El suicidio no es *la* solución, según el citado autor, sino un símbolo ambivalente de esta misma imposibilidad, pero también de la posibilidad de adherirnos al orden debilitador universal.

En el pesimismo mainländeriano, además de su polémica apología del suicidio, la única redención posible es la de conocer y poner en practicar lo que se desprende *ab initio* del hecho de que no hay redención plena posible que pueda ser procurada por nosotros mismos. De esta manera, nos podemos preguntar si ha variado en algo la situación de las tecnociencias desde el tiempo de Mainländer con respecto al nuestro. Es obvio que sí, ya que son muchas las enfermedades y desgracias humanas que hemos podido corregir y remediar por medio de nuestro ingenio e inventiva. Negar esto es osado y contrafactual. Sin embargo, lo que no ha cambiado en absoluto es nuestro deseo ontológico de plenitud y ser salvados plenamente; así como tampoco, como es obvio, nuestra condición mortal y vulnerable.

Ante esta dramática pero efectiva dualidad solo cabe afrontarla y no, como puede comprobarse en investigadores y empresarios transhumanistas, fantasear sin rubores; proponiendo un discurso fuerte como respuesta al debilitacionismo filosófico o religioso. En este capítulo he querido alertar, parafraseando a Sandra Baquedano, acerca del «estancamiento existencial de quien padezca una avidez vital de la nada» (Mainländer 2011, p. 10). El transhumanismo parcial, y todavía más el posthumanismo, al no reconocerlo explícitamente, se puede comprimir lamentablemente en una ideología con una voluntad nihilista y mortífera. El enfoque integral no supera la debilidad ontológica con un discurso motivador desproporcionado: habla desde nuestra pobreza y pequeñez para intentar trascenderla. Como crítica a una Modernidad que adereza la nada con la positivización de los logros humanos, remataba el filósofo alemán citando a Wieland:

> ¿Quién quisiera interrumpir el juego cándido y seguro de la fantasía? *Una ilusión que me hace feliz, merece una verdad que me lance al suelo*. [...] Sin embargo, el sabio mira a los ojos, fija y alegremente, a la nada absoluta. (Mainländer 2011, p. 138)

III. LA AMENAZA DEL FRACASO

Decidirnos a fraguarnos altas cotas de éxito en nuestras empresas humanas no puede excluir de nuestro horizonte la amenaza del fracaso. Todo transhumanista que se precie espera alcanzar el éxito, no solamente de las terapias, sino de las técnicas que serán efectivas para hacer del hombre un ser más inteligente, más libre y (esto lo defiende más bien el transhumanismo integral) una persona más preparada y dispuesta para amar en plenitud. Para Nick Bostrom (2014, p. 232), que espera la irrupción inminente de una superinteligencia que superará la humana, «la importancia que se le dé a esta consideración dependerá de lo optimista que se sea respecto de esas tendencias».

Este es un rasgo del transhumanismo, que lo distingue de los discursos posmodernos, puesto que «un optimista podría señalar, sin duda, una serie de indicadores alentadores y posibilidades esperanzadoras» (Bostrom 2014, *Ibíd.*). La postura derrotista y pesimista se imputa los tecnófobos, los cuales interpretan irracionalmente las factibilidades tecnológicas como una irrisoria oportunidad para no hacer nada a favor de la humanidad. El enfoque integral no se presenta como el aguafiestas de la noche: esperar lo peor o creernos de entrada derrotados no es, ciertamente, *lo más humano.* Puede, de hecho, concebirse un *optimismo antropológico no autoendiosante.* Mas cuando este optimismo hace de las antropotecnias un nuevo

Molok, por el cual vale la pena sacrificar la propia vida a fin de disponer de los dones tangibles que otorgará, parece harto difícil ver la posibilidad de que, tras la inmolación de la naturaleza humana en la tentativa de salvarnos a nosotros mismos, se nos brinde alguna recompensa. Se podría, de hecho, morir en el intento.

El dios Molok, que nosotros mencionamos en griego, era llamado de diferentes maneras según la cultura: *Molek* en hebreo o *Molk* en púnico. Molok era un dios sacrificial, al que se debía ofrecer en libación la vida humana más tierna y fresca. El nombre de este ser hunde sus raíces etimológicas en la raíz *mlk*, la cual quiere decir «andar» o «aquel que hace andar» (Cf. Sánchez Montesinos 2016), esto es y según su significado mitológico, un continuar, sin que nada frene, en un ofrecimiento sacrificial de la propia vida a un ser hambriento de lo más preciado del hombre que le concederá fertilidad y prosperidad en su existencia terrenal. En los antiguos hebreos, púnicos y fenicios, pero también en la demonología católica, aparece algún tipo de referencia al holocausto humano a Molok; especialmente en lo que concierne al sacrificio de la descendencia acabada de nacer en el caso de los hebreos. Sacrificar la vida humana más pura a este demonio conllevaba obtener a cambio ser más fértiles y, por tanto, obtener más vida. Así pues, se trataba de un intercambio llamativo: destripar la vida efectiva en lo intramundano a fin de alcanzar, si así lo decidía este ser desde fuera, posiblemente más vida en nuestra esfera inmanente.

Sin embargo, el desastre sobrevenía cuando el demonio Molok, finalmente, no cumplía con los pactos, puesto que concluía exigiendo más de lo que se le ofrecía inicialmente, esto es, más de lo se había acordado. Además de la vida inmolada, exigía también aquella de los que inmolaban a su primogenitura; de modo que los ambiciosos humanos terminaban defraudados y devorados por la bestia. Hacer un pacto con Molok podría hacernos caer en la trampa de acabar en sus insaciables fauces antropofágicas. Volviendo a nuestro tema filosófico, me pregunto si vale la pena anhelar un éxito intramundano futuro que exija perdernos la vida presente. El transhumanista integral ha de saber que la aspiración al éxito, por pequeño que este sea, es arriesgada y hostil; dado que está sometida a muchas circunstancias adversas. La filósofa española María Zambrano pensó muy profundamente esto en *La agonía de Europa* (1940-1945), una obra que retrata y explora la decadencia del Viejo Continente, el cual se encontraba en una tremenda polarización política a caballo entre los nostálgicos de un pasado siempre mejor por ser pasado (los tradicionalistas o conservadores) y los resentidos que buscan en lo nuevo lo mejor por ser nuevo (los innovadores o progresistas).

Ninguno de ellos conquista la razón de la pensadora. Los nostálgicos cohíben su creatividad y les cuesta emprender cambios drásticos en el curso de sus vidas y del medio sociopolítico. Pero, ¿se puede ser progresista sin resentimiento? A ojos de Zambrano, hay una deslealtad de base en aquellos que solo valoran el éxito y no sus raíces, o no sopesan seriamente el daño que se hacen a sí mismos (o que hacen a los demás) para conseguir sus metas. Lo mismo se podría afirmar hoy del *principio de libertad morfológica* del transhumanismo, es decir, del poder de modificar y autoexperimentar, con total libertad, sobre el propio cuerpo; aunque ello cause menoscabos individuales y colaterales severos a la integralidad de la persona humana. El transhumanista Anders Sandberg ha entendido el principio de libertad morfológica como un derecho que los Estados progresistas han de permitir y proteger:

> ¿Qué es la libertad morfológica? Yo la consideraría como una extensión del derecho a poseer el propio cuerpo, no solo como propiedad de uno mismo, sino también como el derecho a modificarse según los propios deseos. Los distintos derechos humanos pueden derivarse unos de otros [...]. El derecho a la vida, el derecho a que otras personas no impidan la supervivencia, es un derecho central, sin el cual todos los demás derechos carecen de sentido. Pero para hacer realidad el derecho a la vida necesitamos otros derechos. (Sandberg 2013, p. 56)

Este derecho se concibe de manera absoluta, interpretando la tradición que le pone límites como un atraso intelectual, social y político. Pero la libertad de modificar el propio cuerpo puede acertar o puede equivocarse, como cuando ejercemos cualquier otro derecho que se deriva del derecho fundamental a la vida. El problema es que no es lo mismo fracasar en acciones reversibles que en cambios morfológicos que pudiesen ser irreversibles, tanto si salen mal o si, con el tiempo, ya no son queridos. ¿Qué o quién nos garantiza un éxito rotundo en este arriesgarnos la vida? Así pues, es éticamente y políticamente muy cuestionable hacer del éxito morfológico un fin al que todo ha de subordinarse, aunque lo que se ponga en juego sea un bien fundamental como la propia vida. Se trata, en unas duras palabras escritas por una de las mujeres más brillantes de nuestro panorama filosófico contemporáneo, de «un revolverse contra los principios [careciendo] de fijeza, de lealtad para sí, de lealtad para todos [de tal suerte que] se confunde [...] con el adorador del éxito» (Zambrano 1988, p. 10).

En el principio de una libertad morfológica absolutizada por parte de los transhumanistas parciales, que se fundamenta en el desprecio de la propia corporalidad y de la naturaleza humana, se rechaza todo esencialismo que defienda una cualidad inmutable y permanente de lo que significa ser personas humanas. No obstante, el éxito morfológico futuro recompensará el hecho de que no nos soportemos ahora y que nos obviemos paulatinamente en esta metamorfosis transhumana o posthumana. La «deslealtad», que señalaba la filósofa, si se transporta a la naturaleza humana en la forma biológica actual, sería, entonces, un acicate para conseguir sintetizar una vida mejor.

«Incapaz también de lealtad, el que adora el éxito no quiere saber *quién* es el que tiene éxito» (Zambrano 1988, *Ibíd.*), puesto que las dádivas de su adorado *daimon* y sus exigencias sacrificiales le impiden, a fin de cuentas, conocer-se, aceptar-se y vivir-se aquí y ahora de manera audaz. Pero todavía podemos seguir pensando, guiados por esa gran maestra del pensamiento juicioso que fue Zambrano (1988, *Ibíd.*): «[...] tal vez suceda que el éxito, sin más sea algo sin rostro, forma ni figura, y por falta de ellos no pueda engendrar lealtad alguna». ¿Llevará la deslealtad hacia la propia integralidad personal a una lealtad fijada en las tecnociencias o, por el contrario, continuará el transhumanista parcial yendo de flor en flor, de deslealtad en deslealtad; a medida en que se aleje de él el éxito esperado? Parece que, con este proceder, el hombre quiere invocar y desatar la furia de Molok.

Como he escrito en el capítulo precedente, no llegaremos nunca a calcular todos los intricados factores que se implican en ese destriparnos hoy por una nada desconocida, convirtiéndonos en unos seres indignos de confianza, dispuestos a embarcarnos en la travesía hacia la mejor tierra prometida, al abominar de la tierra de nuestros orígenes, la cual es la tierra desde la cual zarpamos. Zambrano (1988, *Ibíd.*) señalaba que «solo lo que tiene figura, permanencia, puede engendrarla [la confianza], y aquello que sin llegar a ser se encumbra para despeñarse en seguida no puede pedir la lúcida adhesión de una leal servidumbre».

Es, por tanto, más recomendable amar y tender hacia lo que es, empezando por amarnos a nosotros mismos en la vulnerabilidad que somos, que hacer de un vago porvenir (cf. Antúnez Cid 2024), envuelto en el éxito, nuestro máximo objeto de adoración. ¿Han de ser los vendedores de un futuro incierto nuestros guías en este viaje sin retorno? El transhumanismo integral recusa la idolatría del éxito para defender, por el contrario, *una técnica y una ciencia reales* (recordando la expresión de Marx) en constante revisión y perfeccionamiento. Sin dar por sentada nuestra falibilidad presente y posiblemente futura, será complicado obtener resultados que nos mejoren.

¿Cómo mejorarnos a nosotros mismos, si antes rehusamos saber bien quién se arriesga a investigar? Escribían Marx y Engels (1974, p. 26), en *La ideología alemana*, que «no es la conciencia la que determina la vida, sino la vida la que determina la conciencia»; una vida eminentemente no escindida ni alienada de la naturaleza ni de su ser social. De este modo, añadían, «allí donde termina la especulación, en la vida real, comienza también la ciencia real y positiva, la exposición de la acción práctica, del proceso práctico de desarrollo de los hombres» (Marx y Engels 1974, p. 27). Temo la especulación excesivamente optimista del transhumanismo parcial, dado que, no solo podemos fracasar y lo sabemos, sino que fracasamos constantemente; lo cual, una vez se ha reconocido, nos predispone a unas tecnociencias menos fantasiosas y más relevantes para la misma realidad humana.

Seguramente sabernos falibles y expuestos al fracaso puede tornarse una prudencia que nos frena para plantearnos objetivos demasiado vagos que, a causa de su abultada pretensión, crean una desproporcionalidad con respecto a los medios presentes. Por consiguiente, en el transhumanismo integral no se trata de no tener ambición sino de asumir con anterioridad que se puede fracasar, planteando esta posibilidad ponderadamente para no morir en el intento de una mejora frustrada. Todavía más, en este enfoque se ha de tener claro que partimos de un fracaso de entrada insalvable a cuenta nuestra (no considerado así por las antropotecnias transhumanistas): nuestra propia finitud, la cual no solo *tenemos*, sino que *somos*. Sin embargo, en el transhumanismo mayoritario, no se puede remediar aquello que somos, si no es a costa de modificarnos substancialmente, aunque no se crea en las substancias metafísicas. Por tanto, lo que los transhumanistas parciales y extremistas consideran un fracaso a superar es la entraña misma de nuestra carne y de nuestra experiencia; la poquedad humana que, sin embargo, es la que nos abre a las grandezas de la ciencia y de la técnica.

«El desatado culto al éxito», tal como lo denomina Zambrano (1988, p. 11), si bien nos puede hacer tenaces en la conquista de objetivos genéricos y utópicos, nos vuelve en extremo frágiles, en el momento en que no solo no damos con lo que habíamos estado buscando, sino en especial cuando advertimos que ni tan siquiera nos hemos aproximado mínimamente. Acabamos, a resultas de esto, fatigados y frustrados, presos de una ideología, en la cual «se encuentra vivo el anhelo del reino de Dios en la tierra [...] en busca de su permanente utopía, de su resurrección última y definitiva, de su transfiguración» (Zambrano 1988, p. 64). Parecería, por tanto, como si la pensadora española estuviese profetizando al transhumanismo.

Sin embargo, este anhelo trascendental de morar en la patria definitiva, que los transhumanistas parciales colman con las migajas de sus objetivos inmanentes todavía no materializados, es hondamente humano y no puede ser reprimido de ningún modo. Somos seres trascendentales. Los transhumanistas integrales enfatizan también, al igual que los mayoritarios, la trascendentalidad humana, si bien (y este es el punto de la discordia) buscan una transformación personal, sociopolítica y ambiental que aproveche todo aquello que realce a la persona y a la sociedad a través de las tecnociencias.

Así mismo, lo que excluyen los integrales es buscar el reino de Dios, la Jerusalén celestial, en los feudos falseados de las promesas intramundanas y falibles de quienes tecnifican la naturaleza espiritual, y no solo la material, de la persona humana. No se trata de algo nuevo. Para una Zambrano que escribía en 1940, esto escondía no solo una falta de realismo sino una falta de auténtica esperanza, en tanto que esta virtud teologal se distingue cualitativamente de la vulgar espera.

No es lo mismo *esperar* que la persona entre habitualmente por la puerta, a la misma hora de cada día, que *tener esperanza* de que esta vida intramundana puede ser salvada en su propia finitud, sin anularla. Ciertamente, esperamos muchas cosas, algunas de ellas monótonas o repugnantes, pero tenemos esperanza de lo que nos hace ser mejores de forma integral y no solo en parte, esto es, de ser salvados por completo en nuestro exterior e interior; aunque no podamos lograrlo por nosotros mismos.

Partimos del fracaso, aunque (este punto es característico del transhumanismo integral) no por ello hemos de ir hacia un fracaso en cada paso dado por las tecnociencias. Quiero decir lo siguiente: el fracaso final nos arruinaría si nos escindiésemos y alienásemos en estas disciplinas solo como extra-terapéuticas y dirigidas al cuerpo biológico. Por el contrario, la esperanza nos hace aguardar de otro modo: la mejora del cuerpo y la mejora del espíritu. Sí, cabe tener esperanza incluso en estas disciplinas antropotécnicas, si bien la verdadera esperanza (la teologal a la que aludía la filósofa hace tantos años) nos destina y nos abre a la acción novedosa y agraciada; a la transformación inesperada y perfecta que salva completamente y hace resurgir a los muertos: «Y por eso la más grave enfermedad europea será la caricatura de su íntima esperanza, la que envuelve la traición a su utopismo revolucionario de resurrección» (Zambrano 1988, *Ibíd.*). Zambrano censura que los resentidos hayan renunciado a la máxima esperanza, a la mejor y mayor de las posibilidades, según el lenguaje kantiano para referirse a la idea regulativa de Dios.

Y es que todavía cabe otra guisa de utopía. No es que los transhumanistas integrales sean acérrimos enemigos de la utopía: el ser humano necesita algo no tanto en lo que esperar (como se esperan tantas cosas cada día), sino algo ontológicamente superador en lo que fundamentar la vida y nos permita hacernos cargo de la realidad. Para Zambrano (1988, *Ibíd.*), Europa (y Occidente, por ende) ha padecido la «enfermedad», tal y como se comprueba en el apoyo masivo a los regímenes políticos totalitarios que se afincaron desde el pasado siglo en nuestro continente, de esperar cualquier cosa; sin plantearnos fehacientemente si vale la pena. ¿Cómo buscar cambiarlo todo, desconociendo la realidad y la profundidad desde las cuales aguardamos y aquello que queremos ver realizado? ¿Basta con prometer(nos), con eficaz persuasión, soluciones notorias y tajantes con respecto a nuestra carne doliente y herida?

«Se paga el precio de dejarse aturdir», comentaba el filósofo Ernst Bloch (2019, p. 75) a propósito de la crítica de la religión de Marx. A estas promesas rompedoras se las paga con la sumisión ciega y olvidándonos de vivir ahora, de tal manera que la fatiga y el desencanto no tardan en llegar, en la medida en que lo prometido es directamente desproporcionado para con la dignidad de nuestra vida. Esta enfermedad, que la filósofa española diagnosticaba a Europa, es la que no tiene cura para el transhumanismo parcial, dado que ni tan solo la incorpora dentro del elenco de las taras a solventar que aquejan nuestra especie: «Enfermedad que, bajo la aparente energía, oculta la desgana, la fatiga de seguir viviendo en tensión, en la tensión idealista del habitante de dos mundos» (Zambrano 1988, *Ibíd.*). Así es. Se trata de un idealismo entre *dos mundos*: el mundo aborrecido en el presente a causa de su vulnerabilidad y aquel que se espera liberado de todo mal, hallándose a merced de una creciente fusión con las tecnociencias aplicadas al hombre no en su totalidad sino en tanto que biologizado.

En medio de estos mundos aparentemente contradictorios, el transhumanista parcial escinde su conciencia y acaba alienado en el segundo, a través de la experiencia de la desgana por una vida que no vive en realidad, a la que no afronta, sino que es soportada y no fenomenológicamente vivida en su radical inmanencia. Se trata, en suma, de nuestra afectividad pura enajenada en los objetivos tecnológicos que la apasionan en la medida en que nos permitirán devenir un nuevo ser materialmente mejor. Ese ser, sin embargo, es lo que jamás hemos sido ni experimentado antes, lo cual nos desgaja de nuestra carnalidad actual para esperar una inexperiencia incontable. En este sentido, la maestra del fracaso, como me gusta llamar a Zambrano y que critica la decadencia de la Europa que espera contra sí misma lo que la persuade a superarse de su monotonía, nos lanza una advertencia lapidaria en una inocultable clave agustiniana:

> La fatiga de este consubstancial idealismo puede llamarse pragmáticamente, necesidad de «éxito» inmediato, de destruir el horizonte para que todo esté al alcance de la mano; embriaguez que haga olvidar la distancia insalvable entre las dos ciudades, la de Dios siempre en el horizonte, y la de la tierra, siempre en edificación, que anule también la diferencia entre los dos hombres, entre el hombre concreto y el siempre naciente «hombre nuevo». La anulación totalitaria de la distancia, de la distinción entre «el que quiero y el mal que hago». Barbarie monista, falsificada mística que suplanta a la permanente esperanza de resurrección y a la consubstancial utopía creadora. (Zambrano 1988, pp. 64-65)

La «barbarie monista» radica en esa forma que los transhumanistas parciales tienen de entender el mejoramiento humano (*enhancement*): se trata de aumentar las potencialidades y capacidades del hombre en tanto que seres materiales, analogables a otras máquinas naturales o artificiales. Poco tiene que ver esto con la mejora espiritual a través del ejercicio y la práctica de las virtudes morales humanas y teologales. El monismo materialista (el cual en algunos transhumanistas parciales se une a los adjetivos anómalo, fisicalista, dualista, mecanicista o incluso computacionalista) parte y se queda en un solo reino: el material (ojalá fuese el natural no reducido) tal y como las tecnociencias lo abordan, sin atreverse a transgredir sus normas y a violar sus fronteras. La verdadera trascendencia, la del *Ipsum Esse subsistens*, está totalmente prohibida. Solo existe la inmanencia del producir y del solucionar que marca el nuevo sacerdocio antropotécnico: la redención solo puede darse como mera positividad en la *civitas hominis*.

Zambrano tachaba esto de totalitarismo ya que, al basarse en san Agustín, una ciudad tan enfrentada y expuesta al caos como la humana no puede ofrecer la total paz y perfección, que no solo no tiene, sino que tampoco ha visto anteriormente en su historia. Un *enhancement* de la *civitas hominis* podría no ser otra cosa que aumentar más fallos, más placebos y más injusticias, las cuales deberemos seguir corrigiendo y afinando en el futuro investigador que nos deparen las tecnociencias. Por ello, lo que no se llega a comprender todavía es que aumentar esta materialidad nuestra, hacerla más compleja y menos sesgada, no consiste sino en alargar nuestro debilitamiento ontológico, si recordamos a Mainländer; así como también extender el fracaso que, desde que empezamos a evolucionar como especie, nos amenaza y nos ha hecho ser, por raro que resulte, más sagaces para mantenernos con vida.

Por esta razón, Zambrano (1988, p. 65) denuncia el «abandono del saber más peculiar del hombre europeo [el cual consiste en] saber vivir en el fracaso» (Zambrano 1988, *Ibíd.*). Hemos abandonado este saber, cuando ni tan siquiera consideramos la más elemental diferencia ontológica, la cual he tratado en el capítulo anterior. Tal y como sugería allí, reconocer la nada no nos ha de obligar a instalarnos en ella, no descubriendo los atributos ontológicos de nuestra cualidad de *Sapiens*, sino que nos conmueve a interrogarnos por la actualidad del ser y sus rasgos trascendentales. Del mismo modo sucede en el transhumanismo integral, cuando nos damos cuenta de que gran parte de lo hecho en la *civitas hominis* está acechado por el fracaso: tener bien claro esto, no obstante, no nos impedirá que podamos ir avanzando mediante nuevos y más atinados medios técnicos y proyectos tecnológicos que nos sirvan para disfrutar de una vida cada vez más digna y, por lo tanto, menos abrumada por el sufrimiento, el predeterminismo biológico y el mal en sus diferentes formas.

Lo sabemos por experiencia. Los que han experimentado que han fracasado alguna vez intentan ser precavidos y titubean en magnificar las soluciones a sus problemas. En consecuencia, ser conscientes de haber fracaso no significa fracasar en el presente o en el futuro, sobre todo cuando, desde el transhumanismo integral, se comprende a la persona humana como un ser de comunión llamado a participar y a compartir los dones que perduran y que acrecientan nuestra encarnación no solo física sino inseparablemente espiritual. La *civitas hominis* puede participar de la *civitas*

Dei estableciendo los acuerdos oportunos, siempre y cuando la primera no intente falsear y colonizar a la otra con su arrogancia. No es cierto el prejuicio de Albert Camus en *El mito de Sísifo* (1942), al oponer la libertad humana y la libertad divina: si el hombre no es libre, afirma Camus, Dios es todopoderoso. Si, en cambio, el hombre es libre, Dios no es todopoderoso. Dogmatizando en esta guisa su propio ateísmo, este autor no pudo aceptar ningún tipo de participación entre ambas libertades, considerando incluso su posibilidad como un tipo de «ingenuidad» (Camus 2006, p. 19).

¿No es, sin embargo, ingenuo creer que la libertad humana puede escalar las montañas celestiales? Para Camus, también, puesto que, a imagen de Sísifo, estamos condenados al fracaso: a repetir una y otra vez nuestro intento de salvarnos y de ser como los dioses. Contrariamente al transhumanismo integral que propongo en este libro, el fracaso de Camus es el fracaso completo e inexorable: al encerrar al hombre en las fronteras de la *civitas hominis* y a sus propias capacidades, sabe, sin temor alguno a equivocarse, que el hombre jamás triunfará. Sabe que su fracaso es insuperable porque no hay Dios: «no podemos llegar a nada que trasciende el juego mortal de las apariencias. Sabe que el final del espíritu es el fracaso» (Camus 2006, *Ibíd.*). Incluso declarándome cristiano, sería de agradecer encontrar esta humilde constatación en unos materialistas ateos como muchos de los transhumanistas parciales.

Eso sería lo más consecuente con quienes no pueden sino verse a sí mismos como minúsculas motas de polvo en el universo. El transhumanismo integral, empero, sostiene que un ser ornado de perfecciones como la persona humana, pero también de carencias, puede dar de sí muchas perfecciones: especialmente mediante la técnica, la ciencia y el ejercicio de las virtudes. Sin embargo, al estar el hombre preso de su contingencia, este enfoque se niega a suplantar con lo tecnificado la eventual manifestación de una persona amorosa y perfectísima, la cual no necesita de nada para ser y amar. El Camus antiesencialista y superador de la metafísica creyó que la humanidad, especialmente a raíz del *enchantement* de la Modernidad, ha distorsionado infelizmente su propia percepción: los pobres homínidos han procedido a autopercibirse como futuros dioses.

Los Sísifos de hoy no toleran los sacrificios veterotestamentarios a Molok, aunque no parecen hacer lo mismo con las antropotecnias. Esta *deformación fenoménica* (que no llega ni tan siquiera a granjearse la cualidad fenomenológica) no tarda en esclarecerse en la estrepitosa caída de los engreimientos más altos de la humanidad. Para Albert Camus, el ateísmo materialista va aparejado del nihilismo y no, como se escucha por boca de muchos transhumanistas parciales, de un cómico complejo de creernos unos Nietzsches ataviados con bata de laboratorio. El laureado autor francés clama a viva voz para que se llegue a saber que todo lo emprendido por el hombre solo está expuesto al fracaso:

> Sabe que el final del espíritu es el fracaso. Se demora en las aventuras espirituales que nos ofrece la historia y descubre implacablemente el fallo de cada sistema, la ilusión que lo ha salvado todo, la predicación que no ha ocultado nada. En este mundo devastado donde está demostrada la imposibilidad de conocer, donde la nada parece la única realidad y la desesperación sin recurso la única actitud, trata de encontrar el hilo de Ariadna que lleva a los secretos divinos. (Camus 2006, *Ibíd.*)

Pese a los múltiples fracasos históricos que conocemos, los más terribles desengaños de la ciencia y la técnica; pese a los Auschwitz, Dachau y diferentes *apartheids* que hemos organizado en nuestro planeta, pese al racismo biológico o la eugenesia abortista, el transhumanista parcial quiere ser un Sísifo moderno que busca sin tregua, ya no movido por satisfacer al Molok que le hace andar, sino queriendo alcanzar la condición divina, comer del árbol de la ciencia del bien y del mal. Este tipo de transhumanista es «incapaz de sondear la profundidad de la experiencia [...] de este universo trastornado por el fracaso» (Camus 2006, p. 24).

Por su parte, Mainländer aduciría que el problema es nuestro por juzgar subjetivamente, tanto nuestra nada como la nada universal, en términos antropomórficamente selectivos: en la nada, si somos consecuentes, no hay ni éxito ni fracaso; solo *nada*. Alejándose del alemán y cerrando su horizonte fenomenológico a toda trascendencia, Camus (2006, p. 24) confesaba que «en la experiencia no ha encontrado sino la confesión de su impotencia y ningún pretexto para deducir de ella algún principio satisfactorio».

Es una pena que el francés desmereciera a Jaspers cuando establecía que «el fracaso no demuestra, más allá de toda aplicación y de toda interpretación posibles, la nada, sino la existencia de la trascendencia» (Camus 2006, p. 25). Esto era tenido por él como un «acto ciego de la confianza humana» (Camus 2006, *Ibíd.*), como si su propia condena a la nada más absoluta y la privación del progreso para el ser humano no fuesen igual de obcecados. Pienso que Jaspers tenía razón: la experiencia existencial de la nada clama por lo trascendente o, dicho de otro modo, la nada se percibe a la sombra de la plenitud de ser.

Y es que, en lo que concierne al tema de este libro, la diferencia entre el transhumanismo integral y el nihilismo de Camus es que el segundo se lo quiso jugar todo a una carta en el dilema siguiente: o el *homo sapiens* se salva del todo, o no puede hacer nada para salvarse. Es una flagrante contradicción exigirle al ser humano lo que no puede labrarse solo, al caer una y otra vez, como Sísifo, en el intento de autorredimirse, a la vez que se le niega la posibilidad trascendental de conseguir, aunque no sea la máxima plenitud divina, sí mayores cotas de justicia, bienestar y salud. Coincidiendo con el transhumanismo mayoritario, opino que se equivocaba en gran medida Albert Camus (2006, p. 16), cuando escribía lo siguiente:

> [...] toda la ciencia de esta tierra no me dará nada que pueda asegurarme que este mundo es mío. Me lo describís y me enseñáis a clasificarlo. Me enumeráis sus leyes y en mi sed de saber consiento en que sean ciertas. Desmontáis su mecanismo y mi esperanza aumenta.

> En último término, me enseñáis que este universo prestigioso y abigarrado se reduce al átomo y que el átomo mismo se reduce al electrón. Todo esto está bien y espero que continuéis. Pero me habláis de un invisible sistema planetario en el que los electrones gravitan alrededor de un núcleo.

Erraba claramente el francés en su desestimación existencialista de la ciencia. Pero en lo que no fallaba el autor y, en esto estoy plenamente de acuerdo con él en tanto que crítica al transhumanismo parcial, es que el solo progreso científico no puede saciar la sed de infinitud de la persona humana. Sin embargo y contra la mentalidad anticientífica, el transhumanismo integral parte de un fenómeno meridianamente experimentable y contrastable: existe una ciencia y una técnica mejores, así como una ciencia y una técnica peores, unas que curan y otra que no (o incluso que matan). No es lo mismo una etapa en la historia de la humanidad, en la cual la humanidad moría en masa de gripe, que una en la que no se muere tanto y tenemos más calidad de vida. El progreso existe y es valioso, aunque no por ello ha de ser un valor absoluto sobre el cual edificar la vida. Contra Camus, en el enfoque integral no se quiere apartar al hombre del intento de hacer este mundo mejor y más fraterno mediante su buen hacer y sus competencias humanas, científicas o técnicas.

De lo que sí quiere alejar al hombre es del triunfalismo que se jacta de la deformación fenomenológica de la criatura que se autopercibe como su *daimon* y se expone a la pronta frustración. Camus no se libra del complejo de la solución fácil, al verse tan legitimado para aniquilar la consecución de toda esperanza y todo instinto de trascendencia en el hombre. Por el contrario, la persona humana puede progresar (en tanto que posibilidad *realizable*), si bien puede fracasar en el camino y ha de ser plenamente consciente de ello. Si, además, esta persona es un profesional tecnocientífico, no solo ha de saber esto, sino decirlo sin rubores a quienes consumen sus productos transhumanistas. Se nota, pues, a faltar el necesario requisito ético de estar obligados a advertir a los adeptos que todavía no pueden ser salvos, incluso que jamás podríamos hacerlo por simple extensión material; haciéndoles saber que no podremos privarlos, por el reducido ejercicio de una libertad morfológica, de todo dolor (sobre todo del dolor espiritual) o de la misma muerte. Cita con atino Camus (2006, p. 28) a Kierkegaard, cuando el danés afirmaba que «en su fracaso [...] el creyente encuentra su triunfo».

La experiencia de la impotencia y de la derrota más categóricas, antes de detenernos, nos emplaza a vivir de manera agraciada y cooperante. El que cree, sabiéndose inacabado sin la ayuda misericordiosa de Dios, está con ello permitiéndole a Dios curar sus propias heridas desde dentro de su supuración y de su hedor. Incluso desde la perspectiva de un humanismo ateo, cabe asumir los efectos de humildad y de realismo para cualquier pensamiento o acción ulteriores, que se colijan del reconocimiento del fracaso de la vida humana; especialmente de aquella tenida a sí misma como un absoluto que no necesita más que de una actitud triunfalista para mejorar. También Camus, como Zambrano, contrapone un esperar lo mismo ontológicamente de la esperanza abierta a una salvación completa agraciada e indebida. Y lo hace, aunque no fuese del todo consciente, citando a Kierkegaard: «Se debe herir mortalmente a la esperanza terrestre, pues solamente entonces nos salva la esperanza verdadera» (Camus 2006, p. 93).

Esto solo se soluciona, en el filósofo existencialista, matando o coartando a las dos esperanzas referidas y nunca acercándolas: la espera mundana y la esperanza teologal que nos inculcaba María Zambrano. Esto es considerado atroz por el transhumanismo integral, un crimen de lesa humanidad, puesto que al ser humano se le deniega que pueda abrirse a la posibilidad de las posibilidades (al leibniziano mejor de los mundos posibles), desde el punto de vista no escindido o alienante sino realmente humano: que las realidades terrenas, e incluso nuestra condición mortal, puedan tener sentido y transformar nuestra finitud a través de la *koinonía* de las personas humanas y divinas. Los transhumanistas parciales, sin hacer justicia al deseo de sentido y salvación plenas de la persona humana (deseo que tachan de demasiado religioso y arcaico), cometen el mismo crimen inhumano de Camus a este respecto: no hay trascendencia posible en el hombre más allá de las positividades tecnocientíficas. Zambrano (1988, p. 9) lo expresa con la belleza que caracteriza su prosa filosófica:

> Ante la caída de algo que se ha mantenido victorioso durante siglos [se refiere con ello a la oferta de sentido y de salvación de la religión], el acumulado rencor se desata, sale a la luz sin máscara. Es su hora. Es la hora de la satisfacción de todas las impotencias: es, también, la hora de los recién llegados, de los que adoran el éxito como único árbitro de las cosas divinas y humanas.

Los parcialistas bien podrían considerarse unos humanos, aunque resentidos, que se han arrepentido de ser humanos. Pero, ¿qué pasa cuando se intenta no ser humanos y no se consigue? Esta impotencia ontológica no obtiene sino aumentar el arrepentimiento antihumanista o incluso un posthumanismo alienante. En efecto, no faltarán quienes detectan actualmente, en el transhumanismo parcial, una suerte de gnosticismo o de «religiosidad oriental», como la llama Zambrano (1988, p. 38), en la que sus adeptos dicen «amar la desaparición del hombre en el seno sin fondo de donde viniera».

Para ellos, el hombre no tiene una esencia inmutable que cabe respetar, de modo que puede ser modificado y transformado en otro tipo más sutil y complejo de materia corporal. Parece que al provenir de la nada, al ser nada, el hombre puede, paradójicamente, devenirlo todo. ¿Cómo es posible, según este nihilismo *ab initio*, fundar con tanta seguridad una tragedia gnostizante y positivizante? Es más, las siguientes expresiones pueden sonar al lector como descripciones veraces del desprecio de la carnalidad humana de los parcialistas: «[...] la vida humana [es tenida] como un error que hay que borrar cuanto antes, un tremendo equívoco que hay que hacer desaparecer» (Zambrano 1988, *Ibíd.*).

Pero conseguir esta utopía inhumana está constantemente expuesto a que el éxito se encalle o se retrase sin término. Entonces, ¿cómo se puede tener pavor a fracasar en el intento de borrar del mapa de la historia una especie malograda como la nuestra? ¿No nos debería, más bien, alegrar y consolar no haber llegado todavía a semejante exterminio eugenesista? Se puede suscribir el optimismo desde una vigilancia crítica constante de las nuevas tecnologías, en el «supuesto que este no se haga [un] optimismo ahistórico e irreal, insensato», como sostenía Bloch (2019, p. 141). En Zambrano, la maestra de filósofos que nos enseña incluso hoy con pasmosa actualidad, hemos leído muchas claves para interpretar la versión más reduccionista y nihilista del transhumanismo; haciéndonos apreciar su fanática estrategia como mecanismo de defensa del terror a no conseguir sus ambiciosos objetivos. Fracasar en cambiar la nada por la pura positividad tecnocientífica autorredentora constituye una repetitiva remisión de la nada a su insoportable y exasperante situación de partida. ¿Cabría algo más?

Por mucho que el hombre se resignase ante su debilidad ontológica u odiase su propia carnalidad y sus raíces específicas, por mucho que se *negase* (este verbo viene del latín *necare*, matar) seguirá, a la vez, autoafirmándose e intentará transformar en un cuerpo biológico idealizado su efímera *nadidad*. Valga aquí la tautología: *la autoafirmación que nace de la nada no es más que nada autoafirmada*, si bien esa nada, que usa a su antojo el potencial de las tecnociencias para posiblemente modificar los rasgos biológicos del hombre, se torna, como en los totalitarismos, una nada peligrosa y destructiva. Esta nada es metáfora del hombre que se vuelve un dios menor arrepentido de su creación, de un Molok que se inmola a sí mismo, de un Sísifo que cae *sine die* en su intento de ascender a las cimas divinas, o de un demiurgo resentido y déspota que no sabe a ciencia cierta, pero que puede intuir, que ha fracasado y fracasará siempre al moldear al hombre:

> El hombre se resigna a ser como si no fuera, a nacer como si no hubiese nacido, se precipita hacia su desnacimiento. No puede, aunque la tenga, afirmar su historia. [...] Mas resignarse ¿a qué y ante quién? No podrá resignarse a borrar su ser, a dejar de crear, de ser creador [...] la divina violencia creadora, de cuya alta embriaguez ha gustado. Para quien se ha decidido a existir es imposible el borrarlo. Quizás alguien haya intentado hacerlo... Quizás alguien haya querido renacer, regresar al seno de la naturaleza, arrepintiéndose de ser hombre, y el resultado sea el nihilismo, el espantoso nihilismo activo, destructor, creador al revés. El demonio enemigo de la creación.
>
> (Zambrano 1988, pp. 38-43)

IV. EL HOMBRE-MÁQUINA

Estoy de acuerdo con Donna Haraway (1991, p. 10), la cual, siendo transhumanista, ha preconizado cómo en este movimiento, desde sus orígenes, se había preparado «la lógica de la dominación de la tecnología: el control total de cuerpos ahora alienados en un futuro determinado por las máquinas». Entender a las personas humanas, en tanto que cuerpos objeto de una acción tecnológica en cuanto que única capaz de salvarlas, puede, en lugar de contener, desatar las relaciones opresivas del poder. Así, en una parte de los iniciadores del transhumanismo, en lugar de criticar una fisiología política de la dominación, en tanto que actualización tecnológica de la red del poder, se «cometió el error básico de reducir las relaciones sociales a objetos naturales, con la consecuencia lógica de ver el control técnico como una solución» (Haraway 1991, *Ibíd.*).

Pero esto, si bien es encomiable que lo afirme una exponente del transhumanismo, es, tal y como trataré ahora, más viejo de lo que puede creerse. En 1747 salió a la luz una obra francamente llamativa que se titulaba *El hombre-máquina*, publicada por el médico ateo Julien Offray de La Mettrie, el cual había nacido en Francia en 1709. Este personaje, como reconocen sus comentaristas, «fue un exponente vivaz y a menudo obsceno del materialismo, del secularismo y del hedonismo» (Hacking 2009, p. 182). Su obra, atrevida en su temática y en su lenguaje, causó un gran revuelo en la

Europa de su tiempo y sus *leitmotiven* parecen reproducirse en los parcialistas del transhumanismo. ¿Por qué no hablar del hombre de manera diferente a una platonizante metafísica del alma o a un racionalismo cartesiano, es decir, por qué no referirnos a él como una máquina según la mecánica newtoniana? ¿Qué significaba la mecánica con anterioridad a la Modernidad? Más adelante volveré al polémico opúsculo del médico de Saint Malo y lo comentaré con detenimiento en relación con el transhumanismo.

De hecho, su problemática se remonta a muchos siglos atrás. El sacerdote secularizado Pierre Hadot, reconocido experto en el mundo clásico, estudió en *El velo de Isis* la mecánica de la Grecia antigua, tanto en el plano filosófico como en el de las ciencias. Para este investigador, el nacimiento de la ciencia va inseparablemente de la mano de la desmitificación de la naturaleza, la cual ya no era tanto el espacio de manifestación de fenómenos sobrenaturales, cuanto el lugar para la indagación racional y la práctica experimental. El ser humano ya no se complacía con la acción intervencionista de los dioses en la naturaleza, sino que hacía de su interrogación y experimentación un escudriñar lo más recóndito del *Lógos* a través de la multiplicidad y aparente contradicción de los fenómenos, poniendo en práctica lo que Hadot veía contenido en el concepto helénico de *mekhané*:

> Para los griegos, la mecánica apareció en un principio como una técnica para engañar a la naturaleza, en particular produciendo movimientos que parecen contrarios a ella y obligándola a hacer lo que no puede hacer por sí misma, mediante instrumentos artificiales y fabricados, o «máquinas» —balanzas, tornos, palancas, poleas, cuñas, tornillos, engranajes— que pueden servir, por ejemplo, para la construcción de máquinas de guerra o autómatas. (Hadot 2006, p. 94)

En vez de la sumisión al destino incontrolable y arbitrario, a la *moira* homérica (traducida también como *fatum* en la mitología latina) que dictaminaban los dioses del Olimpo, los griegos incorporaron la *mekhané* para cambiar el curso de los acontecimientos impuestos de manera arbitraria sobre la vida humana. Como en el transhumanismo de nuestro tiempo, el hombre no quiere someterse a la rigidez de las leyes que su naturaleza biológica le impone. Quiere, más bien, someter su cuerpo a una modificación morfológica a fin que cualquier disfunción, heredada o sobrevenida, de su cuerpo no le impida emanciparse y ver cumplidas más altas metas. Hay en el transhumanismo, sea parcial o integral, algo de esta técnica del engaño de la misma naturaleza, como la estudiaba Hadot. En los griegos consistía en una técnica llamativa, al servirse de lo que en la misma naturaleza podía ser manipulado, precisamente con el fin de alterarla y mejorar, en esta guisa, su propio hacer. En la Modernidad será Galileo quien cambiará esta tendencia instrumentalizadora e identificará la *mekhané* griega con las aplicaciones físicas de las idealizaciones de la matemática:

> Con Galileo se introdujo un cambio radical en la definición de la mecánica. Mientras que en la Antigüedad y en la Edad Media la mecánica era la ciencia de las obras artificiales, es decir, de los objetos fabricados por el hombre para obligar a la naturaleza a actuar al servicio del hombre [...] con Galileo se empezaron a identificar física y mecánica. Por una parte, la mecánica consiste en la aplicación de las leyes de la naturaleza y, por otra, la física galileana se valía, para estudiar la naturaleza, de los cálculos y nociones matemáticas que utilizaban los antiguos mecánicos para construir objetos artificiales. (Hadot 2006, p. 125-126)

Antes de esta fisicalización actual (la matemática pura acaba haciendo aguas en lo elementos más básicos e ínfimos de la materia), en los griegos la naturaleza era burlada por la *mekhané* con tal que hiciera cosas diferentes y más convenientes al hombre en sus intenciones, que lo simplemente apropiado a sus ritmos, ciclos y leyes. En vez de adaptarse a la naturaleza, el ser humano adapta, con sus competencias técnicas, la naturaleza a su ser. La mecánica, tal y como posteriormente la Modernidad la seguirá utilizando, es un medio único de poder y de dominio del ser humano sobre la naturaleza. Aunque esta última le había transmitido la vida, gracias a la técnica el hombre puede limar sus asperezas en aras de hacerla más habitable, menos hostil y más favorable a sus designios.

En este sentido, debo sostener de forma contundente, puesto que lo contrario sería una ilusión, que el transhumanismo integral no pretende cortar con la tradición de la mecánica helénica, sino que, antes bien, la prolonga: la técnica es un medio privilegiado al servicio del bien de la persona, de la *polis* y del *oikos* en que habitamos todos. Lo que sí se encuentra en las antípodas de los integrales consiste en hacer de la mecanización una actividad que substituya, en cualquier aspecto, la precedencia de la naturaleza sobre nuestras vidas. Saber engañar a la naturaleza no significa, al igual que el truhan que se aprovecha de su víctima, una postura abusiva sobre la misma; así como tampoco una separación taxativa que nos empodere para la explotación y el sometimiento tiránico de la naturaleza.

El transhumanismo integral, aun defendiendo la profesionalización de las tecnociencias y los beneficios que se derivan de las mismas para la especie humana, no se cree *separado* de la naturaleza; como si esta fuese la esclava a la que menoscaba en función de sus fines. No se trata, por tanto, de una deliberación desordenada en la que los fines más interesados y egoístas justifiquen los medios. En esta tesitura, si a una cosa invita este libro es a apartar a la mente del lector de la llamada *razón instrumental.* Tal y como denunciaba Max Horkheimer, en su homónima *Crítica de la razón instrumental* (1947), esta razón es la que ha caracterizado a los sistemas totalitarios y reaccionarios en el dominio sobre absolutamente toda naturaleza y los individuos:

> Pero hoy en día los fines reaccionarios se presentan acompañados por una severa organización y por una despiadada racionalización,

> es decir, en cierto sentido acompañados por «el progreso». [...] estas crueldades eran ordenadas y dirigidas conforme a un plan racional en grado máximo. En el fascismo moderno la racionalidad ha alcanzado una etapa en la que ya no le basta oprimir sencillamente a la naturaleza; la racionalidad explota ahora a la naturaleza, incorporando a su propio sistema las potencialidades de rebelión de la naturaleza. (Horkheimer 1973, p. 131)

Un naturalismo que se aprovecha (en mal sentido) de la naturaleza puede ser una expresión de estas ideologías totalitarias. Como puede leerse, lo peor de la razón instrumental es que *se sirve* de la naturaleza (haciendo creer que la sirve) para imponerse a ella, y ello tiene muchas causas, tales como valorar el progreso por el mero de hecho serlo. Así pues, el progreso por el progreso nos puede llevar a ser despiadados y crueles, tanto contra la naturaleza que nos rodea, como contra la naturaleza que somos. Lo progresista no es someter a cualquier precio la naturaleza sino empujarla a que *sea* en su expresión más espléndida, a que desborde su dinámica de manera que, respetándola a ella, nos respetemos a nosotros.

Con la excusa de poner orden a lo no deseado que obliga la predeterminación biológica, de racionalizar lo que *per se* antecede a la razón, se pueden cometer severas trasgresiones. El transhumanista integral no entiende la técnica y la ciencia como explotación u opresión sino como un *ministerio* (de *minus-stare*, un ponerse por debajo) al servicio de lo que más robustece a la naturaleza humana, pero sabiendo que puede haber fallas en la misma. Incluso un creyente tendría que admitir, si este usase un lenguaje aristotélico, que no se ha de confundir las causas segundas con la Causa Primera: una mutación genética, por ejemplo y desde un capcioso providencialismo, no ha de ser entendida como expresión directa de la voluntad divina. No admiten esto muchos creacionistas anglosajones.[5]

---

[5] Esto es muy típico en el creacionismo, mayoritariamente protestante,

Hace poco observé, en un programa de televisión, el caso de un chico que padecía una ceguera congénita que le dificultó mucho su desarrollo y su adolescencia. Algo tan esporádico como un cruce de genes puede cambiar definitivamente la vida de una persona. Sin embargo, el joven, aunque no podía ver, tenía una capacidad única para cantar. ¿De verdad hemos de creer que lo genuinamente cristiano es quedarse absolutamente, aun si pudiésemos cambiarlo sin dañar ni un ápice a la persona, con los choques y cambios azarosos de las causas segundas? Si todo lo que sucede a nivel de genes y de células es una expresión unívoca del *Logos*, ¿no es esto una nueva forma de panteísmo helenista?

¿Qué sucedería en el caso del aborto natural, por ejemplo? En el enfoque integral no se excluye ideológicamente una eventual participación, no confusa, del *logos* humano con un *Logos* en plenitud, por lo que no se cierra la puerta a una posible *elevación* de la naturaleza en cuanto tal; en vez de recortarla con la misma estrechez de la naturaleza humana en sus mutaciones y accidentes azarosos. Incluso desde un punto de vista teológico, el cual reitero que no es estrictamente necesario para el transhumanismo integral, se podrá aducir que nuestra naturaleza es una naturaleza creada y que el ser

---

que se encuentra en filósofos y científicos provenientes del mundo anglosajón. A este respecto, me opongo a un creacionismo como el que abandera el «Intelligent Design» del científico Michael J. Behe, según el cual la «complejidad irreductible» (*irreducible complexity*, en inglés), como la que se puede observar, por ejemplo, en sistemas biológicos como el flagelo bacteriano, invalidaría la explicación evolutiva y exigiría que recurriésemos a un creador pensado de manera externa. Mantengo que en estas propuestas se confunden tanto la diferencia entre Dios y las creaturas (entre la Causa primera y las causas segundas a nivel ontológico), como su interrelación (en el caso de un pensamiento que la acepte). Por ejemplo, y como traté en mi tesis doctoral (cf. Mejía Fernández 2019, p. 184), la complejidad bioquímica, como la del flagelo, se opondría, a ojos de esta interpretación contradictoria, a la visión evolucionista darwiniana, necesitando de un foráneo diseño inteligente para explicarla: «[...] hay poca evidencia relevante para mostrar cómo los procesos darwinianos podrían explicar la elegante complejidad de la maquinaria molecular; [...] hay un obstáculo estructural (la complejidad irreductible) para pensar que tal mecanismo puede hacer el trabajo; y [...] la apariencia del diseño es todavía más desbordante en el nivel molecular que en los niveles más altos de la biología» (Behe 2006, p. 265).

humano, incluso cuando hace ciencia y tecnología, participa como *co-creador* de la acción divina.

Lo natural es lo integral y no el recorte ideológico (o la confusión de determinados fundamentalismos) de lo que queremos que sea lo natural. Por esta razón, considero que la naturaleza no es un mero medio nuestro: somos personas propiamente naturales, de tal suerte que todo aquello que hacemos a favor o en contra de la misma, nos los hacemos a nosotros mismos para para dejarla como está, para mejorarla o para empeorarla. Rechazo de plano el prejuicio resentido, de un cierto sector del transhumanismo, que desconoce la naturaleza que *es*, en la que *ha nacido* y en la que también *investiga*: la nueva *mekhané* ha de ser la que transforme las fallas y disfunciones naturales, con tal que no se pierda la armonía de la persona en su más amplio medio. El engaño de la naturaleza, a veces necesario y del que escribía Hadot a propósito de los griegos, no ha de ser concebido para que hiciésemos daño a lo natural con lo artificial, para borrar la dignidad humana o a nuestra especie de la faz de la tierra; así como tampoco para tenernos deformadamente por demiurgos tornadizos con respecto a la realidad experimentable. Un enfoque no-reduccionista puede ser útil a favor de una *mekhané* que haga bien *a* la naturaleza y *en* la naturaleza. Shaun Gallagher (2010, p. 21) así lo cree, defendiendo otra forma de enfocar la realidad:

> [...] es posible tener una ciencia no-reduccionista de la mente encarnada [y de la persona, diríamos] que sea superior en muchos sentidos a cualquier ciencia reduccionista que utilice solo «rutas indirectas» para llegar a la experiencia y a menudo no logre llegar a ella.

Mediante el uso no-instrumental y no-reduccionista de los diferentes medios y competencias tecnocientíficas que se aplican a la persona humana integral lo que se persigue es una *mayor naturalización* (liberada de muchos condicionantes ideológicos que ocasionan dolor, trastornos y muerte) del hombre integral y no, como ocurre en gran número de los llamados posthumanistas, a un abandono reduccionista de la naturaleza en vías de emplazarnos, cuando despunte el eón final de la historia, en el estadio noético final más desmaterializado. Como he apuntado en diversas ocasiones, el transhumanismo de este libro es un transhumanismo no-reduccionista: lo que por la técnica y la ciencia sabemos y podemos hacer no tiene por objetivo banalizar la naturaleza que somos o deformarla a capricho, sino hacer que esta reluzca de forma renovada en su propio ser y en la realización de sus potencialidades.

Los transhumanistas parciales no aceptan esto porque, en conformidad con su monismo materialista que se traduce a menudo en un dualismo cercano al epifenomenismo (todo se considera reductible a la materia, pero se refieren nominalmente a la mente y al cuerpo como diferentes), excluyen de su consideración intelectual cualquier esencia metafísica y todo marco teológico (incluso el implícitamente mantienen), que pudiesen aplacar una acción tecnificadora ilimitada del hombre. Así lo interpreta también Pierre Hadot en medio de la Ilustración: de los diferentes *télos* que defendía Aristóteles en los seres naturales, los cuales la ciencia y las artes debían respetar y admirar, hemos pasado a un estadio en que es el hombre, particularmente en tanto que portador de destreza instrumental, el que impone o despoja de fines a la naturaleza. El hombre destaca, de este modo, como el *nuevo legislador*, que asigna el porqué intencional (que no es otro que el descubierto en su experiencia) del comportamiento de los fenómenos naturales:

> Los científicos del siglo XVII encontraron en las razones teológicas un motivo suficiente para renunciar a las preocupaciones sobre las finalidades y la esencia de los fenómenos: les bastaba determinar cómo se producen estos fenómenos según las leyes de la mecánica. (Hadot 2006, p. 133)

La naturaleza fue desencantada y, con ello, se fue secularizando el estudio científico de sus comportamientos y leyes. Este proceso secularizador fue de la mano del proceso de autonomización de la ciencia. En tanto que consecuencia que se agravará con la razón instrumental contemporánea, este proceso se culminará al ultrasecularizar a la técnica a espaldas de todo lo normativo, incluso de la *norma naturalis*. Si, por un lado, puede resultar inofensivo *pensar* la naturaleza al margen de lo divino y de las restricciones que impone la religión, no me parece igual de inofensivo *manipular* la naturaleza; como si ella misma no tuviese nada digno de respeto, o como si no tuviésemos que dar cuenta a ninguna instancia superior (tampoco naturalmente holística) sobre nuestra antojadiza voluntad. Pienso que esta secularización es saludable en la medida en que contribuya a la autonomización de las ciencias y las técnicas, en tanto en cuanto no se extremice mediante un rechazo frontal de la trascendentalidad humana. Es decir, si ultrasecularizar la ciencia conlleva poder pensar cualquier cosa, ultrasecularizar la técnica implica igualmente poder hacer cualquier cosa, en la medida en que no hay más ley a la que regirnos que la del propio pensar y hacer.

¿Se ha de ejecutar todo lo técnicamente factible, por el mero hecho de poseer el poder de hacerlo? Esta es una pregunta a lanzar directamente a los transhumanistas parciales: convertir el medio técnico en un fin en sí mismo acarrea la consecuencia de acabar tecnificando unilateralmente, no solo lo pensable de la ciencia, sino también las diversas dimensiones de la vida humana. Así pues, el adagio newtoniano tan poco intelectualista de «*hypotheses non fingo*», presente en la traducción inglesa de Andrew Motte (cf. Cohen 1962, p. 379) de los *Principia Mathematica*, ejemplifica bien a la *mekahné* moderna, en cuanto que análisis y manipulación experimental de los objetos fenoménicos en sentido estricto. Tal y como escribe Hadot, se pierde la antigua armonización material-espiritual con la naturaleza personificada o con un Dios personal, tal como habían pretendido en el pasado los griegos o los cristianos:

> Creo que con Francis Bacon, Descartes, Galileo y Newton se produjo una ruptura definitiva, no con la aspiración de la magia sino con su método, y estos estudiosos descubrieron los medios para progresar de manera decisiva en este proyecto de dominar la naturaleza, limitándose al análisis riguroso de lo que hay de mesurable y cuantificable en los fenómenos sensibles. (Hadot 2006, p. 123)

La cita que he traído a colación es una clara muestra de la *ruptura* moderna, la cual cabría llamarla más bien *quiebra*: se ha alcanzado un desgajamiento exponencial en los discursos del transhumanismo parcial, cuando, para defender no solo que no somos nada digno ni dignificable a respetar o promover, podemos seguir (si el progreso técnico nos lo permite) en esta huida hacia adelante de lo manipulable, esto es, podemos seguir experimentando tecnológicamente hasta poder algún día distanciarnos de manera irreversible de nuestra vida actual y, de este modo, convertirnos en *otra* naturaleza. Tal y como admite Hadot (2006, p. 16), la ciencia moderna binomizada como *tecnociencia* (pienso que el transhumanismo parcial bebe directamente de esta fuente) embrolla «el valor atribuido al conocimiento intelectual comparado con la experiencia sensible [y, obviamente, con la experimentación controlada]».

Por eso cada vez más, tal y como se detecta en la ideología transhumanista, la ciencia vale en la medida en que pueda ser tecnificada y permita a los seres humanos manipular materialmente su entorno. El apelativo «tecnociencias» se hace, por ello, cada vez más imprescindible en los discursos de las diferentes disciplinas que las conforman. Desde los inicios de la ciencia, y de manera clara con Galileo y Descartes, tal y como admite el citado experto en el mundo antiguo, se ha propuesto, entre la mentalidad científica, «una filosofía práctica que, consciente de la fuerza y de las acciones del fuego y de los demás elementos, así como de los demás cuerpos que nos rodean, nos haría, por así decirlo, 'dueños y poseedores de la naturaleza'» (Hadot 2006, p. 136). Y es que el propio Descartes «consideraba que era su deber dar a conocer esta física para el bien general de la humanidad» (Hadot 2006, *Ibíd.*), asumiendo una misión redentora como la que se encuentra entre los transhumanistas parciales, para quienes poseer el poder técnico para mejorar a la humanidad y no ponerlo en práctica (o publicitarlo al menos) sería algo absurdo y condenable.

Por eso, el parcialismo, aunque quiera ser organicista y liberarse de las constricciones del cuerpo, está vinculado, en sus raíces históricas, con el mecanicismo y el determinismo materialista modernos: observa y explica al ser humano como un mecanismo orgánicamente complejo, el cual, una vez poseamos la ciencia y la técnica que sean aptas, no solo para arreglar sus fallos, sino para reconfigurarlo, podrá ser biológicamente más perfecto y más inteligente. La biología sistémica, que se rige por el principio metafísico de que el todo es superior a las partes, no parece interesarle especialmente; al menos en la mediatización de su propuesta. En una *máquina autopoiética* (cf. Maturana y Varela 2004) como el hombre, aunque ello no sea posible ni factible por ahora, se podrá algún día explicar y cambiar lo que nos plazca; a imagen del resto de mecanismos materiales expuestos a los designios de la razón instrumental. Esto perdura, sin lugar a dudas, desde la ruptura cartesiana.

Por este motivo, cabe dar la razón a Alexandre Koyré (1994, p. 86), cuando explicaba los cambios de paradigma desde la Antigüedad a la Modernidad, sosteniendo que «el pensamiento moderno sustituye el esquema biológico por el esquema mecánico de explicación». En este hito, que los transhumanistas parciales imitan en lo que respecta al hombre, fue Descartes, incluso más que Galileo, el gran mecanizador del universo y de la ciencia, puesto que estaba convencido que «descomponiendo y recomponiendo una máquina, comprende su disposición, así como la estructura y el funcionamiento de sus múltiples engranajes» (Koyré 1994, p. 124). Todo está dispuesto y prefijado en el mecanicismo: la consecuencia cartesiana, esperada todavía hoy, es la de «volvernos [...]

dueños y señores de la naturaleza exterior por la 'mecánica' y de la naturaleza de nuestro cuerpo por la medicina» (Koyré 1994, p. 73).

LA VIGENCIA DEL PENSAMIENTO DE LA METTRIE

Todo lo que he venido señalando tal vez ayude a interpretar las nuevas versiones transhumanistas que se remontan a *El Hombre-máquina* de La Mettrie. El polémico médico francés veía en el hombre un mecanismo material reductible a sus componentes físicos, como cualquier otro mecanismo hecho de materia. La concepción de La Mettrie de la naturaleza, no es la del naturalismo no-reduccionista —como la reciente metodologización de Gallagher (2010)— sino aquella que, en sus mismas bases, no es otra cosa que la más elemental materialidad. El pensador bretón rechazaba cualquier instancia normativa allende esta materialidad, tanto para dominarla, como para gozar de un estado de felicidad en esta vida, mediante unos términos que, aunque se asemejan, también provocan al transhumanismo mayoritario:

> [...] igual da que la materia sea eterna o que haya sido creada, y que exista un Dios o no exista. Qué locura atormentarse tanto por lo que no podemos conocer, ni nos hará más felices, de conseguirlo. (La Mettrie 1983, pp. 231-232)

La única instancia normativa válida no debía ser sino la experimentación, como si ponernos a investigar de manera empírica fuese una actividad diáfana y neutra, sin plantearse que esta pudiese estar, de entrada y en gran manera, *mediada* y *condicionada* por nuestras ideologías: «La experiencia y la observación son pues las únicas que deben guiarnos aquí», espetaba alegremente La Mettrie (1983, pp. 231-232). En el ateísmo de este autor ocurre algo típico, que también se observa en otros ilustrados, incluso contemporáneos: solo la creencia en Dios es la que ha de ser criticada, estando cualquier otra creencia (sobre todo la de que no hay Dios en absoluto o que la experiencia se funda a sí misma) totalmente preservadas de toda inspección y examen racional rigurosos.

Algo semejante se puede apreciar en los transhumanistas parciales, dado que hacen de la probidad tecnocientífica y de las competencias investigadoras experimentales algo que antecede necesariamente, como si estuviesen inmunes de crítica, al estadio de plena realización de la modificación material humana. Es una constante leer argumentos del tipo siguiente: cuando al autoexperimentar en la modificación de nuestra naturaleza (en nombre de la libertad morfológica) consigamos vencer las enfermedades o tener más capacidades cognitivas, habremos mejorado contundentemente la vida humana. Según este razonar instrumental, todo está orientado (y justificado) en conformidad con el fin de transformación transhumana (o posthumana) que se haya fijado; olvidando la necesaria crítica a las posibilidades y a los límites del experimentar mismo, tanto de la persona humana como de las actuales tecnociencias, en comparación con los anhelos que se esperan cumplir en los próximos decenios.

Así mismo, el médico-filósofo era un *determinista*, puesto que el todo del organismo mecánico está regido estrictamente por cómo están estructuradas sus partes, «al depender todo [nos dice] absolutamente de la diversidad de su organización» (La Mettrie 2014, p. 118). Es obvio que, si los transhumanistas parciales conciben así al hombre, como un mecanismo determinado a su organización y composición material, cualquiera que por el nivel de su ciencia pueda conocerla en profundidad, podrá manipular al hombre en vistas a su mejora. Hay afirmaciones de La Mettrie (2014, p. 228) que, en este tiempo de abrogación del hombre, podrían tacharse de propósitos típicamente de los parcialistas de este movimiento:

> Yo soy máquina, todo cuerpo, todo materia, un episodio inútil, una muestra de ostentación y de orgullo.

Para solventar la inutilidad de la vida humana, los parcialistas, que quieren ser mucho más organicistas que mecanicistas, buscan saber y poder todo lo necesario sobre nuestro cuerpo en aras de transformarlo materialmente mediante las antropotecnias. Si somos consecuentes con el planteamiento citado, *a una máquina básicamente material, solo se la puede salvar por medio de una manipulación material*; inclusive si se pudiera desarmar y hacer un nuevo artefacto compuesto de partes de máquinas distintas que conformarían un ser nuevo y mejorado. La técnica materialista, mecanicista u organicista (o todas juntas) puede arreglarlo y recomponerlo todo en el ser humano. Esto es así porque no hay esencias, no hay entes o principios B que sean ontológicamente diferentes de la única entidad y principio material A. Por esta razón, La Mettrie (2014, p. 240) se preguntaba con cierta ironía lo siguiente: «¿por qué duplicar lo que es evidentemente uno?».

Esta es la antítesis de lo que propone el transhumanismo integral: no solo curar las heridas del cuerpo de las personas, no solo aumentar sus capacidades físicas, sino hacer justicia a su búsqueda de sentido, es decir, a la necesidad de cumplimiento tanto de los anhelos intramundanos como, al menos en su apertura trascendental, a la eventualidad de lo que desborda a la persona y a este mundo. Las tecnociencias tienen un poder muy limitado para satisfacer y recomponer el espesor material-espiritual de la carne de la persona humana. Por el contrario, se sigue comprobando la posición contraria del parcialismo, al abordar al hombre como un ser que solo necesita aumentar sus capacidades físicas, dando por hecho que no hay nada trascendental en él verdaderamente distinto del cuerpo y a locual solo lo plenamente espiritual podría llenar. Lo mismo que se lleva a cabo mediante el recurso de la exclusión de una mejora en sentido trascendental en los transhumanistas mayoritarios se puede leer en La Mettrie a propósito de su exclusión de la temática de Dios y de la religiosidad humana. El médico-filósofo cuestionaba retóricamente la existencia del alma, cuyo cuidado era insuficiente si realmente se quería curar el cuerpo del hombre:

> ¿Dónde se encuentra pues esta porción inmortal de la divinidad? ¿Dónde está el alma, que entra en los cuerpos, tan docta y tan iluminada, y que con el auxilio de la instrucción no tiene más que recordar los conocimientos que tenía infusos? ¿Se halla pues este ser, tan razonable y tan fuerte, por encima de los demás seres? (La Mettrie 1983, p. 170)

En el mecanicismo determinista del pensador francés, los males corporales y espirituales del hombre se reducen, digámoslo así, a fallos técnicos; como los que hoy hallaríamos en un dispositivo informático, de modo que este mecanismo vivo ha de ser *arreglado* (escribir «redimido» sonaría desmedido) por la sola vía material, dado que es esta la que le puede procurar lo que necesita y lo que desea en profundidad. El alma no es algo más profundo y diferente que el cuerpo, de modo que quien sepa arreglar y recomponer el cuerpo, hará lo mismo con el alma: «[...] el alma no es más que un principio de movimiento o una parte material sensible del cerebro [...] el resorte principal de toda la máquina, el cual tiene una influencia visible sobre todos los demás» (La Mettrie 1983, p. 241). El computacionalismo de muchos transhumanistas parciales, el cual es una versión reciente del mecanicismo moderno que compara al hombre directamente con un ordenador, parece resucitar últimamente las ideas lamettrianas: cuando el hombre tiene conciencia es semejante al ordenador que ordena su información gracias al soporte material y principal de un procesador físico; al cual se responsabiliza del manejo simbólico de la máquina.

El filósofo de la ciencia Ian Hacking (2009, p. 183), al que he citado al comienzo de este capítulo, ha criticado en este punto al médico francés en el *Canadian Bulletin of Medical History*, dado que había «concluido, sin ninguna razón convincente, que el alma es simplemente un conjunto de disposiciones de partes del cerebro».

Este es el problema más arduo de resolver: querer demostrar lo espiritual a partir de lo ladeadamente material, o peor, tal y como se empeñan los transhumanistas parciales, no solo querer restablecer la salud plena de la persona carnal y espiritual desde una privilegiada terapia física, sino reformar y recrear todo lo humano desde el solo dominio y manejo material.[6] ¿Se puede aplacar la sed de infinito de la persona humana con las provisionales dádivas de la vida terrena y de la siempre perfectible práctica investigadora tecnocientífica? De este modo, un Hacking (2009, p. 194) crítico de La Mettrie (me adhiero a él en este aspecto, esto es, en lo que puede ser atribuible a los transhumanistas parciales) pone en duda que «cualquier cosa que fundamentalmente te satisface esté ordenada [¿impuesta?] por tu fisiología». Un transhumanista parcial podría de seguro asestar junto al francés que, «si los límites del imperio de la voluntad corresponden al estado del cuerpo» (La Mettrie 2014, p. 191), al poder mejorar biológicamente dicho estado corporal, ensancharemos indefinidamente estos mismos límites.

¿Pero es así de fácil en las tecnociencias y en la medicina de nuestra época? Baste pensar en el riesgo de sobremedicación en casos de patologías psiquiátricas que requieren, además de una correcta administración de fármacos, de una terapia psicológica y de una adecuada adaptación social o familiar. Si todo dependiera de la recomposición del funcionamiento de la máquina corporal, sería francamente fácil resolver el sufrimiento mental, pero las cosas no son tan sencillas. Los transhumanistas más reduccionistas responderían a esta crítica de la manera siguiente: si esto pasa, no tanto en la salud cuanto en lo que concierne al estado fallido de nuestra especie, es porque no hemos fabricado todavía los mejores

[6] Así se entienden reductivamente las *antropotecnias*, como traté en el capítulo I, esto es, totalmente fuera del ámbito médico y fuera de la atención y el cuidado del ser humano doliente y afectado de patologías, disfunciones y trastornos. Quien tenga la llave de lo material, tendrá, por raro que suene, la llave de la plenitud material-espiritual del ser humano.

fármacos y demás intervenciones técnicas; de tal manera que los males humanos son tenidos como la consecuencia nefasta de nuestra ignorancia e impericia tecnocientíficas.

El determinismo biológico, que se quiere derrotar desde esta ideología, termina siendo, otra vez, determinado por la experticia que se alcance en estas disciplinas. Además, y al no haber dioses a los que suplicar o culpar de nuestros males, este tipo de argumentación esconde una implacable humillación del hombre hacia el mismo hombre; acusándose a sí mismo de ser culpable, no ya del mal moral, sino incluso del mal físico. Oh, infeliz humano, que todavía no has aprendido a redimirte y a salvarte por ti mismo, y que, a causa de tu ignorancia culpable, te resignas a llorar tus desgracias y a quedar impasible ante el cruel destino de tu cuerpo. Esto, como se puede entrever, acarreará unas consecuencias existenciales y psicológicas (de vergüenza, culpa, angustia, frustración…), que serán tan atroces como la misma humillación autoinfligida. ¿Cómo ha podido el ser humano ser tan sádico consigo mismo?

Fue tan álgido el paradigma de una *mekhané* reduccionista en La Mettrie, que identificó la animalidad del hombre con el de un artefacto mecánico, al igual que Descartes cuando había indicado anteriormente que esta animalidad correspondía, no tanto al hombre integral en su unidad material-espiritual, sino a la *res extensa* (no exclusiva del hombre), que está regida por estrictas leyes deterministicas. El médico-filósofo quería, pues, criticar que Descartes no se atreviese a animalizar al hombre, tras haber separado su cuerpo (su única realidad) de la *res cogitans*. No podía, pues, consentir este dualismo, al precio de perder de vista la importancia del cuidado del cuerpo, en cuanto que garantía de la felicidad en esta vida: satisfacer las necesidades corporales equivale a la felicidad del artefacto humano, según el hedonismo animalista de La Mettrie. Es, por tanto, un rasgo diferenciador de la Ilustración francesa asumir un *paradigma animal* (otro filósofo francés de la época que lo hizo fue el padre Condillac, pero abogando por su carácter espiritual o anímico),[7] dejando a un lado el paradigma antropocéntrico mucho más presente, por ejemplo, en el Siglo de las Luces prusiano:

> A pesar de todas estas prerrogativas del hombre sobre los animales, es hacerle un honor colocarlo en la misma clase. Porque lo cierto es que, hasta determinada edad, es más animal que ellos por tener menos instinto al nacer. (La Mettrie 2014, p. 225)

Este animalismo, curiosamente inserto en una visión del mundo mecanicista y determinista, era un rasgo que no solo desentonaba con los ilustrados germánicos, sino que anticipaba al transhumanismo en la pesquisa de poner entre paréntesis al hombre en su estado actual; enajenándole en el poder transformador (presuntamente también espiritual) de las antropotecnias materiales. Puesto que el paradigma moderno pone al ser humano, que había sido considerado por el cristianismo como *imago Dei*, en el centro de todo análisis, con el médico-filósofo se desplaza esta centralidad para subsumir este ser, no solamente en el reino animal, sino en un engranaje material y maquinizado mucho mayor. La Mettrie (1983, pp. 240-241) fue más materialista que naturalista en su abordaje del hombre como animal:

> ¿Hace falta más [...] para probar que el hombre no es más que un animal o un conjunto de resortes, que se montan uno sobre otros, sin que pueda decirse por qué punto del círculo humano empezó la naturaleza?

Bajo este aspecto, el hombre se reduce a unas partes bien organizadas sobre las otras, las cuales se reducen, en ultimidad, como diríamos actualmente, a las estructuras moleculares; a los átomos y a sus partículas subatómicas más ínfimas. Si, metodológicamente

---

[7] He tratado este tema en un artículo, publicado en la revista *Daimon*, a propósito del pensamiento proto-etológico de Condillac (cf. Mejía Fernández 2022).

hablando, esta reducción es científicamente válida hoy en día, ¿por qué extenderla a afirmaciones de tanto calado ontológico e incluso alterando lo habitualmente considerado terapéutico? Además de simplificar al ser humano en la voluntad reduccionista de una naturaleza vista solo de manera parcial (que al final le hace perder de vista su naturaleza integral), la pregunta retórica que ha lanzado el médico filósofo me parece insatisfactoria para responder a la realidad anhelante de la carne de la persona humana. ¿Es exactamente igual, en el caso de la mejora de la persona humana, recomponer el cuerpo de un animal, entendido como una máquina, a curarlo, a perfeccionarlo y saciarlo en cuanto tal? Seguía reafirmándose a este tenor el médico-filósofo:

> Concluyamos osadamente que el hombre es una máquina, y que en todo el universo no existe más que una sola substancia diversamente modificada. No se trata aquí de una hipótesis construida a base de postulados y suposiciones: esta no es obra del prejuicio, ni tampoco de la sola razón [...] La experiencia me ha hablado pues para la razón, y así es como he reunido a ambas. (La Mettrie 1983, pp. 250- 251)

No es descabellado afirmar que los viejos textos de La Mettrie han sido recobrados, sin necesidad de citarle, por muchos transhumanistas mayoritarios. En los intentos más reduccionistas de este movimiento, al poner en jaque nuestra unidad antropológica, no se respeta, incluso sin quererlo, que el ser humano es un animal (aunque a veces lo traten sarcásticamente en su actitud anticientífica como un simio frustrado) que no solamente es un *qué*, sino un *quién* que se vive experimentalmente tras un proceso evolutivo tortuoso e imposible de logificar completamente según los esquemas de una máquina corriente. Un animal, en especial la persona humana evolucionada, no es cualitativamente lo mismo que cualquier otro mecanismo ontológicamente menor; de modo que, por mucho que se quieran forzar las comparaciones, no es lo mismo, ontológicamente hablando, arreglar un artefacto técnico que perfeccionar y plenificar un *naturfacto*, esto es, un organismo evolucionado y viviente personal como es el *Homo sapiens*.

Que prefiera referirme al hombre como un *naturfacto*, esto es, en tanto que fruto de la naturaleza (no me gusta decir que es un *producto*), no significa que me esté posicionando a favor de un naturalismo reduccionista (mecanicista, materialista y determinista) como el que critico tan directamente en La Mettrie: realmente el concepto de naturfacto, atribuido a la persona humana, está implicado en ella, puesto que, como he dicho ya, existen las causas segundas en un naturalismo no-reduccionista compatible con la eventual acción que se atribuya a un *Quién*, que decida otorgar y compartir su ser personal con los homínidos de nuestra especie desde sí mismo y sin verse forzado a ello. Es rotundamente ostensible que el paradigma lamettriano abusa de sus comparaciones ante dos seres (el artefacto y el naturfacto), que no solamente son cualitativamente diferentes, sino en absoluto simétricos en sus respectivas perfecciones. Contrariamente a esto, el transhumanismo integral, queriendo representar de un modo mucho más complejo el paradigma no-reduccionista, mantiene con firmeza lo siguiente:

> En fin de cuentas [*sic*], eso es lo que somos [...] cada uno de nosotros mismos: un «todo físico-químico-biológico-psicológico-social-cultural-y-espiritual» que funciona maravillosamente y que constituye nuestra vida y nuestro ser, porque forma *una* persona, *un* individuo (es decir, *un indiviso*). Por esto, el ser humano es la estructura dinámica o sistema integrado más complejo de todo cuanto existe en el universo, cierta e indefinidamente más complejo de lo que habíamos creído hasta ahora. (Martínez Miguélez 2009, pp. 23-24)

Cuando el transhumanismo parcial plantea que el saber y el dominio que llegarán a adquirir las antropotecnias no ya del hombre integral, sino del cuerpo humano, son las que completarán todo lo que nos falta y nos harán felices, ¿permitirá conseguir esto superar todos los obstáculos humanos considerados en los planos espirituales, psicológicos y fisiológicos? ¿No es este planteamiento, el cual no es ocultado en absoluto por transhumanistas parciales como Nick Bostrom (2011), el cual se autoabandera heredero indiscutible de la Ilustración,[8] un vástago lejano, pero certero, de la misma y muy particularmente, del paradigma de la modernidad? ¿Por qué no se mantiene definitivamente que, aunque sin duda somos biomejorables, estamos constituidos en calidad de naturfactos irreductibles y trascendentes? Por ello, varios estudios que se aproximan al transhumanismo, como el de Rachel Armstrong, piden que este movimiento vaya incorporando «tecnologías vivas» que se sobrepongan al viejo paradigma mecanicista:

> Las tecnologías vivas son muy nuevas y todavía estamos tratando de entender cómo funcionan y cómo aplicarlas mejor, pero son muy diferentes a las máquinas. Cuando las observamos, probablemente ni siquiera las reconocemos como tecnología, ya que no están construidas como las máquinas que conocemos, que son frías, duras y secas al tacto, mientras que la tecnología viva es suave, cálida y empapada. (Armstrong 2013, p. 106)

Hacen falta, como pide esta autora, «biologías alternativas» (Armstrong 2013, p. 100) para esbozar un nuevo transhumanismo. Pretender que un tipo cada vez más refinado de tecnociencias

---

[8] Bostrom (2011, p. 159) enarbola una interpretación dominatoria e instrumental de la ciencia y la técnica de la Ilustración: «Se dice a menudo que la época ilustrada se inicia con la publicación de Francis Bacon del *Novum Organum*, 'el nuevo instrumento' (1620), que propone una metodología científica basada en la investigación empírica en lugar del razonamiento a priori. Bacon defendió el proyecto de 'efectuar todas las cosas posibles', con lo que se refería a usar la ciencia para lograr dominar la naturaleza con vistas a mejorar las condiciones de vida de los seres humanos. La herencia del renacimiento se combina con la influencia de Isaac Newton, Thomas Hobbes, John Locke, Immanuel Kant, el marqués de Condorcet y otros para formar la base del humanismo racional, el cual enfatiza la ciencia empírica y la razón crítica —en lugar de la revelación y la autoridad religiosa— como medios para aprender acerca del mundo natural y nuestro lugar en él, así como para proporcionar un fundamento a la moralidad. El transhumanismo hunde sus raíces en el humanismo racionalista». Como se puede apreciar, la ciencia se usa para la dominación y, aunque se defiende la criticidad de la razón, la idea de fondo *no* se critica en absoluto.

reductivamente *des-cualificadas*, que hacen del ser humano su laboratorio, su instrumental y su objeto de transformación, nos traigan en muy poco tiempo de manera artefactual algo que supere lo que, a lo largo de milenios de evolución biológica somos y ha emergido en su forma actual, no hace sino incurre en el simplismo de considerarnos un artefacto material más; el cual, si bien no es igual a cualquier otro en comparación con nuestro organismo consciente, sí es ciertamente más complejo. Desde un transhumanismo bioinspirado como el mío, en la amplitud y profundidad de nuestro *bíos*, nuestra innegable materialidad ha de ser justamente estudiada en su mayor cualidad unitariamente espiritual y ontológicamente irreductible al nivel físico más elemental (aunque se convenga, desde el paradigma de la complejidad, que esta cualidad integral ha emergido *de* él):

> [...] por más ansias que tengan de elevarse, en el fondo [los hombres] solo son animales y máquinas que se arrastran perpendicularmente. Todas ellas tienen este maravilloso instinto, cuya educación da lugar a la inteligencia. (La Mettrie 2014, p. 246).

V. MÁS ALLÁ DE LA EUGENESIA

Otro de los rasgos que a menudo se señalan en el transhumanismo parcial es la eugenesia, una ideología y una práctica hondamente arraigadas en Occidente. Una gran parte de los transhumanistas, por no decir la mayoría, son eugenesistas y esperan que con el nacimiento de «una generación decisiva que domine primero las tecnologías genéticas [se] controlará el destino de todas las generaciones futuras» (Bailey 2013, p. 336). Siguiendo lo que he comentado en el capítulo precedente, los transhumanistas extienden su optimismo a las nuevas tecnologías de control y de selección de la vida, el dominio de las cuales será insoslayable a fin de disfrutar de un futuro mejor:

> Afortunadamente, nuestros descendientes tendrán a su disposición tecnologías cada vez más potentes y el beneficio de nuestras propias experiencias para guiarles en sus futuras decisiones reproductivas y de mejora [*enhancement*]. (Bailey 2013, *Ibíd.*)

Me resulta muy llamativo que los más anti-transhumanistas, en cualesquiera de sus intentos, se pongan a criticar esto precisamente ahora, a tenor de la problemática que nos acucia, cuando saben bien que esta técnica del «nacer bien», según la etimología griega de dicho término, está tan arraigada; al igual que gran parte de la ciencia que ahora continuamos. Pero no fue sino en el apogeo de la

Modernidad cuando la eugenesia (un neologismo que proviene del griego ευγενής, esto es, de «buena raza», «bien nacido») se disparó en Europa y el resto del mundo. No todos los seres humanos, en expresiones galtonianas, son «*good in birth*», «buenos al nacer»; tal y como recoge Nicholas Wright (2001, p. 1) en su conocida biografía del científico inglés Francis Galton. Este polímata escribió a finales del siglo XIX una obra de gran influencia titulada *Inquiries into human faculty and its development* (1883), en la cual no solamente hacía suyo el neologismo de la eugenesia (como substituto del término «viricultura» anteriormente usado por él para referirse al *cultivo de los hombres*), sino que también lo desarrolló *in extenso* a lo largo de las cuatrocientas páginas de la obra con una componenda marcadamente racista:[9]

> Necesitamos una palabra breve para expresar la ciencia del mejoramiento de los animales, que no se limite en modo alguno a cuestiones de apareamiento juicioso, sino que, especialmente en el caso del hombre, tiene en cuenta todas las influencias que tienden, aunque sea en grado remoto, a dar a las razas o linajes de sangre más adecuados una mayor posibilidad de prevalecer rápidamente sobre los menos adecuados, de la que de otro modo hubieran tenido. La palabra *eugenesia* expresaría suficientemente esta idea; es al menos una palabra más clara y más generalizada que la de *viricultura*, la cual una vez me atreví a utilizar. (Galton 1883, p. 25)

El autor que años antes había publicado *El genio hereditario* (1869), manteniendo el objetivo de perpetuar en la naturaleza a las razas dominantes, consideraba que unas vidas humanas, en función de sus características físicas más preferentes, eran más procedentes que otras para vivir. Hay humanos *más adecuados* para perpetuar su linaje, mientras que hay otros *menos adecuados*, dado

[9] Confesaba el científico británico: «La forma más misericordiosa de lo que me atreví a llamar 'eugenesia' consistiría en estar atento a las indicaciones de cepas o razas superiores y favorecerlas de tal modo que su progenie supere en número y reemplace gradualmente a la anterior» (Galton 1883, p. 325).

que no toda vida humana es la misma, ni posee, en función de sus caracteres biológicos, la misma aceptabilidad. Deseo mantener en este libro que se puede ser transhumanista sin ser partidario de este tipo de eugenesia, obviamente en tanto que se acoja favorablemente mi invitación a ser transhumanistas integrales. Es cierto que los parcialistas no tardarán en defender un matrimonio, para mí inaceptable, entre la mejora del ser y humano la ideología de establecer jerarquías de mejores o peores personas humanas en función de su configuración y organización biológicas.

No se olvide que Galton, unos años antes de la obra que cito y en esta conquista por los que nacerán mejores (me refiero a su escrito *Talento hereditario y carácter*, publicado en 1864) reconocía, como muchos transhumanistas parciales en nuestros días, un rasgo utopista en su propia ciencia: "Demos, pues, rienda suelta a nuestra imaginación e imaginemos una Utopía» (Pearson 1924, p. 78) claramente en mayúsculas. Este era un Galton, tal como lo interpreta otro de sus más significativos biógrafos (Pearson 1924, *Ibíd.*), que «clamaba por el 'superhombre', como lo hacen hoy los jóvenes», si bien «se diferenciaba de ellos en que veía una manera razonada de producir [con sus técnicas eugenésicas] al superhombre". El transhumanista Max More (2010, p. 6) es más extremo con respecto del planteamiento galtiano, ya que, reinterpretando la filosofía del *Übermensch* nietzscheana, substituye este término por otro todavía más atrevido: en vez del «superhombre» (*overman*), esto es, de la persona humana renovada y empoderada, las nuevas antropotecnias de la vida crearán un «sobrehumano» (*overhuman*), el cual literalmente deje por debajo nuestra naturaleza específica. More cita a su favor *Así habló Zaratustra* de Nietzsche:

> Os enseño al superhombre. El hombre es algo que hay que superar. ¿Qué habéis hecho para superarlo? (More 2010, p. 3)

Mientras que el superhombre se autopreserva y se expande, el sobrehumano se autosupera hasta cambiar totalmente aquello que parece intocable de su especie. Es claro, por lo tanto y a tenor de los propósitos transhumanistas, que la eugenesia no se considera tanto continuista con el ser del hombre evolucionado en su estado actual, como más bien *rupturista* hacia una naturaleza que se ha de superar constantemente. De ahí que las antropotecnias guarden una muy poca (o ninguna, en los posthumanistas) connotación restablecedora o terapéutica, en el ámbito médico, de la persona humana. En esta línea, el transhumanismo parcial realizará una hermenéutica de la discontinuidad, resaltando todo lo eliminable de nuestra especie y lo biológicamente cultivable como mejora de la misma; mientras que el transhumanismo integral se decanta por una hermenéutica de la continuidad entre las tecnociencias (no solo las antropotecnias) y la persona humana; tanto en sus limitaciones como en sus potencialidades. Es decir, si las antropotecnias pueden crear naturalezas artificiales que suplan a las naturales, lo harán de una manera auxiliante y potenciadora de lo humano, y no en conformidad con un *seleccionismo tecnológico*, al que nos tengamos que someter. Además, a veces se ha distinguido en la contemporaneidad *dos tipos básicos* de eugenesia, esto es, entre una *positiva* y una *negativa*:

> La eugenesia positiva buscaba conservar las características de los mejores elementos que conformaban la parte hegemónica de la sociedad, así como prohibir el mestizaje para evitar la «degeneración» de una población que se consideraba homogénea. Estas medidas consistían en favorecer la unión entre jóvenes idóneos para la sociedad y patrocinar el matrimonio de la joven pareja con la esperanza de que procrearían hijos sanos, dotados de las cualidades adecuadas. La eugenesia negativa se caracterizó por limitar los derechos reproductivos individuales en aras de la salud genética de las generaciones futuras, y consistía en la eliminación de caracteres indeseables mediante segregación sexual y racial, restricciones de inmigración (principalmente en EE. UU., México, Brasil, Alemania), prohibición legal de matrimonios «interraciales» y esterilización involuntaria. Otras medidas de eugenesia negativa fueron en un inicio el infanticidio y, posteriormente y hasta la segunda mitad del siglo

> XX, el genocidio. De forma generalizada, las medidas negativas de la eugenesia, como la esterilización y la segregación, estaban destinadas a las clases bajas, con el objetivo último de 'desaparecerlas', mientras que las medidas positivas estaban enfocadas a mejorar las clases media y alta de las sociedades permitiendo su auge. (Villela Cortés y Linares Salgado 2011, pp. 190-191)

Además de esta diferenciación, se podría añadir que la eugenesia liberal es muy diferente de la eugenesia autoritaria, la cual es identificativa de los regímenes políticos totalitarios; como lo fue el régimen nacionalsocialista. En este sentido, Nicholas Agar (2004, p. 5), que aboga abiertamente por el mejoramiento humano (*human enhancement*) en un sentido semejante al de los transhumanistas parciales, contrapone la «eugenesia liberal» y la «eugenesia autoritaria», siendo esta última la que se puede detectar en aquellos regímenes de control y de exterminio masivos. Naturalmente, según el autor, en las sociedades liberales democráticas solo hay cabida para la primera eugenesia, ya que se basa en una confluencia de libertades: es la técnica que permite el Estado, fomentando el progreso tecnológico que se traduce en el derecho objetivo y objetivo junto al libre ejercicio de la libertad morfológica de poder decidir y experimentar con el propio cuerpo y el de la progenie.

Según Agar (2004, *Ibíd.*), un Estado que defienda la eugenesia liberal, no solamente habrá de autorizar y legislar a favor de la misma, sino publicitar, informar y orientar a los progenitores, especialmente en lo que respecta a las técnicas de reproducción asistida, acerca de las potencialidades y riesgos de las nuevas tecnologías eugenesistas. ¿Pero es tan liberal, como se pretende, esta eugenesia? Obviamente, los parcialistas se creen autorizados para situarse a favor de una eugenesia liberal, la cual tiene aspectos positivos y negativos, ya que piensan que, si esta se libera de los prejuicios racistas, clasistas, sexistas y del exterminio humano, podría ser perfectamente viable sin tener que someterse a ningún enjuiciamiento ético o político (aunque sí jurídico), que restrinja la decisión de la propia persona que busca modificar en su raíz la naturaleza, tanto propia como de su progenie, con el fin de adaptarla a sus objetivos y esquemas ideológicos. El transhumanismo integral cuestionará fundamentalmente la falta de «calidad ética» (Hunyadi 2022, p. 86) de muchos de los propósitos de los eugenesistas liberales.

LA EUGENESIA, COMO EL PROPIO TRANSHUMANISMO, NO ES NEUTRAL

Sin embargo, para un transhumanista integral una eugenesia liberal parcialmente biologizada es innecesaria; es más, se trata de algo absolutamente excusable. Esta no se puede basar únicamente en lo *cuantitativo* en lugar de lo *cualitativo*, desterrando lo ético. Aunque de ello trataremos al final del libro, veamos en seguida por qué la eugenesia liberal del transhumanismo parcial constituye, en alto grado, tanto una falsedad como una ingenuidad. Expliquemos ambas cosas detenidamente. De primeras, esta eugenesia es una falsedad porque, aunque la vida no sea seleccionada bajo perversas motivaciones racistas o en aras de matar a los descalificados como inferiores, *se sigue clasificando y seleccionando la vida de las personas*; aunque sea de manera permisiva y promotora de una nueva y mejor condición. Mi objeción puede ser negada por los parcialistas con el argumento de que permitir una libertad morfológica ilimitada niega, de entrada, la predeterminación a la futura progenie, la cual hará lo que desee con su propio cuerpo:

> Por supuesto, hay un caso en el que las generaciones futuras serían prisioneras de nuestras decisiones actuales, y es si decidimos, temerosamente, negarles el acceso a los beneficios de la biotecnología y a la ingeniería genética segura. (Bailey 2013, p. 336)

Aun así, insisto: aunque las nuevas generaciones hereden rasgos modificados genéticamente, quizá impuestos de manera paternalista (cf. Hunyadi 2022), y los puedan modificar más adelante, les estamos obligando a la autoexperimentación eugenesista y, por tanto, a estar subordinados a este tipo, que no es el único, de sistemas técnicos. ¿De verdad hemos de obligar a nuestros descendientes a hacer de la libertad morfológica su más urgente expresión del derecho a ser libres? ¿Por qué no promover la libertad de aceptarse a uno mismo, de empatizar con las personas que sufren o, por mucho que rechine, de apreciar el valor de las cosas pequeñas y sencillas? ¿Por qué solo cabe la libertad para lo *sobrehumano*? La libertad morfológica, que nos salva del determinismo biológico, acaba determinándonos finalmente a decantarnos por trabajar principalmente en los sistemas técnicos del biomejoramiento.

¿Bajo qué criterios se selecciona y favorece la vida *mejor* en vez de la *peor*? En este sentido, los parcialistas se niegan a llenar sus discursos con una taxonomía despectiva hacia las personas humanas por su raza, estado de salud o clase social, dado que solamente son despectivos hacia lo humano (esto me parece importante remarcarlo) por el hecho mismo de pertenecer a una especie que la tómbola biológica ha dejado inacabada y agonizante en medio del mundo y de la historia. El verdadero transhumanismo, según esta versión fundamentalmente materialista que se autodenomina progresista, no aspira a prolongar el racismo biológico y sexista, como tampoco, en el caso de los transhumanistas situados en el ala izquierda de ese plural y diverso movimiento, el clasismo social o la discriminación política. Hay, desde luego, voces muy dispares, pero comprometidas, con las transformaciones de la *polis* en el transhumanismo.

Pero todo esto, que suena tan bonito y reconfortante, ¿no podría parecernos bastante sospechoso? ¿De verdad que, en esta eugenesia supuestamente más neutral, no existen, tal y como critican los transhumanistas mayoritarios, los desfasados prejuicios del hombre blanco occidental, poderoso y heterosexual? ¿Cómo es posible, si queremos ser mínimamente rigurosos, usar un discurso despectivo que justifique mayores niveles de eugenesia hasta modificar el indeseable homínido que somos en el presente, sin seguir faltando al respeto a quienes, afectados de patologías, síndromes o condicionamientos genéticos, así como de estigmas sociopolíticos, no solo se les concede un posible cambio terapéutico y emancipador de estas condiciones, sino que (ahora sí sin importar la raza, el sexo o la clase como un rasgo a perpetuar) no están ni siquiera, en su estado natural actual, al nivel biológico de los seres humanos presuntamente sanos, inteligentes y exitosos; tal y como marcan los esquemas eugenésicos interesados que predominan en Occidente?

No dudo de su sinceridad, pero sí evidencio su contradicción. Los transhumanistas parciales *no son neutrales*: buscan aumentar a estos últimos (a los sanos, inteligentes y existosos) y no a los primeros. El transhumano, y en ocasiones el posthumano, que se buscan parecen, muy a menudo, el aumento ideal y prototípico de los más exitosos ejecutivos de Silicon Valley. Sin llegar todavía a la transhumanización, muchas personas actualmente, debido al padecimiento de enfermedades corporales, de trastornos mentales o de síndromes diversos; seres humanos que sufren obstáculos sociales por su edad, condición sexual o procedencia étnica o cultural, así como censuras o reprimendas políticas por sus ideas o formas de vida, no pueden ni tan siquiera desarrollar, de una manera equiparable a lo considerado *mejor* desde los criterios utilitaristas y pragmatistas predominantes en Occidente, su propia condición de ser la especie cuya inteligencia sobresale entre todos los demás seres naturales.

¿Es creíble ser despectivos con nuestra especie *per se*, al ser corporalmente parcos y desechables por aquella nueva y biomejorada materialidad que consigan *a futuro* las antropotecnias, y no serlo con quienes, a causa de condicionantes biológicos, sociales y políticos, no pueden, en el momento presente, ni tan siquiera desarrollarse mínimamente en cuanto que *Homo sapiens*? El eugenesismo autodenominado progresista de gran parte de los transhumanistas parciales podría resultar para muchos una flagrante hipocresía, del mismo modo que sucede en sectores de la sociedad y de la política que defienden los intereses y derechos de las minorías sociales o de los más vulnerables, sin criticar y reformar seriamente su estatus, ni interrogarse con sinceridad si su acción redentora constituye, a fin de cuentas, la perpetración amable de su hegemonía, dominio y control.

Quien diga detestar y querer lanzar al vertedero del pasado al ser humano que somos (un *trending topic* del transhumanismo parcial), incluso a aquel al que el sistema considera mejor y perfecto, *mentiría* cuando actúa como si fueran perfectamente aceptables la gran cantidad de personas no aptas para nuestro cruel sistema del éxito y de la imagen; al no estar perfectamente ajustadas a los imperantes cánones pragmatistas y utilitaristas. Es lógicamente contradictorio rechazar el todo de la especie humana, al no ser materialmente perfecto todavía, creyéndonos legitimados por ello a usar las antropotecnias para corregir, seleccionar y descartar vida entre la finitud de la vida humana, sin, a la vez, rechazar los elementos materialmente y psicológicamente menos reconocidos por nuestra sistema; los cuales, efectivamente, constituyen las partes del todo específico humano. El transhumanismo parcial falta al respeto e insulta a la especie humana (de esto no hay duda) y, seguramente sin pretenderlo conscientemente, también a las minorías, a los frágiles de este mundo; así como a las personas dignísimas que son consideradas discapacitadas, las cuales, como muchas otras personas, tampoco tienen acceso por ahora a las futuras antropotecnias. Me preocupa mucho esta falta de consideración de toda la riqueza de la diversidad cognitiva y humana en el transhumanismo.

Obviamente, y en el futuro de la condición transhumana (notoriamente parcial), nada de esta diversidad vital podrá tendrá cabida en la llamada Singularidad (término recurrente en Kurweil) o en la Superintelifencia de Bostrom, sino, únicamente, una uniformidad y neutralización de la vida del ser humano cada vez más desemejante con respecto de su actual condición, no habiendo sitio alguno para la vulnerabilidad o las ricas diferencias de una especie como la nuestra; la cual está ornamentada de matices, de gradientes, como lo denominan los genetistas poblacionales, en los cuales ninguna parte del todo específico (contra el racismo biológico que *esencializa* la raza del propio grupo dominante como si fuera la especie) posee la perfección plena (cf. Mejía Fernández 2015). ¿Cómo actúa (o sobreactúa) el que detesta de forma extrema la vulnerabilidad humana, cuando sin haberla podido eliminar todavía, pero deseándolo con todas sus fuerzas, la encuentra ante sus ojos en sí mismo y en los seres que le rodean día a día?

Sería muy interesante, aunque he de reconocer que ello excede con creces los límites de esta obra y de mis propios objetivos, poder realizar detenidamente un estudio psicológico de los defensores más parcialistas y reduccionistas del transhumanismo; especialmente cuando, sin que presuntamente ello repercuta en su propriocepción o en su relación con los demás, afirman ser favorables a la eugenesia (no a la eugenesia galtiana ni mucho menos a la nazi, sino a una versión moderada o cándidamente inofensiva, que es muy característica de la sociedad liberal). Me parece altamente dificultoso imaginar los procesos psicológicos de un transhumanista parcial ante la vulnerabilidad, precisamente cuando constata el debilitamiento ontológico que apuntaba Mainländer, esto es, cuando ha de habérselas día tras día consigo mismo y con una multitud ingente de seres vulnerables.

¿Qué experimenta realmente el parcialista? ¿Qué percibe ante su nadidad y la de aquellos que comparten su vida? ¿Indiferencia, compasión, desprecio momentáneo, deseo de sobreactuar mediante una forzada aceptación progresista, la cual en el futuro posthumano no hará falta mantener; tal y como le está impuesta por sus ilustrados principios? Desde luego, el transhumanista parcial, si quiere ser consecuente con la propia ideología liberal de una *eugenesia soft*, atravesará por un verdadero reto cotidiano, en el cual la aceptación y la sinceridad consigo mismo, y hacia los demás, devendrá un auténtico desafío psicológico y existencial.

Por el contrario, el transhumanismo integral se apoya en un pilar inamovible en pro de una ciencia y de una técnica reales: la vulnerabilidad, la cual, siendo expresión de nuestra finitud y contingencia ontológicas, si bien es aliviable y mejorable, debe ser asumida en cuanto tal. En efecto, ha de ser aceptada y vivida a fin de llegar a ser personas maduras capaces de amar.

VULNERABILIDAD Y DESEO ABISAL: POSIBILIDAD Y PLENITUD DEL SER HUMANO

La vulnerabilidad que observamos en el organismo biológico humano, en sus rasgos psicológicos, espirituales, sociales y políticos, es algo a valorar y apreciar, en la medida en que abra nuestro horizonte existencial y fenomenológico a una plenificación que, no viniendo de la radical inmanencia, solo se puede colmar al abrevarse en la fuente inagotable de toda vida. «Que bien sé yo la fonte que mana y corre», escribía San Juan de la Cruz en su *Cantar del alma que se huelga de conocer a Dios por fe*.

La vivencia de la vulnerabilidad, que es vista erróneamente como excusa del atraso tecnológico, constituye una posibilidad de progreso; sobre todo cuando se experimenta unida a una sed que necesita ser saciada en plenitud. Esta sed, que incluso mueve a los más liberales eugenesistas, está en estrecha conexión con el «deseo abisal» (también ellos lo tienen), esto es, el deseo de los abismos insondables que han experimentado y poetizado los místicos (cf. Ros García 2005). Reproduzco algunos versos de la composición del místico abulense y recomiendo meditarla a mis otros colegas, puesto que expresa, de manera muy precisa y bella, el mismo deseo de plenitud que comparten tanto los transhumanistas parciales como los integrales; aunque estos últimos difieran, no tanto en el impulso carnal del que ambos parten, sino en la respuesta no intramundana ni reduccionista que aportan:

Que bien sé yo la fonte que mana y corre,
aunque es de noche.
Aquella eterna fonte está escondida,
que bien sé yo do tiene su manida,
aunque es de noche.
Su origen no lo sé, pues no le tiene,
mas sé que todo origen de ella viene,
aunque es de noche,
Sé que no puede ser cosa tan bella,
y que cielos y tierra beben della,
aunque es de noche.
Bien sé que suelo en ella no se halla,
y que ninguno puede vadealla,
aunque es de noche.

Pocos como este fraile carmelita, cumbre de la mística española, han descrito con tanta belleza el deseo abisal que une a los transhumanistas, esto es, «la experiencia del fondo» cada vez más inasible. En conformidad con la tradición teológica y filosófica, «con razón se ha dicho que el deseo es el *sinus cordis*, el seno [o el fondo] del corazón del hombre (San Agustín), el *conatus essendi*, el impulso de ser en plenitud, la esencia misma del hombre (Spinoza)» (Ros García 2005, p. 13). Este deseo no puede apaciguarse totalmente, por mucho que nos empeñemos, con las cosas parvas que prometen las tecnociencias; como si estas fuesen definitivas. Podemos abrevarnos en muchas fuentes de esta tierra, pero en ninguna calmaremos nuestra sed. En vez de la resignación nihilista tratada en capítulos anteriores, lo que propongo es que experimentar nuestra poquedad (lo que de ningún modo hacen cabalmente los parcialistas), en tanto que vivida en uno mismo y abierta a su plenificación, es lo que nos impulsa decididamente a intentar verla plenificada y renovada.

El propio abulense escribirá en sus *Dichos*: «Niega tus deseos y hallarás lo que desea tu corazón», lo cual expresa muy fehacientemente lo que establece el transhumanismo integral: no negar nuestra carne de deseo humana sino reconocer que cualquier tipo de objeto no nos satisface en tanto que personas humanas; de modo que la frase del místico carmelita equivale, en al ámbito transhumanista, a no entregarse irracionalmente a las soluciones inmediatas provenidas de estos ideólogos de las tecnociencias (dudo que podamos llamar tecnólogos a todos los transhumanistas), en cuanto que aseguradoras de una satisfacción unilateralmente intramundana del mencionado deseo abisal (o abismal) del ser humano. De hecho, el deseo abisal no nos ha de empujar a batallar contra esta vida a golpe de experimento y de bisturí sino a buscar, en sus más profundas heridas existenciales y libérrimos errores, que la vida pueda verse reconstituida y transformada a partir de su propia realidad.

Por esta razón, el transhumanismo integral no implica ni la aceptación unilateral de la eugenesia positiva o negativa, ni la confianza ingenua que denunciaba Mainländer cuando nos entretenemos con promesas inconsistentes (en este caso, con una tecnociencia substitutoria de la soteriología filosófica o religiosa), mientras que esta vida, con su pulsión de muerte, nos va ejecutando a cada segundo que pasa. Cabe dignificar y potenciar todo aquello que, ontológicamente, nos constituye; aliviando, corrigiendo y curando (mediante el ejercicio competente y profesionalizado de la ciencia, la técnica y la Tecnología) el mal que nos pueda sobrevenir por el transcurso del tiempo o las defecciones naturales.

No se trata de quedarnos de brazos cruzados, impasibles, mientras el *thánatos* nos ultima: se trata, empero, de trabajar con todas nuestras fuerzas para hacer avanzar a estas disciplinas y todas aquellas que dignifican y engrandecen a la persona humana para que se abra más a la trascendencia; toda vez que ponemos nuestro máximo empeño en ahondar en nuestra inteligencia emocional y espiritual; afianzándonos en el desarrollo de la trascendentalidad humana. Por consiguiente, crecer en saber científico y en las altas destrezas técnicas no está reñido con acrecentar nuestra dimensión creativa y espiritual: la inteligencia espiritual (cf. Torralba 2010), lejos de ser óbice para atender lo concreto y lo urgente del tiempo presente, nos permite justamente ponderar nuestros límites y nuestra distancia con las metas ultraterrenas; abriéndonos más y más a escudriñar la posibilidad de su cercanía.

Quizá este es el saber convertido en sabiduría: apreciar las cosas, en cuanto tales, en su justa medida y lugar, aprovechándolas para bien. Pero esto parecería demasiado lindo para ser cierto. Por desgracia, todavía resuena en nuestras mentes las voces que convierten al *homo religiosus* en un negligente ante las más arduas problemáticas científicas, así como en un inepto para la pericia que inculca la técnica moderna. El transhumanista integral se quiere librar de muchos prejuicios de este tipo, los cuales, en vez de hacernos progresar, retrasan un estado de mayor saber y sabiduría en la especie humana. Entre los muchos que trato en este libro, quiero poner en relieve especialmente *dos prejuicios* a considerar aquí.

El primero, muy arraigado en el transhumanismo parcial y en la hermenéutica de la discontinuidad del ultrasecularismo moderno, nace del complejo ilustrado de que el progreso tecnológico implica *romper* necesariamente con nuestras raíces, con la Tradición, con la realidad de nuestra naturaleza humana, en aras de recrear, por nuestro solo esfuerzo, una nueva naturaleza o *sobrenaturaleza*; tal y como la denominaba Ortega y Gasset. Solo habría una salvación: la intramundana dada a nosotros mismos y por nosotros mismos; recordándonos al mito de un Sísifo que, mientras más cae, más intenta llegar a ser lo que jamás podrá.

El segundo prejuicio a rechazar, no menos dañino y falso que el primero, lo mantienen los monistas espiritualistas, esto es, aquellos individuos y colectivos filosóficos o religiosos que huyen de la ciencia, la técnica y la tecnología; desconfiando de su poder transformador o minimizándolas movidos por una fe irracional en una providencia intervencionista de Dios que nos eximiría literalmente de desarrollar nuestra razón a través de investigaciones rigurosas. Lamento que, a un ritmo cada vez más acelerado, el fundamentalismo filosófico y también religioso esparza por doquier este prejuicio, no solo en otras religiones abrahámicas, sino en el propio cristianismo al que pertenezco y practico.

Ambos se me antojan como las contracaras de un mismo prejuicio histórico que el transhumanismo integral se propone superar: el prejuicio ilustrado que enemista lo mundano con lo divino, esto es, el que hace del científico el sujeto prepotente de la certeza y del religioso el menesteroso irracional de la fe. A partir de estos esquemas maniqueístas, el hombre que quiera progresar habrá de entrar en el nuevo Edén de las antropotecnias y abandonar el atraso de una fe que se place con morar en la oscuridad de las cavernas y que presume irrisoriamente de su cerrazón.

INGENUIDAD Y FUERZA RETÓRICA DE LA EUGENESIA TRANSHUMANISTA

Antes comenté que la tendencia eugenesista del transhumanismo mayoritario es una falsedad —creo que esto ha quedado suficientemente mostrado ya que, por ser selectivo y denigrador de la vida humana en su monismo materialista de base (y dualista en sus resultados)— que no puede contentar al transhumanista integral, dado que este último valorará aquella finitud, vulnerabilidad y diversidad humanas que, si bien nada tienen que ver con el *sobrehumano* menos personal que los parcialistas desean, implica una oportunidad decisiva de crecimiento material y espiritual de nuestra naturaleza. Esta se ha de reconocer y explorar, tanto sin fingimientos forzados, como sin cumplidos políticamente correctos. Afirmé en páginas anteriores que el eugenesismo de los parcialistas se trataba, además, de una *ingenuidad*, y ello es lo que quiero tratar en este instante, comentando, como prometí al inicio del capítulo, a Francis Galton. Veámoslo directamente según la pluma del padre de la eugenesia moderna:

> Creyendo [*believing*], como creo, que la eugenesia humana será reconocida en breve como un estudio de la mayor importancia práctica, me parece que no se debe perder tiempo en fomentar y dirigir el hábito de recopilar historias personales y familiares [con sus características biológicas]. Si se logran reunir los materiales necesarios [*necessary materials*], no se requerirá más que celo y persuasión por parte del futuro investigador para reunir la mayor cantidad de ellos que pueda [posteriormente] necesitar. (Galton 1883, pp. 44-45)

Hasta el polímata Galton tuvo que admitir que, en la escasa ciencia eugenésica de su tiempo, su propuesta no era más que una *creencia* que se sustentaba en el historial de cruces hereditarios de las familias y de los individuos: el británico tenía claro que el *mejor nacimiento* todavía no era factible en su tiempo por la falta de datos, de teorización y de experimentación. Hacía falta, por tanto, más trabajo experimental. Ya que hasta Galton lo admitió, sería muy saludable hallar más realismo en las posturas decididamente tecnoutopistas que mantienen gran parte de los transhumanistas parciales: el nacimiento del hombre nuevo no solamente no ha sucedido por el momento, sino que parece alejarse de nosotros, cuanto más creemos habernos aproximado a él.

Dicho esto, me gustaría que el lector se fijara particularmente en la segunda parte de la cita anterior del científico inglés. Galton propugnaba que, una vez contemos con los «materiales necesarios», conseguiremos los objetivos de recrear a un hombre biológicamente fortalecido, haciéndole nacer mejor (cómo no, en conformidad con aquellos rasgos que la sociedad victoriana, a la que él pertenecía, consideraba los *mejores* y no los *peores*). Toda eugenesia depende de una ideología, de una cultura y de una historia que la emplaza, la mueve, la orienta y la condiciona. Así las cosas, y en esta segunda afirmación de Galton, subyace algo muy característico de los transhumanistas parciales: la razón instrumental, que ya he tratado en el libro, así como la remisión a lo intramundano para dar con soluciones y descubrimientos definitivos.

Mas el eugenesismo del transhumanismo mayoritario no se mueve tanto por fuerza demostrativa como por *fuerza retórica*. Por ende, un aspecto que no puede pasar desapercibido en la lectura de este libro es lo siguiente: el astuto Galton sabía mejor que nadie que no era suficiente con poseer mucha ciencia contrastable para sus fines de mejora de los hombres, dado que los científicos también han de tener habilidades persuasivas para hacer ver a los otros, en el medio social y político en que se investiga, el cual, además de ser verdaderamente demostrable lo que se afirma, debe ser seguido y aceptado. Me parece muy relevante esta afirmación de Galton, la cual seguramente sería tachada de trivial por los teóricos literarios, pero que, a mi juicio, permite interpretar, en el inicio por antonomasia de la eugenesia, una defensa de la importancia de la retórica de la ciencia: «[...] no se requerirá más que celo y persuasión por parte del futuro investigador [...]», expresa Galton (1883, pp. 44-45).

Los científicos pueden seguramente ser muy brillantes (lo son, de hecho), pero, si les faltan recursos retóricos, la más preciada verdad, no podría vehicularse con facilidad desde sus mentes, *papers* y libros hasta las conciencias y prácticas de la sociedad y de la política. ¡Cuántas teorías brillantes y llenas de verdad (bástenos pensar en el caso de Galileo) fracasaron en la historia de la ciencia a falta, no solo de pericia o de permisión sociopolítica, sino de «celo y persuasión por parte del futuro investigador» (Galton 1883, *Ibíd.*). Hasta Galton (quizá esta fue una de las claves del éxito de su ciencia tanto en vida como tras su muerte) tenía la certeza de que la ciencia y la retórica se necesitan mutuamente, dado que la ciencia no es un conjunto de muchos *eidos* que se transmiten en la transparencia y pureza del pensamiento, sino, expresémoslo sin miedo, mediante numerosos informes, estadísticas, registros y variadísimos géneros literarios que la presentan al público de la manera más creíble y sugerente.

No solo hay que saber y valer, sino *hacerse saber y hacerse valer*. Pero ¿ha sido siempre armoniosa la relación entra la ciencia y la retórica? En absoluto. Ha habido etapas de la historia de la ciencia, en la cual la retórica ha sido más importante que la de la investigación rigurosa y demostrada. Así pasó, por ejemplo, durante muchos siglos con la teoría heliocéntrica, e incluso, durante un tiempo, con la teoría de la relatividad o la cuántica. A falta de experimentación y contrastación empíricas, cabe principalmente ejercitarse en la efectiva persuasión. Quiero remarcar que esta última afirmación de Galton es de especial relevancia ya que retrata, en gran medida, no solo al eugenesismo sino al transhumanismo parcial en la mayoría de sus objetivos y afirmaciones actuales. Pero, en el transhumanismo parcial, al intentar amagar su característica ideológica tras el antifaz del futuro éxito antropotécnico, ¿qué es, a fin de cuentas, lo que tiene más peso?

Ambas, en suma, son importantes: la experimentación científica y la retórica. En efecto, los parcialistas recurren a todo aquello que, en el momento presente, podemos hacer para procurar seres humanos biomejorados; especialmente en la genómica. Es francamente innegable la efectividad y el impacto del CRISPR-Cas9 en tanto que poderosa herramienta biotecnológica de edición del ADN humano que permite borrar, corregir o emplazar modificaciones en el genoma; pudiendo dar lugar a seres humanos menos sesgados y predeterminados por el azaroso comportamiento de los genes. Nadie puede dudar que esto es ya una realidad efectiva. Lo que no es real en absoluto, y lo cual se queda en pura retórica, es la promesa de conseguir un ser humano materialmente perfecto y libre de todo condicionamiento asociado a nuestra vulnerabilidad. Esta retórica, la cual algunos expertos en el tema, como Alfredo Marcos, consideran un tipo de *performance*,[10] expresa la mejora

---

10 Es el caso de Alfredo Marcos (2024, p. 20), leyendo a la esteta Natasha Vita-More: «Pero quizá, aplicando el principio de caridad hermenéutica,

(*enhancement*), en tanto que consecución de cualidades cada vez menos características de la especie humana y, por ende, más alejadas de nuestra carnalidad.

No hay, por tanto, más perfección que esta: uniformar, obviándola o anulándola, la rica diversidad vulnerable de la especie humana. Cuando el azaroso destino y la investigación tenaz nos sean favorables del todo, llegaremos a recrear al nuevo Adán, no siendo necesario ir hacia atrás en el tiempo sino siempre hacia adelante en la creciente aceleración del progreso tecnocientífico. Este *adanismo* de corte eugenesista, si me sirvo de la terminología orteguiana, sí que significa la más azuzadora y vacía de las retóricas que se hayan contado jamás. La objeción mayoritaria a mi crítica es que eso mismo sucedió en el pasado con otras retóricas de la ciencia y de la tecnología. Lo que antes se creía impensable, ahora es una realidad gracias a los últimos sistemas técnicos. Así, si realizamos sofisticados cálculos probabilísticos en comparación con el progreso tecnológico de las últimas décadas (muchas de las facilidades tecnológicas actuales eran impensables hace años), podremos predecir una *era singular* (la denominada *Singularidad* por Ray Kurzweil [2007], o la *superinteligencia* de Bostrom (2014), que he citado), en la que el hombre nuevo nacerá y ya nada podrá perturbarlo o atemorizarlo en la faz de la tierra.

Ciertamente, podremos estar o no de acuerdo con esta objeción, la cual, sin caer en un tecnoutopismo estéril, tiene parte de razón.

---

podamos rescatar un valor cultural genuino en este tipo de ideología. Lo mejor que podemos hacer por ella es ponerla en el marco del activismo performativo. Todo el movimiento transhumanista podría ser leído como una gran performance, constituida por diversas acciones más restringidas. Dicho de modo simbólico, el nicho cultural del [transhumanismo] no es el laboratorio de física o de biología, ni el centro de robótica avanzada, ni la Estación Espacial Internacional, no es el departamento de Ciencias Sociales, ni el de Antropología, no es la ONU ni el Parlamento local, como tampoco ha de serlo la Unesco. Su nicho cultural es el museo de arte contemporáneo, la galería de moda, la estantería de ficción, el *best seller* y el show *business*, el plató, la tarima TED Talk y las secciones futuroscópicas en medios y redes».

Lo único que pido, en especial con relación al transhumanismo integral, es que se tenga la virtud de la *parresía*, esto es, ese hablar franco y valiente, que no teme las consecuencias de decir la verdad, para reconocer que actualmente la versión más recortante del transhumanismo se trata más de retórica que de tecnociencias efectivas y eficaces. Pero no tiene buena prensa, ni tampoco efectos positivos en los auditorios masivos, atreverse a no hablar tan desmedidamente bien de uno mismo y de sus propios productos. De hecho, no faltan quienes, en el diverso y plural movimiento transhumanista (como los *think tanks* y campañas publicitarias alarmistas), subrayan, sobre todo, los peligros y las medias verdades del transhumanismo más mediático; precisamente con el fin de llamar la atención y atraer a más personas que se interesen por el movimiento. Esto, como se verá más adelante, no es suficiente.

A VUELTAS CON LA VIRICULTURA

El transhumanismo ha de señalar en sus discursos y trabajos, con una mayor pretensión de cientificidad y factibilidad, no solo lo que respecta a la eugenesia sino también al resto de sus temas controvertidos; como la naturaleza más retóricamente tecnoutopista de su propuesta. Algo así ya se puede leer en Nick Bostrom con su reciente obra *Deep utopia* (2024), en la cual, distanciándose solo un poco de sus obras más triunfalistas precedentes, y sin advertir aún su parcialismo de fondo, admite sin ambages el rasgo declaradamente tecnoutopista, más promisorio que factible, de su ideología transhumanista. Lamentablemente, Bostrom (2024, p. 1), que todavía cree en un «mundo resuelto» (*solved world*), como dádiva de una Inteligencia Artificial creada por el hombre que nos llevará a un estado de superinteligencia, no ha abjurado un ápice de la eugenesia liberal de sus inicios y se parece en muchos aspectos a Galton en la planificación hacia la mejor vida del futuro. Pienso, como mostraré en el último capítulo, que el término «viricultura», el cual Galton

(1883, p. 25) abandonó por el de una eugenesia más biologicista y rupturista, sería mucho más conveniente en el transhumanismo integral.

Recuperaremos este vocablo galtiano, resignificándolo en su sentido etimológico más genuino. Si el término eugenesia implica una connotación utopista porque se espera a los nuevos Adán y Eva materialmente perfectos, el concepto «viricultura», al unir las palabras latinas *vir* y *cultura*, nos hablan más bien del cultivo más ampliamente humano. Ruego al lector que atienda a cada una de las palabras que conforman el binomio galtiano, a fin de comprender por qué lo preferiré al vocablo «eugenesia». *Vir*, si bien posee una cierta connotación sexista en tanto que significa el hombre macho (siempre será preferible, a mi gusto, hablar de «persona»), es, por lo menos y en su defección semántica, mucho más asequible y efectivo que el transhumano soñado por los parcialistas que es perfilado como un ser que poco o nada tiene que ver con la persona humana actual y unitaria en las múltiples dimensiones de su carnalidad. En ocasiones, el transhumano, por el cual suspiran los parcialistas, devendrá no ya una persona humana aumentada y biomejorada sino, inexplicablemente, *otro ser*; un *antihombre* en el sentido más cuestionable de esta expresión.

No me convence el término eugenesia porque expresa el prejuicio más rupturista de la Ilustración y del ultrasecularismo moderno. Pero la segunda palabra del binomio, que Galton neologiza, me parece mucho más interesante en aras de un transhumanismo integral: me refiero al término de origen latino «cultura». Etimológicamente, *cultura* tiene que ver con el cultivo, no tanto biologicista, sino de la tierra, por parte de una civilización humana que evolutivamente se vuelve sedentaria de forma más generalizada en el neolítico. Cuando se habla de cultura, incluso desde una temporización evolucionista que oscila entre el 10.000 y el 3000 a.C. aproximadamente, se sigue poniendo de manifiesto la *continuidad* de la especie humana, es decir, se enfatiza al ser humano que echa raíces y que no busca tanto, en las tecnociencias, modificar a su antojo su vida, cuanto potenciar, ensanchar y suplir lo que *es*, lo que *sabe* y lo que *hace* en la realidad. Parece que la eugenesia sirve para resentirse y negar la realidad, mientras que la viricultura se cumple para perfeccionarnos en las diversas dimensiones de nuestro organismo material-espiritual irreductible.

Así las cosas, no se nota nada de resentimiento, según he comentado a propósito de María Zambrano, con este neologismo recién connotado a partir de una antropología unitaria y abierta a la trascendencia que pone en el centro a una persona humana vocacionada a mejorar tanto su vida material, en lo que respecta a su carne y a sus relaciones con las demás personas y el entorno, como su vida espiritual, a través del trabajo y el desarrollo del deseo abisal que apuntábamos anteriormente. En vez de la negación de la naturaleza humana y la postergación ilusoria de la vida actual, que inevitablemente nos afecta mientras sigamos vivos, es especialmente interesante la distinción entre *cultivo* y *terapia.* La diferencia a tener presente aquí, entre estos dos tipos de intervención tradicional de la técnica en la naturaleza, es que la *terapia*, propia de las ciencias de la salud con su uso de fármacos, aparatos o prótesis, persigue *curar*, al restablecer aquello que se ha visto dañado en la naturaleza integral del hombre a causa de la enfermedad, de la disfunción o de la lesión.

Por su parte, el *cultivo* es el que corresponde a «nuestras capacidades o, dicho de otro modo, [a] la cultura [el cual]; se ha sustanciado en diversas técnicas e instituciones» (Marcos y Pérez Marcos 2018, p. 113). Estamos en lo cierto al vincular semánticamente el cultivo y la cultura, pero ya no solo reductivamente con la manipulación de embriones, tejidos o historiales genómicos (para distinguirlo del transhumanismo parcial), sino también en el entrenamiento y potenciación de la escritura, del deporte, de las artes, de las virtudes morales o religiosas; es decir, labrando todo aquello que el humanismo occidental ha considerado lo más excelente (o incluso *sublime*, en lenguaje kantiano) de la vida humana personal. Mientras que la terapia restablece la salud de la persona integral, el cultivo le permite potenciar y acrecentar sus atributos ontológicos más excelentes, los cuales, aun perteneciendo a un ser finito, le abren y le aproximan a la plenificación que solo se recibe de forma agraciada e indebida.

Querer conseguir un transhumano o posthumano solamente a partir del cultivo biologizado, desprovisto de toda conciencia y responsabilidad morales, así como del debido cuidado ontológico, es, además de ingenuo, intelectualmente cuestionable. ¿Cómo negar la naturaleza que somos y experimentamos vivencialmente, o aventurar que conseguiremos hacer nacer otro ser inteligente y materialmente indefectible, si todavía nos queda conocer y practicar las mayores y más altas excelencias de la que es capaz el *Homo sapiens*? Esta es, finalmente y mostrándome contrario a la falsedad e ingenuidad que he descrito, la verdadera eugenesia, o mejor dicho, la *viricultura* en su acepción más integral: no intentar recrear fantasiosamente lo que nunca hemos ido, tratándonos despectivamente y con resentimiento (incluso desrealizándonos), sino, antes bien, profundizar, desarrollar, suplir y expandir aquello que somos (y podríamos ser) en aras de volvernos intelectualmente, moralmente y espiritualmente más excelentes según el antiguo sentido de la *areté* de los clásicos.

Pondré unos breve ejemplos para acabar este capítulo. Mientras que aspirar a tener más capacidad memorística y más concentración es algo cultivable biológicamente, por ejemplo, con el uso de fármacos; amar más y mejor, o ser más solidario, tener en definitiva más responsabilidad moral, es igualmente digno de cultivar desde un plano diferente pero complementario, como se verá más detenidamente en el capítulo XII, en conformidad con la viricultura que propongo. Lo diré más claramente. Cabe, por tanto, esforzarnos por recuperar una auténtica viricultura: la del cultivo sin tregua de la excelencia, no solo a nivel tecnocientífico, sino humano (en el sentido más omnicomprensivamente natural del término), esto es, sin desmembrar ni reprimir el deseo abisal de la persona humana y de su conciencia moral.

Dicho esto, el transhumanismo integral irrumpe en tanto que prolongación de nuestra unidad orgánica irreductible y en cuanto que siempre abierta a su perfeccionamiento, aunque no a *cualquier* perfeccionamiento. El *enhancement* integral no consiste, como pretenden muchos de mis colegas, en la hipostatización del substitutivo material y técnico-instrumental de la naturaleza espiritual y ética de la persona humana. Espero, como explicaré más adelante, de lo que sí depende este nuevo enfoque es de esto: que se entienda la importancia de la promoción, desde los diferentes ámbitos e instancias de la humanidad, de un mayor cultivo integral de las personas; el cual está inseparablemente ligado a una cultura de la vida éticamente y espiritualmente basada.

VI. UNA FE ULTRASECULARISTA

Se podría decir que el transhumanismo, tanto el parcial como el integral, requieren alguna forma, por vaga o extrema que se desenvuelva, de *creencia*. En el primer caso, como he tratado en las páginas precedentes, sus promesas tecnocientíficas y la retórica guardan una íntima relación, en la medida en que la persuasión puede concitarnos a entregarnos sin reservas a la espera ansiosa de todo aquello que conceda el Molok del futuro. En el segundo caso, en el cual me permito detenerme más en esta obra, las obligaciones y las labores de la vida presente marcan la realidad esperanzada de poder colmar al ser humano, y ello no solamente en tanto que ser corporal. Cabe, incluso, disponerlo al eventual advenimiento de su plenitud.

En los últimos tiempos, se ha hablado mucho de algo parecido a la fe, no ya por parte de las personas que profesan o practican alguna religión (lo cual me parece evidente), sino también en quienes, o bien no las profesan, o bien no las practican; o incluso en quienes carecen totalmente de vínculos históricos y explícitos hacia cualquier religión positiva o espiritualidad alternativa. ¿Habría alguna suerte de fe en quienes se confiesan transhumanistas y no pertenecen estrictamente a una iglesia o confesión establecida? Se ha llegado a afirmar que el transhumanismo hunde sus raíces en un sector acentuadamente favorable a la tecnología del protestantismo estadounidense, como en el caso del mormonismo, siendo descrito como «una religión con una actitud muy proactiva ante los problemas, una gran fe [*big faith*] en las ideas tradicionales de progreso y una creencia en la perfectibilidad del cuerpo» (Gray 2001, p. 78).

Además, Patrick Hopkins (2005, p. 22) ha señalado, en el *Journal of Evolution and Technology*, que «el transhumanismo puede ser visto como *religioso*, o en su defecto, como una *religión*». En este capítulo defenderé, más bien, que el transhumanismo parcial, más que una religión es una *pseudoreligión*; al tomar el progreso científico y tecnológico en *dos sentidos* mutuamente implicados: en primer lugar, como substituto de la auténtica trascendencia, y en segundo lugar, como antídoto intramundano insuperable para los más apremiantes males y necesidades del hombre. Y es que nadie puede eximirse de tener creencias. En esta misma línea, Ortega y Gasset interpretaba a la ciencia moderna. Si releemos su interesante texto *En torno a Galileo* (1933), en él se podrá examinar la ciencia como *una forma especial de creencia*.

Para el filósofo madrileño hemos de interpretar «la ciencia como hecho genérico y descubrir la función vital que la inspira y moviliza» pues solo así «nos encontramos con que no es sino una forma especial de otra más decisiva y básica —la creencia» (Ortega y Gasset 1964, p. 11). Pese a los intentos neopositivizadores de arrancar la ciencia y la técnica del *milieu* carnal en el que nace y se desarrolla (los transhumanistas parciales incluso las sitúan en contra de nuestra carnalidad más característica, viéndolas como el mecanismo definitorio que alterará nuestra naturaleza), estas mismas, de un modo análogo a la filosofía de Feyerabend, pero sin su aporético anarquismo, consisten en una *forma de vida* carnal; toda vez que, en el plano del pensamiento, tanto la ciencia como la técnica se inserta en el entramado de creencias que jalona nuestra encarnación sociopolítica, histórica y cultural.

Esto, que hoy sonaría tan próximo a un relativismo en filosofía de la ciencia y de la tecnología, no tiene por qué asustarnos, dado que, aunque nadie puede negar que ya la ciencia (sin apenas considerar su cariz técnico) cuenta con bastante de la prerrogativa de la contrastabilidad empírica, el reconocerla como creencia, afirma el español, «nos prepara para comprender cómo el hombre puede pasar de una fe a otra y en qué situación se halla mientras dura el tránsito, mientras vive en dos creencias [la de su mundo humano y la de sus constructos tecnocientíficos, diríamos actualmente], sin sentirse instalado en ninguna, por tanto en sustancial crisis» (Ortega y Gasset 1964, p. 11). Alabo la capacidad orteguiana de responder a los temas y cuestiones de su tiempo, pese a que se queda un tanto tímido con respecto a la imparable aceleración tecnológica que actualmente nos arrastra. Así pues, procuraré que el lector advierta, en este capítulo, que el hombre puede vivir no solo entre estas dos creencias (la de su encarnación y la de sus creaciones y producciones tecnocientíficas) sino entre muchas más; sobre todo sin tener que estar condicionado por aquellas dos posturas contrapuestas que tributan el monismo materialista y el espiritualista.

La *crisis* a la que apuntaba Zambrano, u Ortega a su modo, hace decenios se ha agravado tanto con las nuevas posibilidades de mejora de las antropotecnicas, como también con las más nocivas; encontrándonos en medio de un trance contemporáneo desde el que cabe preguntarse por el tipo (o los tipos) de creencia del transhumanismo parcial, así como también del nuevo transhumanismo integral en tanto que aspira a la fe. Más de un intelectual actual, como Jürgen Habermas (2008) con su pensamiento post-metafísico, o también Charles Taylor (2007), sostienen que vivimos en una *era secular*. Otros tantos, como Peter Gordon (2008), destacan inclusive «el lugar de lo sagrado en la ausencia de Dios», y también, como Anette Baier (1980), defienden una «fe secular» en aquellos que presuntamente deberían carecer totalmente de creencias tras la crisis hobbesiana y maquiaveliana de la ética y de la política, o fundamentalmente, tras la crítica a la religión por parte de la Ilustración. Si antes se pensaba que ser no creyente era prácticamente imposible en la era que antecedía a la Modernidad,[11] nos encontramos sumergidos actualmente en una sociedad secular, cuyo rasgo diferenciador consiste en la actitud que mantengamos ante la fe religiosa que proviene de la tradición y que se ancla en ella; no siendo tan sencilla la exclusión absoluta de tomar partido ante la misma:

> El cambio que quiero definir y rastrear es el que nos lleva de una sociedad en la que era virtualmente imposible no creer en Dios a otra en la que la fe, incluso para el creyente más acérrimo, es una posibilidad humana entre otras. Puede que me parezca inconcebible abandonar mi fe, pero hay otros, incluidos posiblemente algunos muy cercanos a mí, que no tienen fe (al menos no en Dios o en lo trascendente); cuya forma de vida no puedo descartar con toda honestidad como depravada, ciega o indigna. La creencia en Dios ya no es axiomática. Hay alternativas. Y esto también significará probablemente que, al menos en ciertos entornos, puede ser difícil mantener la propia fe. Habrá personas que se sientan obligadas a renunciar a ella, aunque lamenten su pérdida. (Taylor 2007, p. 3)

En esta descripción de nuestra sociedad secularizada, si bien se sabe que la fe se tiene o se pierde (sin duda, afirmaríamos nosotros que esto es cierto en tanto que don teologal), sabemos que el aferrarse a algo de manera persistente y no plenamente racional, lo que en filosofía de la ciencia se denomina «creencia», difícilmente desaparece del todo en aquellos que esperan firmemente en las consecuciones de la razón humana. Si la fe explícita, que se profesa en las religiones históricas, puede ser opcional para muchos, no parece serlo tanto esta fuerza de esperar y de adherirse a principios humanamente mayores, la cual está enraizada en lo más hondo de

[11] Sobre esta opinión, según la cual el ateísmo en un sentido llano era inexistente con anterioridad a la duda metódica cartesiana o al pensamiento de los maestros de la sospecha, fue decisivo el trabajo de Lucien Febvre en *Le problème de l'incroyance au XVI sicècle: la religion de Rabelais*, publicado en París en 1947.

la historia de la humanidad; así como, particularmente, también en el seno de la teorización y praxis de la historia de la ciencia y de la tecnología.

TIPOLOGÍAS DE CREENCIAS EN LA SECULARIDAD

Charles Taylor (2007, p. 721) se refería a aquellos «modos menores» (*lesser modes*) o también «sustitutos de la eternidad» (*substitutes for eternity*) que pueden ofertar muchas ideologías y proyectos intramundanos, entre los cuales el transhumanismo no es una excepción. Si esto se puede advertir claramente en el transhumanismo parcial (donde la no adhesión a iglesias o confesiones es la más presente), en lo que respecta al transhumanismo integral, en vez de reprimir u adormecer el deseo abisal humano con sucedáneos, en él se persigue una alianza recíprocamente respetuosa de la profundidad sin fondo de la vida humana; especialmente en la complementariedad (pero también en lo no-intercambiable) de la ciencia y de la religión.

Si en uno se da un mecanismo de la substitución o de la indiferencia, en el segundo se busca, netamente, trillar el terreno de la vida humana y de su experiencia para que el deseo de plenitud no esté cerrado a que, eventualmente, pueda llegar a ser colmado. Pero no nos engañemos. Lo que se observa en los parcialistas puede comprobarse en otras acciones, movimientos y aspectos de la vida humana. En efecto, «se puede hacer que lo eterno sea el clan, la tribu, la sociedad, el modo de vida» (Taylor 2007, *Ibíd.*). Por ello, me parece importante establecer *dos formas* en la que vivimos la trascendencia en la inmanencia de nuestra carne. Se puede diferenciar, por consiguiente, entre una *trascendencia sucedania* (*ersatz*, en alemán) y una *trascendencia auténtica* (Gordon 2008, p. 664). La primera consiste en aquella tendencia que, sin querer resolver el problema de la apertura de la persona humana a la trascendencia, solamente llama poderosamente su atención y ocupa al ser humano en la posible tangibilidad de las consecuciones de los proyectos, planes y programas intramundanos; como si estos le otorgasen la anhelada solución.

Mas en lo propio del transhumanismo integral, que se muestra inclusivo para con la trascendencia auténtica, no se rehúye pensar lo profundo de la encarnación humana en cuanto tal, ni cuestionar lo incosificable que impulsa a ensanchar las miras y la capacidad interrogativa de los hombres. Antes bien, incorpora esto en su proyecto de pulir a la persona, como citábamos anteriormente, de manera física-química-biológica-psicológica-social-cultural-y-espiritual. Intentar colmar a un ser naturalmente tan complejo como el hombre, desde una sola de estas dimensiones, es condenarlo a repetir la mitología de Molok o de Sísifo. Ocurre algo similar en el transhumanismo parcial, al igual que en tantos movimientos humanos que prescinden de la fe explícita, así como de admitir, por nimia que fuese, cualquier similitud discursiva religiosa en sus narraciones y argumentaciones:

> El misterio, la profundidad, lo profundamente conmovedor, pueden ser, por lo que sabemos [en movimientos como el transhumanismo parcial], enteramente antropológicos. Los ateos, los humanistas [como los transhumanistas] se aferran a esto, cuando van a conciertos, a óperas, leen gran literatura. Así se puede complementar una ética y una antropología científica que siguen siendo muy reductivas y planas. (Taylor 2007, p. 356)

De manera análoga a la crítica social de Taylor, y al humanismo que le es inherente, se podría evaluar y someter a examen al transhumanismo. Según la postura que se tome ante la trascendencia sucedánea o ante la auténtica, en conformidad con la terminología de Gordon, pueden darse *dos tipos de (trans)humanismo*; una división que podrá ayudar al lector a comprender mejor la diferencia, que establecí en el capítulo primero, entre el enfoque parcial y el integral: un transhumanismo inclusivo y otro de tipo exclusivo. Dicho esto, debo dejar por sentado que ambos enfoques no suprimen, sino que exigen, algún tipo de creencia de base: tanto la de afirmar positivamente la posibilidad o la existencia en lo que se cree trascendentalmente, como aquella creencia que se toma por cierta a sí misma; al negar tanto la posibilidad como la existencia del objeto de fe.

Por tanto, siempre que hablemos de fe para referirnos a las otras creencias, lo haremos de manera holgadamente metafórica. Muchas cosas constituyen más bien creencias, aunque se atribuya el término «fe» a algunas en concreto (de manera meramente figurada). En este sentido, algunos hablan de una *fe teologal* (en el caso del cristianismo) e incluso de una *fe secular* (cf. Baier 1980); la cual puede tener diversos grados de contundencia con respecto a nuestra actitud y decisión ante el objeto creído, esperado y amado. En principio toda fe, sobre todo la teologal, que es la fe por antonomasia, está llamada a ser secular, puesto que la persona creyente no es alguien desencarnado y enajenado de las realidades terrenas: si creemos, lo hacemos en medio del siglo, esto es, en la carnalidad, temporalidad e historicidad que nos constituyen. El transhumanista Nick Bostrom ha criticado, al reputarse como desprovisto de una fe explícitamente religiosa, una forma extrasecular de vivir la fe:

> Algunos grupos religiosos ponen un fuerte énfasis en la fe en contraposición a la razón, la cual pueden considerar —incluso en su forma hipotéticamente más idealizada e incluso después de haber estudiado con ardor y una mente abierta cada escritura, revelación y exégesis— como insuficiente para alcanzar conocimientos espirituales esenciales. (Bostrom 2014, p. 295)

Aunque se puede constatar, junto a este transhumanista, la falta de complementariedad entre la fe y la razón como sucede en muchas personas explícitamente religiosas, que la razón sea insuficiente (a los parcialistas les cuesta admitir este déficit) no significa en absoluto que se deba *contraponer* a la fe. Le pregunta que se le puede lanzar a Bostrom es por qué se refiere a la creencia (obviamente no habría más remedio ante la fe teologal) de manera tan extrínseca. La filósofa Annette Baier (1980, p. 133) ha sostenido la existencia de la «fe secular», la cual significa «el equivalente secular de la fe en Dios, que necesitamos tanto en la moral como en la ciencia o en la adquisición de conocimientos, [se trata de] la fe en la comunidad humana y sus procedimientos evolutivos, en las perspectivas de ambiciones cognitivas multifacéticas y las esperanzas morales». En ambos autores, como es notorio, se pide que la fe teologal sea más secularizada y que la fe secular tome una mayor conciencia de su intrínseca condición y estructura fiducial.

Sin embargo, las cosas se complican mucho más, cuando lo secular da un paso al frente en su extrincesismo y rupturismo; convirtiéndose en lo que puede denominarse *secularismo*. Este fenómeno ocurre cuando la temporalidad y las ocupaciones del siglo eclipsan lo trascendente, y por ende lo teologal, hasta hacerlo desaparecer en su edición más extrema. En efecto, cuando la fe secular equipara sin suficiente ponderación lo sagrado con las cosas profanas, o incluso cuando antepone las segundas sobre lo sagrado, hace que se pueda connotar como una *fe secularista*. Mezclando, subordinado, o separando a la ligera lo profano de lo sagrado, lo trascendente de lo inmanente (se ha evitar a toda costa esto desde una perspectiva fenomenológica), dentro de esta actitud de superioridad de lo profano, se da una flagrante falta de armonía de las realidades temporales y trascendentes. Más bien, solo lo secular es lo que puede hacernos superar y otorgarnos sentido. Así pues, dentro de esta fe secularista, hallaríamos, al menos, otra actitud más. Cuando, *a fortiori*, esta suerte de creencia basada en la superioridad de lo profano y que busca erradicar del todo lo sagrado y lo religioso en el hombre, en la sociedad y en la política, acaba por convertirse en una *fe ultrasecularista*; asociada con un mayor grado de intolerancia tanto al instinto religioso del hombre, como a las religiones históricas.

Todo esto, que se puede cotejar en el debate contemporáneo sobre la secularidad en sus distintas manifestaciones, creo que es interesante que sea tenido en consideración al leer este libro; sobre todo para no incurrir en un monismo materialista o en un monismo espiritualista (o en una mezcla epifenomenista de ambos) hostiles al transhumanismo integral. Según cómo de abierto o cerrado pueda estar el humanismo, puede ser interesante lo siguiente: se ha divisado una versión *excluyente* de ser humanistas (y transhumanistas, añado) y otra *incluyente*, que también cabe considerar (Gordon 2008, p. 665). «Algunos de nosotros queremos vivir [...] en tanto que abiertos a algo más allá; otros viven [...] en tanto que cerrados», ha afirmado Taylor (2007, p. 544). Aunque a mi juicio el autor no desarrolla el humanismo incluyente de manera satisfactoriamente clara, sí lo hace con el otro humanismo (propio de Nietzsche y de sus seguidores contemporáneos); el cual se puede relacionar estrechamente con el transhumanismo parcial que critico:

> El humanismo excluyente [¿el transhumanismo excluyente?] cierra la ventana trascendente, como si no hubiera nada más allá. Es más, como si no fuera una necesidad irreprimible del corazón humano abrir esa ventana y mirar primero por ella para luego ir más allá. Como si sentir esa necesidad fuera el resultado de un error, una visión errónea del mundo, un mal condicionamiento o, peor aún, alguna patología. (Taylor 2007, p. 638)

Así pues y tomando esta cita del pensador americano como acicate de mi reflexión, mantengo que el transhumanismo parcial es una expresión, en este caso palmariamente tecnocientificista con respecto de cualquier referencia patente a lo trascendente y religioso, del humanismo excluyente que se remonta a la Ilustración y que se agranda en la filosofía de la sospecha decimonónica y de principios del siglo XX. Sin embargo, no deseo llamar al lector al error: el transhumanismo parcial, como el humanismo excluyente (e inhumano, porque negar la posibilidad de la realización de la trascendencia es negar al propio hombre) del que nace, mantiene no tanto una fe o creencia secularista en su base, cuanto una *fe ultrasecularista.* En esta creencia extrema, como señala Peter Gordon (2008, p. 665), sus exponentes se sitúan «*contra* la llamada por la trascendencia», sea negándola de facto o también internalizándola como algo propio de la vida privada de las personas que, además, ha estar ausente del ágora pública. Taylor (2008, p. 376), aunque no estoy de acuerdo con él en la equiparación que hace de todas las presuntas opciones religiosas (entre las que hallamos a las aparentemente más antireligiosas), retrata magistralmente la fe (ultra)secularista en tanto que se experimenta como «el sentido de una ausencia; el sentido de que todo orden, todo significado, proviene de nosotros».

En esta coyuntura, el transhumanismo parcial y el humanismo excluyente que lo cobija desde la eclosión de la Modernidad, si bien no son idénticos, mantienen entre sí una filiación filosófica, científica y tecnológica bien distinguibles a ojos vistas. No tengo reparos en resaltar que ambos, especialmente la edición parcial comentada, ponen en práctica esta suerte de fe ultrasecularista que se articula en «la *negación* de la trascendencia» (Gordon 2008, p. 666), según la semántica religiosa tradicional, y en la eliminación pública de lo religioso. Así pues, esto constituye un «marco inmanente» (*immanent frame*) que, desgajado de todo orden tradicional religioso según el estereotipo moderno, favorece a lo que el autor denomina «la victoria de la oscuridad» (Taylor 2008, p. 376) sobre la certeza de quienes dicen gozar de alguna concesión sobrenatural o de fe teologal en sentido estricto. La Modernidad antirreligiosa más beligerante, que reduce la apertura a lo trascendente que se manifiesta fenomenológicamente en la naturaleza compleja y sistémica de la persona, ha querido o bien eliminar todo elemento religioso individual y colectivo;

o bien privatizarlo en la esfera íntima del individuo, al ser lo menos publicable y presumible entre la diversidad de las opciones humanas.

Un experto como Tirosh-Samuelson (2012, p. 710) no ha vacilado en referirse al transhumanismo (el parcial, como no podía ser de otra forma) entre las formas de creencia que hemos descrito, remarcando «la dimensión religiosa del transhumanismo y [sosteniendo] que debería ser visto como una fe secularista: [...] seculariza los temas, preocupaciones y objetivos religiosos tradicionales; al tiempo que otorga a la tecnología un significado religioso» (redentor o salvífico, como habíamos explicado en otra parte). En autores, tales como Ray Kurzweil, Nick Bostrom o Yuval N. Harari, este secularismo se extremiza, más bien, en un *ultrasecularismo*. Lamentablemente, el citado estudioso no realiza nuestra distinción entre un pensamiento que antepone lo secular y otro que, al hacer esto, suprime lo extrasecular. Tirosh-Samuelson (2012, *Ibíd.*) defiende, en consecuencia, que «los estudios de ciencia y religión [lo que en España llamaríamos «Ciencias de las Religiones»] son el contexto más apropiado para explorar el significado cultural del transhumanismo», precisamente porque, como hemos visto en el capítulo precedente, no estamos ante una narrativa científica neutral sino retóricamente persuasiva e incluso provocativa; repleta de elementos, prácticas y símbolos que se hallan en las religiones tanto tradicionales como de nueva instauración.

En esta guisa, se me antoja acertadísimo que se considere al transhumanismo parcial, en contraste con el integral, como una «religión sin revelación» (Tirosh-Samuelson 2012, p. 719). El transhumanismo integral, si bien no depende unilateralmente de la fe en tanto que confesión del Dios revelado, sí que se ve mucho más enriquecida y potenciada con esta eventualidad, o, en su defecto, afianzada en la apertura a su encuentro interpersonal pleno. En esta religión desprovista de todo horizonte trascendente, y de la revelación concreta del Misterio, fue un precedente directo Julian Huxley, creador del término «transhumanismo». Como apunta el experto que he citado, este otro eugenesista británico, «mientras se oponía a las explicaciones sobrenaturales, apreció profundamente el misterio de la existencia y no tuvo reparos en usar conceptos éticos y religiosos como 'destino' o 'lo sagrado' para articular su visión de la sociedad» (Tirosh-Samuelson 2012, p. 720). Algo así quieren imitar los transhumanistas parciales, al disponer de expresiones y usos muy parecidos a aquellos que se entretejen en las religiones.

Pero todavía falta indicar algo de suma relevancia. Otro rasgo de esta creencia ultrasecular transhumanista es el de erigirse a sí misma, desprovista de fundaciones divinas o intervenciones milagrosas, como una *functioning religion*; es decir, una religión que funciona, especialmente según la razón instrumental, en aras del mejoramiento y el aumento de las capacidades biológicas humanas. ¿Qué distinguiría, pues, a esta religión tan instrumentalizadora de los mismos instrumentos, que pueden ser provistos por las distintas antropotecnias? Las religiones tradicionales, como la cristiana, situaban en un lugar privilegiado la virtud de la religión, sin confundirla con el manejo de los objetos sagrados: en el cristianismo medieval de herencia tomista se trataba de una virtud propia que se relacionaba con la piedad, por la cual se ha de prestar obediencia primeramente a Dios, Creador y Sumo Bien; así como, posteriormente, a los padres que nos transmiten la vida y a la patria que vela por nuestro bien común. Ser religioso era visto como una virtud obediencial y no, como se observa en el transhumanismo parcial, en cuanto indistinción con un instrumental creado *ex novo* que se usa para conseguir objetivos materiales a voluntad y, en gran medida, utópicos.

No ha faltado quien, como el mencionado autor, sitúan al transhumanismo parcial entre los *New Religious Movements*, que se multiplican especialmente en los Estados Unidos y que, queriendo enumerar sus rasgos principales, «se preocupan por satisfacer las necesidades de los miembros individuales, [...] reivindican algún conocimiento esotérico que se ha perdido o reprimido o que se ha descubierto recientemente, [...] ofrecen a sus creyentes algún tipo de experiencia extática o transfiguradora que es más directa que la proporcionada por los modos tradicionales de vida religiosa, [...] no muestran una orientación sistemática hacia una sociedad más amplia y suelen organizarse de forma vaga, [...] y casi siempre se centran en un líder carismático y se enfrentan a la desintegración cuando el líder muere o es desacreditado» (Tirosh-Samuelson 2012, p. 721). Se podría incluso añadir a este listado, el *rasgo escatológico*, al asociar al transhumanismo con los nuevos movimientos religiosos. Como bien afirma Gregory Jordan (2006, p. 61), el transhumanismo, aunque sus miembros son mayoritariamente no-practicantes o ateos, «implica la posibilidad de [que lleguemos a ser] seres 'divinos' [...] que sean 'sobrenaturales' en el sentido de alcanzar los máximos poderes imaginablemente posibles en la naturaleza; mucho más allá de lo que los humanos son capaces actualmente».

Es pasmosa la coincidencia de los atributos de estos movimientos religiosos con una parte (mayoritaria, sin duda) del diverso y plural movimiento transhumanista. En efecto, se trata de un movimiento inventado y elegido a la carta por el hombre de la sociedad liberal; promete un tiempo escatológico inmanente al individuo (y quizá más adelante a la humanidad entera) con base en un ignoto saber que todavía no se ha adquirido; ofrece experiencias cada vez más extrañas (como las de un universo puramente virtual) al ser solo biológico lo humano actual; no goza de una teorización ni de un *corpus* doctrinal uniforme; rompe con la tradición humanista y religiosa occidental; y, para más inri, es publicitado y defendido por tecnólogos, filósofos o empresarios, que se expresan como auténticos gurús escatológicos a través de los medios de comunicación y en instituciones públicas o privadas. Básteme mencionar entre ellos a Elon Musk, Ray Kurweil o Max More, por poner solo algunos ejemplos de personajes mediáticos. Todas estas cosas pueden hacer pensar al lector que el transhumanismo tiene más sintonía con la religión que con lo propio de las diferentes ciencias, técnicas y tecnologías que se aplican al biomejoramiento humano.

Pero la cosa no acaba aquí. Pienso, siguiendo a Mario Bunge, que el transhumanismo parcial podría asemejarse a una nueva pseudociencia. En *Seudociencia e ideología*, el epistemólogo definía a la primera como «una disciplina (o indisciplina) que se hace pasar por ciencia (o por tecnología), sin serlo» (Bunge 1985, p. 68). Como apunté en anteriores publicaciones mías (cf. Mejía Fernández 2019), comentando a Bunge, este señalaba literalmente unos rasgos característicos de las pseudociencias que cabe tener presentes: la pseudociencia (1) no admite ignorancia o necesidad de investigar más, (2) no juzga la dificultad de su campo y las propias lagunas, (3) no acoge nuevas ideas ni nuevos métodos, (4) le es optativo proponer y ensayar nuevas hipótesis, así como apoyarse sobre la lógica o la matemática, (5) no busca excepciones, (6) no inventa o aplica métodos de prueba objetivos, (7) minimiza los errores de observación, (8) no favorece vínculos estrechos con otros campos del saber, (9) no admite la falibilidad de sus ideas y métodos, (10) rehúsa resolver problemas por vía experimental o matemática, (11) se basa en el argumento *ad baculum*, (12) suprime o manipula los datos que no se casan con sus investigaciones, (13) no actualiza su información, (14) no solicita críticas a otros investigadores, (14) escribe informes demasiado divulgativos y (15) no se somete a un aprendizaje arduo y de larga duración. Sobre todo en lo concerniente a los puntos 2, 4, 7, 8, 9, 11, 12, 13 y 14, pienso que existen ciertas similitudes con el transhumanismo parcial, especialmente al no asumir la falibilidad y provisionalidad de sus más ambiciosas propuestas.

Pero cabe volver al tema de la fe que encabeza este capítulo. Si, hablando en propiedad, el transhumanismo parcial no es una religión tradicional, sería más bien una *pseudoreligión* movida no obstante por la creencia ultrasecular y el tecnoutopismo más fanáticos. La pseudoreligión de los parcialistas ya no es una virtud, como en los pensadores del Medievo, sino el instrumento de muchos instrumentos, es decir, el fruto más preciado de la razón instrumental, por medio del cual se conseguirá más y mejor instrumental a fin de aumentar las capacidades humanas; sacando el mayor provecho de la Inteligencia Artificial, la nanotecnología, la farmacología, la bioingeniería o la biomedicina; entre muchas otras disciplinas de nueva planta. Contrariamente a esto, Raphael Sieneux (2001, p. 149), en su *Compendio de la Suma Teológica de Santo Tomás de Aquino*, definía los rasgos más identificativos, según el Doctor Angélico, de la virtud de la religión:

> [...] la virtud de religión, [es] la primera de las virtudes morales [...] porque [...] se entrega uno más a Dios [...] cumpliendo tan solo un acto, [...] se entrega la potencia misma impidiéndose uno el emplearla en otra cosa: se da el árbol y no solamente los frutos; [...] porque se fija uno inmutablemente en el bien, y la firmeza de la voluntad es lo que hace la perfección de la virtud [...].

Nada encontramos en los transhumanistas parciales de esta virtud de no centrarse solo en uno mismo, en la cual Dios se contempla, se ama y se obedece por sí mismo y no por otras cosas. Hay, pues, en este enfoque, mayoritariamente receloso de las religiones históricas, una omisión y una voluntad explícita de dejar fuera lo divino en su cualidad trascendente personal y de someterse, eso sí, a sus formas sucedáneas. Por esto, cobran sentido las palabras de James Hughes (2007), uno de los adalides de esta perspectiva, cuando estipulaba que «los transhumanistas se ven a sí mismos como parte de la tradición humanista de la Ilustración, muchos son ateos, otros sienten que no se puede ser transhumanista teísta». La raíz ilustrada de este movimiento es innegable, si bien su ruptura para con ella es aún más ostensible: muchos ilustrados como Kant, que ejercieron su vocación filosófica más bien como *fiduciales seculares* que como ultrasecularistas, hablaron de Dios como idea reguladora y necesaria de la razón; privilegiando la filosofía trascendental a la misma ciencia. En este y en otros ilustrados, se *incluía* la creencia religiosa como parte de la vida moral de los hombres libres y racionales.

En contraste con esto, en los transhumanistas parciales pareciera que existe una Ilustración trasnochada y enemistada consigo misma; cansada de la condición humana y creyente acérrima en la divinización del progreso tecnológico. El cansancio de lo humano, defienden, nos conducirá a superarlo completamente mediante medios (por ahora) humanos. Quieren, por tanto, remodelar el humanismo excluyente hasta ambicionar el vencimiento de cualquier rémora del humanismo, por religioso o antirreligioso que haya sido. La clave estará, por tanto, en dejar de ser humanos; tal y como es nuestra especie ahora, así como en ir abandonando el presente (aunque lo necesitamos, por el momento) para enrolarnos en la fabricación de ese otro ser ideal del futuro; del cual hasta ahora no tenemos nada. ¿No hay, por ende, en este aferrarse a la nada de lo prometido, pero todavía no cumplido, el peligro de la *Entfremdung*, esto es, de la *alienación* en un sentido, no tanto hegeliano, sino feuerbachiano o marxista, de este concepto?

INVERTIR LA FE ULTRASECULARISTA

«El opio para el pueblo humeaba siempre, al final toda la fe poseía su sabor», constataba el marxista Ernst Bloch (2019, p. 75), a propósito del seductor fantasear ultrasecularista, que pervierte y arruina la realización de los proyectos intramundanos; especialmente cuando la ciencia y el progreso real, que requieren ser labrados día a día, se desfiguran en una ideología que escinde la conciencia del investigador o del adepto hacia lo *posible* en el futuro (que ni siquiera es *factible*); alienándole muy lejos de sí y de su entorno sociopolítico y natural. Si en el Antiguo Régimen, «se trataba de someter a los siervos, luego [con la modernidad capitalista] a los esclavos a sueldo; a la opresión nunca fracasada le vino en su auxilio el aturdimiento» (Bloch 2019, *Ibíd.*).

En su extremada futurización, este transhumanismo puede incurrir en «la ilusión no percibida perspicazmente», según la cual el tecnocientífico convertido en gurú, según la ironía blochiana, acaba obviando su metodología circunscrita a los fenómenos empíricos y se convierte en un sacerdote que pontifica sobre un más allá no conseguido, como «todos los sacerdotes anteriores, empezando por los druidas, [que] poseían ya la sabiduría de Voltaire, y que eran tan ilustrados como los ateos del siglo XVIII» (Bloch 2019, p. 76). Una cosa (muy legítima, por cierto) es criticar las lagunas alienantes de la práctica religiosa y otra, muy distinta, consiste en proponer en su relevo una nueva creencia; que es tanto o más fantasiosa. Esta crítica, que también correspondería para un marxismo que terminó dogmatizando su ciencia real, puede ser válida para el optimismo tecnoutopista y ultrasecularista de la mayoría de los transhumanistas:

> En la religión el hombre se escinde consigo mismo, se sitúa como individuo limitado, luego como individuo ilimitado, divinizado, presentándose de forma alienada como un yo frente a sí, como Dios. Y ambas cosas, tanto la escisión como la alienación hipostasiada en el más allá, deben ser suprimidas. (Bloch 2019, *Ibíd.*)

La conciencia del transhumanista parcial se puede escindir de su finitud, al objetivar idealmente la alteridad transhumana (o posthumana) prototípica; pudiéndose también alienar, en el caso de que permanezca obnubilada por su idealidad y desestime finalmente lo real. ¿Podría aplicarse a los parciales la afirmación, de inspiración feuerbachiana e incidente en Marx, de que «fuera del hombre y de la naturaleza no existe nada, y [que] los seres superiores que creó nuestra fantasía son solo el reflejo fantástico de nuestra propia esencia» (Bloch 2019, *Ibíd.*)? El hombre solo se corrige a sí mismo desde el hombre y no desde un prototipo transhumano o posthumano idealizados futurísticamente. Cabe rotundizar que «incluso la más manida vulgaridad materialista tiene siempre sus posibles implicaciones en el punto de la religión, contra la autoenajenación, vía Marx con Feuerbach» (Bloch 2019, *Ibíd.*). El transhumanismo integral, por el contrario, se me antoja más pro-material (sin ser materialista) que el parcial, puesto que entiende el *enhancement* como operable desde la misma realidad de la naturaleza humana: de abajo arriba, y no a la inversa.

Como remarcaba Bloch (2019, p. 77), lo que separó al marxismo de la religión burguesa no fue obviamente convertir su ciencia en la nueva religión que otorgaba una creencia totalmente cierta en la transformación social por lo económico, sino que este criticase sagazmente «la opinión de que los deseos pueden ser cumplidos desde arriba [, lo cual] hace del hombre un suplicante». El enfoque parcial, cuya creencia nos saca del estado actual de la naturaleza humana y de los avances factibles de las tecnociencias, hace del ser humano más un suplicante, en una ruptura drástica para con su ser, que un creador de más perfectas formas de humanidad: todo sucede de arriba abajo porque, en su creencia ultrasecular, se pronostica una irrupción inminente, no justificada racionalmente del todo, del progreso tecnocientífico transhumano y más adelante del posthumano. En cambio, el transhumanismo integral, sin ser materialista en sentido reduccionista, como se verá en la segunda parte de este volumen, reconoce «al materialismo desde siempre [en su] papel humano liberador: ofrece una actitud erguida frente a la presión de arriba abajo»; incluso proporcionando una suerte de «sabiduría (el *sapere aude*, atrévete a hacer uso de tu inteligencia) frente al destino impenetrable, reverenciado» (Bloch 2019, *Ibíd.*).

Por su lado, el enfoque parcial aplica una lógica de la dominación que, aunque parezca que proceda de abajo arriba (de lo más imperfecto físicamente a lo más perfecto), realmente lo hace a la inversa: es desde las alturas de la idealización y futurización tecnocientíficas desde donde reclama la adhesión incondicional y la espera *sine die* del hombre real. En aras de invertir la lógica descendente de la dominación (de la supremacía tecnocientífica que se impone a la bajeza del cuerpo humano, toda vez que necesita nutrirse de él), cabe invertir las cosas. Hay cabida, en este nuevo enfoque, para «la crítica a la religión sin insolencia» y no, como en el transhumanismo parcial, para la crítica a lo peor de la práctica religiosa mediante lo peor de la práctica religiosa (Bloch 2019, *Ibíd.*).

Semejante perspectiva es más semejante a lo que Marx hubiese deseado y no lo hecho por el marxismo vulgar, puesto que es propia de la «actitud erguida y voluntad de conocer [que] configuran el tono de la gran crítica de la religión»: en el transhumanismo mayoritario, tiene más relevancia, a diferencia del punto de vista integral, la preferencia «de atisbar nueva tierra y no remiendos» (Bloch 2019, *Ibíd.*). Así y junto a Bloch, pienso que interpretar este transhumanismo aturdidor, de una forma más congruente con nuestra naturaleza, nos pide contextualizar adecuadamente el opiáceo eslogan de Marx; tal cual aparece en un texto más largo y más esclarecedor de su *Introducción a la crítica de la filosofía del derecho de Hegel*:

> La religión es la realización fantástica de la esencia humana, pues la esencia humana no posee ninguna verdadera realidad [...] La miseria religiosa es a la vez la expresión de la miseria real y la protesta contra la miseria real. La religión es el gemido de la creatura oprimida, el ánimo de un mundo sin corazón, pues es el espíritu de situaciones sin espíritu. Es el opio del pueblo. La supresión de la religión como la felicidad ilusoria del pueblo significa la exigencia de su felicidad real [...] La crítica ha arrebatado las flores imaginarias de las cadenas, no para que el hombre arrastre cadenas carentes de fantasía y de consuelo, sino para que el hombre arroje sus cadenas y brote la flor viva [...] La crítica de la religión culmina con la doctrina de que el hombre es el supremo ser para el hombre; es decir, con el imperativo categórico de acabar con todas las relaciones en las que el hombre se encuentra como un ser rebajado, esclavizado, abandonado, despreciable. (Bloch 2019, p. 78)

El transhumanismo parcial, que niega toda naturaleza humana en términos esenciales, incurre en este tipo de *realizaciones fantásticas*. Su fe ultrasecularista es más una *protesta* que una realidad y se nutre del *vacío* (de la nada, he dicho anteriormente) desde donde arranca (el hombre no es nada) y hacia dónde va (el no-hombre perfecto). En vez de la *felicidad ilusoria* cabe estimar una *felicidad real*, en la cual el transhumanismo vuelva a sus orígenes humanistas inclusivos para mirar y avanzar con tenacidad hacia un futuro del hombre más plenificado. No puede haber un transhumano factible si se ignora, y no se ha vivido con pasión y profundidad, la encarnación humana. Por su parte y descartando la necesidad del posthumano (que supondría la absorción de las tecnociencias de toda nuestra vida), el transhumanismo integral germina del humanismo incluyente, puesto que la trascendencia, digámoslo alto y claro, «no es una expresión del odio hacia el mundo ni una evasión del florecimiento demasiado humano» (Gordon 2008, *Ibíd.*). Es justamente todo lo contrario.

Los integrales pretenden enraizarse en el mundo bajo el horizonte siempre abierto de sentido y plenitud, transformando este mundo desde la propia encarnación, al incardinarse históricamente en el humanismo de la tradición filosófica y teológica que ha incorporado y naturalizado (sin reducirla, ni confundirla) la trascendentalidad. Este humanismo no-antropomorfizado ha sido sobre todo aquel que reconoce, explora e intenta responder al problema y a la oportunidad tanto de la finitud como de la apertura auténticamente humanas a la auténtica trascendencia. Solo un humanismo que se resiente con sus orígenes puede hacer lo contrario: una deriva excluyente que, al suprimir de sí lo que hace al hombre más propiamente humano, no merece ser llamado humanismo. Charles Taylor (2007, p. 638) se preguntaba sobre la relación de esto último con el antihumanismo:

> Ahora bien, ¿quién puede entender mejor la vida que todos llevamos? Visto desde este ángulo, la existencia misma del antihumanismo moderno parece ir en contra del humanismo excluyente. Si la visión trascendental es correcta, entonces los seres humanos tienen una tendencia ineludible a responder a algo que está más allá de la vida. Negar esto es ahogarse.

Me parecen abrumadoras las anteriores afirmaciones. La trascendencia del transhumanismo parcial es una falsa trascendencia, la cual ni tan siquiera llega a ser efímera. Es inexistente. No ha llegado, ni parece llegar todavía. Es el culto del hombre a sí mismo, en la que medida en que sea capaz de hacerse desaparecer, en su condición actual, por medio de una futuras antropotecnias que harán nacer a nuevos seres materialmente inmaculados. La eugenesia antihumanista puede llegar a ser muy peligrosa. No en vano se puede afirmar que este tipo tan desafortunado de transhumanismo consiste en un antihumanismo en toda regla; un antihumanismo profundamente pseudoreligioso y alienadoramente creyente, dado que, si bien es obvio que no goza de la fe teologal, agrava la moderna fe secularista: echar raíces en el mundo no cuenta tanto como creer a ultranza, no en este mundo ni mucho menos en una naturaleza en sí misma, sino en una pequeña porción de este mundo (el cuerpo biológico) como *materia prima* de la redención y la salvación del todo.

La cuestionable fe del transhumanista parcial, la cual se acrecienta de manera extrema en el delirio posthumanista, es una de las formas más obstinadas y ciegas de fe ultrasecularista. Por el contrario, la fe que intenta vivir el transhumanista integral es una fe secular, que intenta no caer en la falacia de confundir el todo con las partes, ni tampoco incurrir en la *petitio principii* del monismo materialista. La fe secular (siempre usando el término «fe» de forma metafórica fuera del don divino) consiste en la postura de quienes, por saberse materia y biológicamente condicionados, no desisten en trabajar aquí y ahora por una vida más digna, más saludable y más excelente en conformidad con el progreso tecnocientífico y el ejercicio de la virtud de la excelencia. Es un movimiento operado de abajo arriba, que parte de la más crasa vulnerabilidad y finitud. Y es que solo acercando lo ultrasecular a lo secular, a la persona de carne y hueso, se puede invertir una creencia que apoya la dominación y la tecnocracia, que implica escisión y alienación, por otra que expresa, de manera ostentoria, el desarrollo humano integral.

¿UNA CREENCIA VERDADERAMENTE SECULAR?

Probablemente alguien podría plantear la objeción, proveniente tal vez de mentalidades muy religiosas, de que más bien el transhumanista integral tendría mucho más que ver con la fe secularista que con la fe secular, debido, fundamentalmente, a que al ser humano se le escapa a menudo su contacto consciente con lo divino y no tiene más remedio que anteponer las tecnociencias ante esta distancia insalvable.

Hay gran parte de razón en esto, pero se olvida a menudo que el ser humano, el cual no solo busca salvarse materialmente, necesita, toda vez que disfruta del progreso material, verse realizado; satisfacer plenamente su deseo abisal. Por tanto, el que adopte el enfoque integral, justamente por su insatisfacción existencial, no antepondrá lo que es secundario (pero sin duda importantísimo para vivir) con lo que es primordial: la plenitud, no ya de una parte, sino de la totalidad de su única realidad personal.

Quien no aquieta sus deseos en los bienes de este mundo no los confunde con lo que en verdad busca, no mancilla lo sagrado con los deshechos de la historia. Aunque no dé definitivamente con la materialización de su deseo, se mantendrá, laborioso y atento, en la esperanza de ser agraciado. Pido al lector que preste atención a estos dos últimos adjetivos. *Laborioso*, porque el transhumanismo integral es la reforma de humanismo científicamente y tecnológicamente ilustrado, que defiende la necesidad de investigar y esforzarse al máximo en la diversidad de ciencias y técnicas a favor del bien de la persona (entre las que se encuentran una antropotecnias no-reduccionistas). *Esperanzado*, porque es consciente que esta acción, en tanto que creación de un ser finito y falible, no es sino provisional y revisable con cada nuevo avance; de tal manera que será necesario abrirse, todavía más, a la realidad trascendente que nos sostiene, nos posibilita y nos impele. Pero que no se equivoque el lector: el transhumanismo integral no pretende ser, ni tomar el sitio, de la religión o de una moral autoritarias.

Aunque tiene una creencia o fe secular (que podría gozar gratuitamente del don divino), este otro transhumanismo no busca colmar el deseo ontológico del hombre desde sí mismo sino cooperar proactivamente, respetando la respectiva autonomía, entre las ciencias, las técnicas y las tecnologías humanas, por un lado, y la religión, por el otro. Se trata, sucintamente, de la propuesta de investigar al máximo y ser cada vez más competentes para mejorar al hombre en todas sus facetas; respetando de la libertad individual de querer mejorarse y honestando lo propio e irreemplazable de la religión. Aunque en el enfoque integral se mantiene una creencia secular, en él se abren todas las puertas posibles al don de la fe teologal. De esta manera, la creencia secular del transhumanismo integral se desprende y se fundamenta en la naturaleza material-espiritual de la persona, dispuesta y abierta a recibir el don libérrimo de la revelación divina y del encuentro amoroso. Incluso me puede resultar válida, a favor de mi argumentación, las ideas espirituales de un secularista escéptico y ateo como Robert Solomon (2002, pp. 6-51), siempre y cuando se amplíe su reductiva noción de la vida, a fin de describir la fe secular que mueve al transhumanismo integral.

En ella se han de tener en cuenta «las grandes y sensatas pasiones de la vida» dado que «una vida vivida de acuerdo con estas pasiones» implica, no solo no quedarse en la parcialidad del mecanismo material, para el cual no habría explicación posible fuera de su organización, sino reconocer que vivir es «benigno y [que] la vida [material-espiritual está] llena de sentido». No se tiene con ello que optar, necesariamente, por una dogmatizada nihilización de la vida y el Universo (Mainländer) o, *in extremis*, por un dogmatizado ateísmo del absurdo (Camus). La expresión de Solomon (2002, *Ibíd.*) «el sensato amor de la vida», con la cual titula la obra que estoy citando, define maravillosamente la fe secular del transhumanismo integral: este amor es *de*, *en* y *para* la vida, esto es, de aquella vida encarnada, cualitativamente mayor y más perfecta.

que la de un mecanismo material; de aquella vida relativamente libre y amante que busca el encuentro personal con una vida sin fondo acorde con su desfondamiento existencial. Esta vida no aspira a lo que puede reducirse materialmente, ni despojarse del pesado traje de su cuerpo mortal, sino a aquello que, compartiendo su vida carnal y colmándola, la hace vivir con mayor y mejor calidad. Esto es lo que no aciertan a ver los parcialistas: en realidad, la metodología integral es la que más honesta el proceso abajo-arriba que pedía el marxista Bloch, ya que partimos de la totalidad inacabada de la persona humana.

Aunque una vida carnal tan plena nos parezca ausente (la ausencia del Dios encarnado, de la que se han lamentado tantos filósofos), nada a nuestro alrededor nos podrá quitar la necesidad intensa de ser colmados y amados carnalmente en plenitud a través de (y no contra) nuestra unidad antropológica. Pese a que no encontremos una carne amante similar entre nuestros hermanos de especie, habremos de convivir y lidiar con nuestra necesidad más perentoria, esto es, con el deseo abisal, siempre más hondo, de nuestro ser. A más ausencia de Dios, más confirmación de la realidad irreductible y deseante de plenitud de nuestra carne. Por desgracia, y desde la otra creencia señalada (la ultrasecularista), esto no es debidamente reconocido (de hecho, es negado sin más): se trata de vivir completamente alienados (lo que nos recuerda a la crítica marxista de la religión) a expensas de las regalías tecnocientíficas. Esto ni es fe ni es religión en sentido estricto, lo cual se me antoja mejor como una pseudoreligión, cuya creencia ultrasecularista extremiza técnicamente al humanismo excluyente de la Modernidad con una retórica y una praxis que escinden la conciencia del investigador sí como de los consumidores de los productos transhumanistas; pudiendo, incluso, en el peor de los escenarios, alienarlos del todo.

La trascendencia sucedánea que remarcaba Gordon, al no ser digna de fe, puede arrastrar hacia una consecuente alienación por parte de quienes se postran a un falso proceso emancipador de arriba abajo (disfrazado con el proceder reduccionista de abajo arriba), esto es, desde la supremacía de las tecnociencias y de la nueva casta sacerdotal que rescatan, desde su presunta superioridad, a los bajos plebeyos que todavía pretenden humanizarse. Este es el drama de la fe ultrasecularista que todo lo reduce: queriendo salvar el todo actual por la parte más ínfima del mañana, al final mata el todo de la vida humana actual en la *hybris* negadora de lo esencial y de lo real. Con esta actitud, muchos transhumanistas se aferran religiosamente (no en el sentido de la virtud sino en tanto que desviación de nuestra religación ontológica) a aquella creencia de la que Ortega daba cuenta pocos años después de la proclamación del segundo régimen republicano en nuestro país:

> Vivimos, en efecto, de la ciencia; [esto es] se entiende, de nuestra fe en la ciencia. Y esta fe no es más ni menos fe que otra cualquiera —con lo cual, conste, yo no quiero decir que no sea, tal vez, más justificada y en tal o cual sentido superior a toda otra fe. Lo único que digo es que se trata de una fe, que la ciencia es una fe, una creencia en que se está, como se puede estar en la creencia religiosa. La historia [...] es precisamente la del tránsito que hace el hombre de estar en la creencia de que Dios es la verdad a estar en la creencia de que la verdad es la ciencia, la razón humana; por tanto, del cristianismo [pasamos] al racionalismo humanista [hoy convertido en transhumanismo, especialmente en su edición parcial y reduccionista]. Nos importa, pues, mucho tomar una posición lo suficientemente honda para que podamos discernir no solo lo que una y otra creencia tienen de diferente, sino también lo que tienen de común. (Ortega y Gasset 1964, pp. 81-82)

SEGUNDA PARTE

EL RETO DE UN NUEVO TRANSHUMANISMO

VII. EL TRANSHUMANISMO INTEGRAL: UN ENFOQUE ANTROPOLÓGICO

Como he apuntado en el primer capítulo, la *crisis* del humanismo está servida en nuestros días y negarlo sería un verdadero suicidio intelectual. He escrito allí que esta crisis significa un verdadero *signo de los tiempos*, ante la presencia del cual no puedo quedar impasible como filósofo. Creo que el humanismo occidental no solamente está en una grave coyuntura, sino que *ha* de estarlo, si en verdad ha de tener alguna continuidad en el futuro.

Explicaré esto. En la mayoría de ocasiones el humanismo que se ha popularizado culturalmente y criticado en la literatura filosófica, como se puede leerse en muchos transhumanistas parciales, no es sino aquel que se basa en la reafirmación arbitraria de la superioridad de un ser humano que está desconectado, en mayor o menor medida, de cualquier alteridad; centrándose en sus ideaciones y sus pretensiones, al margen del *milieu* mundanalmente encarnado. Se ha atacado, en términos heideggerianos al humanismo, en cuanto que implica el olvido del ser o, *velis nolis*, una *ontoteologización* del propio ser humano o de sus proyectos intramundanos.

Además, y tan solo resaltando lo éticamente y biológicamente reprobable, este humanismo, al que he llamado ultrasecularista y excluyente, es reprendido justamente cuando se hace sinónimo de arrogancia, de explotación de la naturaleza y de la opresión más atroz e injusta hacia los más vulnerables. Esta suerte de orientación, cuando menos narcisista, ha contribuido justamente a que la ideología parcial del transhumanismo se difunda con gran rapidez y crea que, a causa de la acción más dañina del hombre, están totalmente justificados tanto su existencia como su discurso especialmente retórico. Un caso paradigmático lo podemos leer en las obras del *best seller* Yuval Noah Harari (2015, p. 445), el cual preconiza, sin tapujos, «el fin del *Homo sapiens*». Tanto es así que, para el autor, el hombre puede transitar de ser «un mono insignificante hasta [llegar a ser] el señor del mundo».

Algún incauto, posiblemente cristiano, podría pensar que esta tendencia es algo que nos han traído estos soñadores transhumanistas. Nada está más lejos de la realidad. Gracias a una ponderada crítica al humanismo occidental es posible, no futurizar hasta escindir y alienar a la persona, sino pensar desde otro punto de vista una transformación en favor de la naturaleza integral de la persona humana. No solamente Heidegger o Foucault, sino un pensador neotomista como Jacques Maritain (1882-1973), antiguo anarcocomunista converso al catolicismo, se propuso revisar y renovar el humanismo occidental que a él mismo le influyó muy poderosamente en su juventud.

EL TRANSHUMANISMO INTEGRAL: UNA REFORMA DEL HUMANISMO TECNOLÓGICAMENTE ILUSTRADA

El humanismo, extendido de manera exclusivista, debe ser reformado. De eso no tengo la menor duda. Antes de entrar en Maritain, quiero dejar claro que considero al transhumanismo integral como el enfoque reformador de un humanismo tecnológicamente ilustrado y no, como se comprueba en los parcialistas, un humanismo substituido por una fanática creencia, que he denominado «fe ultrasecularista», que espera absolutamente todo de las tecnologías aplicadas a la mejora del hombre; separando a estas mismas de la naturaleza humana (u oponiéndolas a ella) y, por si fuera poco, únicamente valorando la técnica que se implica en ellas en su deformación eugenésica o molokiana. En este «humanismo tecnológico» (cf. Bertolaso y Marcos 2024), el hombre no es ni tiene *techné* para jugar a ser quién no es, esto es, para manipular a voluntad la naturaleza y hacerse, no *imago Dei*, sino *imago hominis* (de la imagen más autoproyectante del hombre) en el sentido más substitutorio de su principio y fundamento. Por ello, es mi propósito volver a la pluralidad semántica de la *techné* de los clásicos:

> En la Antigüedad griega, la noción de *techné* tenía el significado de hacer existir algo que no se encuentra en la naturaleza y cuyo principio reside en el ser humano. Se asocia a un conjunto de reglas utilizadas en el momento favorable, el *kairos* (καιρός), y que tienen como objetivo producir un efecto preciso, incluso si el resultado no toma la forma de un objeto material y duradero. *Techné* abraza así lo que llamamos «profesión», «ciencia», «saber hacer», «arte» o «técnica». Estos significados son comunes a la *ars* de los latinos, a los que la *techné* también ha contribuido en gran medida a enriquecer a nivel semántico. En la Antigüedad, todas estas nociones que la tradición aristotélica buscaba distinguir están estrechamente vinculadas, a diferencia de nuestros conceptos modernos, y corresponden a contextos culturales e históricos diferentes a los actuales. Lo que nos interesa aquí es comprender las raíces de la *techné* [...]. (Warin 2021, p. 45)

En los griegos la *techné* no pierde la continuidad para con el hombre. Para entender por qué se ha considerado a la *techné* de manera tan extrincesista y utilitarista en la Modernidad, es necesario revisar el humanismo que nos antecede y del cual han florecido las mismas variedades transhumanistas de hoy. Y es que cuando hablo de «humanismo integral» no me estoy refiriendo a un enfoque que nada tiene que ver con nuestra historia de reflexión sobre el hombre. Ya María Zambrano (1988) tenía razón de que el ocaso de Europa, y de Occidente si llevo su crítica a un plano mayor, se debía al enfrentamiento entre los *nostálgicos*, que añoran una era pasada y más pura (claramente pretecnológica) del hombre, y los *resentidos*, los cuales tienen el complejo prometeico de romper con cualquier imposición natural o histórica y convertirse en los señores absolutos de su destino mediante el uso de la técnica como herramienta de empoderamiento. Por mi parte, pienso que el humanismo integral a la vez actualiza y critica el «humanismo integral», según la célebre denominación de una de las más reconocidas obras de Maritain (1966). La crítica maritainiana, aún con sus lagunas virtuales y su desinterés por la técnica, me parece muy atrayente y válida; dado que, en su caso, revisa en profundidad el humanismo que había triunfado en la Europa que le vio nacer y al que se afiliaba un gran parte del ateísmo francés.

Es antológica la afirmación de Maritain (1966, p. 28), según la cual «la desdicha del humanismo clásico es el haber sido antropocéntrico». En analogía para con el transhumanismo parcial, un humanismo que aprisiona al hombre en sí mismo y le da carta de ciudadanía para adoptar una imagen desmesurada (o también infravalorada) de sí mismo, es a lo que el transhumanismo integral se dirige e intenta repensar a la luz del progreso tecnocientífico. Ya afirmaban los escolásticos que la criatura humana no se debía tomar por *más* de lo que es, al confundir las cosas creadas con el Creador, ni tampoco por *menos* de su naturaleza; debiendo tratarse y experimentarse a sí misma en verdad, justicia y caridad. Este humanismo antropocéntrico adopta, en palabras de Maritain (1966, p. 30), «una concepción naturalista del hombre» (hemos insinuado en la primera parte que este naturalismo, en tanto que reconocimiento de la naturaleza integral del hombre; no nos molesta, sino solamente su descarrío reduccionista) que no se realiza «bajo el signo de la unidad, sino bajo el signo de la división»; quebrando de ese modo la unidad antropológica de la persona humana.

El transhumanismo integral se propone concluyentemente resaltar esta unidad. Así pues, lo que se busca evitar, a toda costa, es esa «experiencia de dolor y de catástrofe» de unos lejanos, pero resucitados, discursos humanistas que «han ido a parar al infierno interior del hombre, [convertido en] víctima de sí mismo» (Maritain 1966, *Ibíd.*). El transhumanismo más extendido se escora en dividir a la persona racional, volitiva y afectiva, haciendo de la misma, por si fuera poco, un poderoso demiurgo que, con el empleo de la técnica, fabrica y recrea todo cuanto le apetece o le conviene. En esta tesitura, el hombre acaba siendo no ya el victimario sino la víctima de su propia *hybris* tecnocientífica. Por esto, Maritain pensaba, aunque lamentablemente sin realizar una filosofía de la técnica, que la mejor alternativa a este autoaprisionamiento del ser humano era un *humanismo teocéntrico*; el cual, al encontrarse a sí mismo en el horizonte la trascendencia auténtica de Dios, no cayese en la arbitrariedad y el despotismo que ha se ha comprobado cada vez que el hombre pierde el control de sus actos.

Puesto que he afirmado que no es estrictamente necesario convertir el transhumanismo integral en una edición teísta abstracta (capítulo I) ni en una nueva religión (capítulo VI), lo que sí quiero subrayar, en este enfoque interpretativamente antropológico, es la importancia, al menos, de la «humildad óntica» (Torralba 2022, p. 509) de no sabernos los señores absolutos de nuestro ser, de los otros y del medio ambiente; así como la apertura natural del hombre a ser mucho más que sí mismo, en su carencial condición presente, ante el evento de un encuentro personal y encarnado en plenitud. Ser hombre significa querer ser más que hombres, por lo cual los propósitos transhumanistas *in genere* no están del todo equivocados. De lo que se trata, tal y como Maritain (1966, p. 68) indicaba en el marxismo de su tiempo, es de «hallar una salida para aquella desesperación y descomposición de la persona humana a la que la dialéctica del humanismo antropocéntrico conduce».

El bolchevismo no significaba para Maritain sino un humanismo que asumía, de manera totalmente intramundana y ultrasecularista, la metafísica, la moral y la religión tradicionales de la clase dominante que quería deponer y destruir. Nunca llegó a superar, ni en la teoría ni en la praxis, a sus adversarios de clase. ¿No estamos observando algo muy semejante en las ideas y en los programas más tecnoutopistas y optimistas del transhumanismo parcial? Como en los peores desmanes de la revolución bolchevique, la ideología y el proyecto parcial del transhumanismo serían «tributario del humanismo burgués en su más aberrante e inhumana metafísica, [puesto que] lleva en sí el ateísmo, el inmanentismo y el antropocentrismo, a su más alto grado de exasperación» (Maritain 1966, *Ibíd.*). Me parece muy sugerente esto: no se critica el ateísmo en tanto que opción posible y existente en el hombre moderno (lo cual es un fenómeno constatable) sino, antes bien, aquel pensamiento de la exclusión infructuosa, que implica que el hombre se convierta en un dios menor con ademanes de déspota. Al filósofo galo el humanismo bolchevique de su tiempo (como me ocurre a mí hacia el transhumanismo mayoritario) le resultaba un indigesto refrito, que no contaba con el aderezo de la trascendencia auténtica y de la responsabilidad moral, las cuales el converso francés halló en la metafísica cristiana. Me resultan pasmosos los paralelismos entre la crítica de Maritain de este humanismo antropocéntrico y el transhumanismo parcial:

> Privado de las bases metafísicas indispensables, su esfuerzo para restaurar el ser humano en la alegría del trabajo y en la alegría de vivir, ya no puede, desde entonces (considerado en la lógica y en el espíritu propios del sistema), conducir sino a resultados aún más descorazonadores que los del humanismo clásico. Se propone un fin bueno, cuando quiere elevar el conjunto de los hombres a una vida auténticamente social y política [más bien materialmente más aumentada, en los transhumanistas parciales]; pero falla este mismo fin en cuanto no se quiere comprender que la vida [...] de la comunidad terrenal es sin duda alta y difícil, pero ordenada a algo mejor; y que responde ciertamente a aspiraciones primeras de la persona humana, de la persona como persona, mas no a las más elevadas ni a las más radicales, que postulan el paso a comuniones superiores. (Maritain 1966, *Ibíd.*)

El transhumanismo parcial tiene, sin duda, en sus miras un *fin bueno*, cuando quiere darle al hombre aquello que su desprovista condición no le permite disfrutar: la plenitud de trascenderse a sí mismo y de vivir resolutivamente en un estado superior. Sin embargo, más que *restaurar* la naturaleza o, mejor, la condición más cumplida del hombre (lo cual sería propio de una finalidad terapéutica y consecuente con la *techné*), de lo que se trata es de *romper* con su vida encarnada de la manera más tajante. Si este transhumanismo mantuviese esta finalidad restaurativa, reconciliadora y elevante en el sentido no de unas cuantas y más urgentes necesidades de la persona, sino también de las más profundas, podría transformar verdaderamente a la persona humana.

El monismo, el mecanicismo, el dualismo epifenomenista, el determinismo y el ultrasecularismo materialista ofuscan y enturbian la perspectiva transhumanista, impidiéndole distinguir adecuadamente que nuestra vida está «ordenada a algo mejor» y no solo a las «aspiraciones primeras de la persona» (Maritain 1966, *Ibíd*). El transhumanismo parcial, aun sin darse suficiente cuenta de ello, busca aumentar las capacidades y los deseos más básicos de la persona, entendiendo su mejora desde la órbita meramente cuantitativa y no trascendentalmente cualitativa en conformidad con la unidad personal del hombre. Por eso, mi propuesta se abre a las capacidades y aspiraciones «más elevadas» y «más radicales que postulan el paso a comuniones superiores» (Maritain 1966, *Ibíd*). ¿Por qué dejar de lado el deseo abisal del que hablaba el místico abulense? ¿Por qué excluir esto, creyendo que las tecnociencias nos colman por sí solas? ¿Nos basta, fuera de los dioses o alteridades carnales que nos complementen o nos plenifiquen, con tener un cuerpo inmune a las enfermedades, al dolor físico y a la muerte, para ser felices y sentirnos autorrealizados? Aunque la salud corporal es indispensable, esta *exclusión ateocrática* ya la entreveía Maritain entre los humanistas de su tiempo, muy particularmente en el ultrasecularismo inmanentista sobre el que he argumentado anteriormente:

> Aparecido en los tiempos modernos, a partir del Renacimiento, [este ultrasecularismo, como lo he llamado en otro lado] consiste [en el] error [de] ver en el mundo y en la ciudad terrena, pura y simplemente, el reino del hombre y de la pura naturaleza, sin relación alguna con lo sagrado, ni con un destino sobrenatural, ni con Dios, ni con el diablo. Es lo que puede llamarse humanismo separado o antropocéntrico, y aun liberalismo (entendida esta palabra en el sentido que tiene en el vocabulario teológico, [cuando] designa la doctrina según la cual la libertad humana no tiene otra regla o medida que ella misma). La historia del mundo se dirige desde entonces hacia un reino de la pura humanidad [hoy de la pura transhumanidad o posthumanidad a merced de las nuevas tecnologías aplicadas al hombre] que es, como fácilmente se ve en Augusto Comte, una laicización del reino de Dios. Error condenado por la frase evangélica: «no solo de pan vive el hombre, sino de toda palabra que sale de la boca de Dios». (Maritain 1966, p. 87)

¿Hay que negar, por tanto, cualquier rasgo antropocéntrico? ¿Es esta la solución, tal y como demanda Maritain? ¿Se ha de buscar fuera de nuestra humanidad lo que no tenemos? Debo afirmar que no estoy nada convencido de ello. Si he de ser consecuente con un enfoque integral, no puedo negar que este es antropocéntrico y, de hecho, lo ha de ser; si quiere divisar una mínima mejora en el hombre. Lo ha de ser, aunque críticamente, en la medida en que sea posible serlo sin excluir ni menoscabar la alteridad trascendente. Pese a mi gusto personal por mucha de su filosofía, lo que escribiré a continuación me separará bastante del neotomista galo. Por sorprendente que parezca, hay algo que tienen en común tanto el católico Maritain como los transhumanistas parciales y ateos. Ambos, aun manifestando los puntos válidos del humanismo occidental, privan de legitimidad al antropocentrismo.

Por un lado, Maritain saca al hombre de su auto-aprisionamiento para ponerlo en Dios y, por el otro lado, los parcialistas hacen algo parecido; aunque remitiéndole al ejercicio de la libertad morfológica y a los avances tecnocientíficos que podrían biomejorarlo definitivamente. El primero, pues, se reafirma en su teísmo y el segundo en su ateísmo, en tanto que argumentaciones *ex-táticas* de la vida experimentada carnalmente por la persona humana. No es suficiente con afirmar que el hombre ha de salir de sí para afianzarse en otro ser o en otro lugar, puesto que esto mismo es lo que afirman los transhumanistas parciales en un procedimiento que, como se ha podido advertir en el capítulo precedente, escinde y aliena a la persona humana. Este *ex-tatismo*, que acerca a Maritain y a los transhumanistas más escindidores, aunque de una forma difícil de analogar, se desprende de una reflexión no fenomenológica ni plenamente antropológica: desde nuestra experiencia encarnadamente vivida es imposible no centrarse en el hombre.

Sin embargo, nos podemos centrar en nuestra vida experimentada, sin tener que enquistarnos en ella. Y es que, desde la antropología, la persona cuenta con unos rasgos de perfección que, sin ser puramente autorreferenciales, nos abren y nos remiten, *en* nuestra misma encarnación, *más allá* de nuestra carne. Pese a que aprecio el humanismo teocéntrico maritainiano, pienso que, si este se extrapola con sobrada ingenuidad al transhumanismo, podríamos darnos de bruces con las implicaciones nihilistas o alienantes que hemos indicado. Por contra, el *antropocentrismo integral*, mucho menos extático que el de estas dos propuestas contrapuestas, es el de atender y abordar la unidad de la naturaleza humana encarnada en sus múltiples dimensiones, reconociendo lo que posee en su unidad actual, pero también de todo aquello de lo que carece la persona; lo cual, dicho en expresiones maritainianas, se trata de aquello que, solo trascendiéndose a sí misma, esta podría restaurar o perfeccionar.

Con esto quiero evitar algunas posturas tecnofóbicas que, sin ser del todo conscientes del calado de sus propósitos, simetrizan la búsqueda de trascenderse del *homo religiosus* y la de quienes se han enrolado en hacerse transhumanos o esperan quizá, algún día, convertirse en posthumanos. Sostener que el ser humano está orientado a una trascendencia auténtica, a diferencia de la sucedánea, no equivale a sostener con ello que se niegue todo ápice de verdad, bondad y belleza *en* el hombre, ni mucho menos que sobredimensionemos nuestra encarnación personal; olvidándonos de cualquier mejora tecnocientífica, moral o religiosa. Por eso he remachado, desde el comienzo de esta obra, que el transhumanismo integral es un enfoque interpretativamente antropológico: en tanto que nos vivimos en la experiencia de ser personas, podemos descubrir elementos netamente humanos que nos facultan para una mejora más abarcadora tanto de nuestras condiciones más coyunturales como de nuestra naturaleza más profunda.

Dicho más sencillamente, nuestra solución a la futurización escindidora y enajenante del transhumanismo parcial, no puede ser, bajo ningún concepto, escindirla y enajenarla todavía más en una concepción demasiado abstracta y lejana de Dios (en la Encarnación, por contra, no hay enajenación sino *encuentro*). Dios no puede ser el nombre en el que nos refugiemos y con el que nos refiramos a nuestra desidia de ser mejores en una multiplicidad de niveles. Así pues, e incluso prescindiendo de este problemático concepto (pero no de nuestra apertura encarnada a su problemática y a la posibilidad de este encuentro en plenitud), se podría ser transhumanista integral; si es que el adjetivo «integral» ha de poder significar algo. Pero ¿significa alguna cosa este epíteto, cuando menos en los terrenos de la ciencia, la técnica y la tecnología mutuamente implicadas?

EL PARADIGMA DE LA COMPLEJIDAD

¿Qué quiere decir «integral»? ¿Cuáles son las referencias de este concepto, si formulo la pregunta de manera un tanto fregeana? «Integral» quiere decir que la naturaleza personal no se ha de simplificar o cercenar, sino, antes bien, que su *complejidad* material-espiritual ha de ser respetada y atendida en su justo lugar e interrelación. La ciencia, la técnica y la tecnología de nuestros días han cambiado mucho en comparación con un paradigma mecanicista newtoniano, aunque los transhumanistas más parciales quieran ignorarlo o parezca que no saben nada al respecto.

Así pues, desconocer los drásticos cambios de paradigma en estas disciplinas es hacerle un flaco favor, no solamente a la solidez de sus propuestas, sino al ser humano al que se proponen mejorar. Es de todo punto llamativo que algunos transhumanistas no se actualicen a este respecto, siendo tan defensores como son del progreso de las tecnociencias y, no obstante, exhiben una concepción tan desfasada en relación con las revoluciones del último siglo en estas disciplinas. Pese a que los parcialistas, sobre todo los posthumanistas, separan, reducen y banalizan nuestra naturaleza personal, nos encontramos con que parecen desconocer de lleno el nuevo paradigma de la complejidad sistémica:

> El gran *schock* para la ciencia del siglo XX ha sido la constatación de que los sistemas no pueden ser comprendidos por medio del análisis [*descompositivo*, según una metodología de la reducción y de la separación]. Las propiedades de las partes no son propiedades intrínsecas, sino que solo pueden ser comprendidas en el contexto de un conjunto mayor. En consecuencia, la relación entre las partes y el todo ha quedado invertida. En el planteamiento sistémico, las propiedades de las partes solo se pueden comprender desde la organización del conjunto, por lo tanto, el pensamiento sistémico es «contextual», en contrapartida al analítico. Análisis significa aislar algo para estudiarlo y comprenderlo, mientras que el pensamiento sistémico encuadra ese algo dentro del contexto de un todo superior. (Capra 1998, p. 49)

El transhumanismo integral se inserta de pleno en el paradigma de la complejidad, puesto que, como sostenía el teórico del caos Ilya Prigogine (1997, p. 13), «asistimos a la emergencia de una ciencia que no se limita a situaciones simplificadas, idealizadas, [sino que] nos instala frente a la complejidad del mundo real». Hoy por hoy, este cambio de matriz disciplinar en favor, no de lo parcial sino de la totalidad englobante, se está generalizando entre la comunidad científica. Cabe constatar el cambio de paradigma en el que nos encontramos, el cual se distancia de aquello que Edgar Morin denominaba un *pensamiento simplificante*, que se apoyaba en los cuatro pilares de la ciencia moderna: el *orden*, la *separabilidad*, la *reducción* y la *lógica clásica*. En los transhumanistas parciales, estos pilares adquieren un sentido, aunque muy diverso, que se encuentra por doquier en sus discursos y narrativas. Veámoslo.

En cuanto al orden, este no es sino el determinado y rígido que se asemeja en lo posible a lo maquinístico (aun admitiendo que somos organismos vivientes o máquinas autopoiéticas): el hombre es una máquina viviente *sui generis*, analogable y relacionada existencialmente con las máquinas computacionales. Por ende, la separabilidad se nota en muchos aspectos y temas del transhumanismo parcial: privilegiar a las tecnociencias al resto de ciencias y disciplinas sociales y humanas; desgajar al transhumano deseado (o al posthumano, sobre todo) del hombre actual; excluir todo lo religioso; no asumir el sufrimiento y la vulnerabilidad mientras tarda en llegar el antídoto antropotécnico, etc.

En cuanto lo que concierne a la reducción, lo he afirmado varias veces: la persona espiritual (racional, volitiva y amativa) se reduce a sus elementos materiales más ínfimos y a su transacción computacional. No en vano la Inteligencia Artificial, bajo una ideología computacionalista extrema, será clave en la tecnosalvación que se espera (cf. Delio 2003, p. 49). En lo que respecta a la lógica clásica es evidente lo siguiente: el transhumanista parcial, contenido en el monismo materialista tanto nominalmente como epifenoménicamente dualista, defiende más bien una lógica de la identidad puesto que el hombre, el cual se transformará en un transhumano presuntamente más perfecto, será el que, al fin y al cabo, extenderá y complejizará su misma materialidad sin término.

Por el contrario, un enfoque integral trae a colación contra esto algo que tanto la teoría de la relatividad como la revolución de la física cuántica han puesto en cuestión: se han debatido los pilares mencionados, sobre todo el de la separabilidad, habida cuenta que el planteamiento sistémico nos conduce efectivamente a la persona como un sistema orgánico y ecológico complejo que, aun constituyendo múltiples dimensiones, no puede ser abordado legítimamente fuera de su totalidad individual y ambientalmente vivida; la cual puede ser descrita como una totalidad encarnada, que puede experimentar vivencialmente el mundo, experienciándose a sí misma.

No niego que la reducción sea posible (claro que es posible reducir el ser humano a sus componentes físicos más simples), si bien lo que no es de recibo es que la reducción sea la única y verdadera forma de abordar y explorar al *Homo sapiens* para que se trascienda a sí mismo. Si no adoptamos el paradigma de la complejidad, el pensamiento simplificante en tanto que *metodología dominante* (o de la dominación, matizaría yo), como lo piensa Morin, se apoderaría del transhumanismo y lo degradaría a desvirtuar a la persona humana tan solo mejorando su dimensión encarnada; en tanto que esta es entendida reductivamente desde la más crasa elementalidad física. ¿Queremos una inteligencia de la complejidad de la persona o, más bien, una inteligencia que, al simplificar todo, se ciega a sí misma, se autodomina y somete cualquier otra alteridad a lo que no puede ser encarnadamente vivido?

> La inteligencia ciega destruye los conjuntos y las totalidades, aísla todos sus objetos de sus ambientes. No puede concebir el lazo inseparable entre el observador y la cosa observada. Las realidades clave son desintegradas. Pasan entre los hiatos que separan a las disciplinas. [...] las ciencias humanas no necesitan más de la noción de hombre. Y los ciegos pedantes concluyen que la existencia del hombre es solo ilusoria. [...] La metodología dominante produce oscurantismo porque no hay más asociación entre los elementos disjuntos del saber y, por lo tanto, tampoco posibilidad de engranarlos y de reflexionar sobre ellos. (Morin 1999, p. 30)

El transhumanismo parcial no atisba a ver este *lazo inseparable* sobre el que escribe Morin, entre, por un lado, el ser humano que observa y desea vivir de manera plena y, por el otro, ese nuevo ser transhumanizado (o incluso posthumanizado), en cuanto que ineludible producto de las nuevas tecnologías, de las cuales se espera que puedan modificar y recrear, cada vez más, al hombre. Por eso, no acaban de vincular ambas cosas ni de interrelacionar estas disciplinas, sin tratar a la persona humana de una manera más integralmente sistémica tal y como lo hace la unilateralización tecnocientificista. Un transhumanismo así entendido es un transhumanismo del hiato y de la ilusión, puesto que separa, desmiembra y *des-realiza* la unidad antropológica encarnada de la persona humana que se vive experimentándose a sí misma. No nos podemos seguir empecinando en una «inteligencia ciega en la ciencia, inteligencia parcelaria, compartimental, dispersiva que rompe el conjunto, [la cual] es inteligencia miope, présbita, ciega» (Morin 2001, p. 103).

Además, y si se pretende usar acertadamente el adjetivo «integral» para con la persona humana, tampoco se ha de separar su tecnicidad de su misma vida encarnada, aunque, como es natural, sin tecnificar extáticamente absolutamente todos los aspectos y dimensiones de su encarnación. El hombre es naturalmente técnico ya que, como advertía Ortega, la técnica muestra una doble cara: primeramente, vemos que satisface tanto las necesidades naturales de la persona y, además, se observa que contribuye a la materialización de nuestro bienestar y de nuestro deseo abisal de trascendernos imparablemente. Para que se entienda más mi uso de la palabra «integral», me detendré un instante en este capítulo a revisitar el pensamiento complejo y, por tanto, no-reduccionista, del insigne filósofo español.

SAPIENS TECHNICUS Y TECNOFILIA CRÍTICA

En *Meditación sobre la técnica* (1939), leemos que el hombre no es un simple animal: «el animal [nos indica el profesor] es atécnico: se contenta con vivir y con lo objetivamente necesario para el simple existir» (Ortega y Gasset 1964, p. 329).[12] Los transhumanistas estamos todos de acuerdo con esta afirmación, si bien pienso, contrariamente a un bioconservadurismo que idolatra a la naturaleza humana sin distinguirla de los accidentes que perjudican el bienestar de la persona, que no hemos de contemplar a la persona como el ser pasivo que ha de resignarse religiosamente, sin poder hacer nada en contra, a las disfunciones y mutaciones azarosas de su naturaleza. Además de la causa primera, como ya afirmé, las causas segundas son efectivas y mejorables.

Sin embargo, quiero establecer en este capítulo de mi libro, algo que me parece necesario: somos *Sapiens technicus*, de tal suerte que esta expresión no se ha de interpretar como si el hombre se interesase o se sirviese, de tanto en tanto, por la técnica, al tratarse esta de un puro instrumental; de manera semejante a cuando el carpintero toma el martillo para clavar o, en el momento en que este útil no le hace falta, lo guarda en el cajón del taller. El hombre, por el contrario, es hombre porque piensa, quiere y ama, y porque manipula técnicamente la materia en aras de transformarla y transformarse a sí mismo en función de su mayor bienestar material-espiritual; «por eso [el ser humano] es *a nativitate* técnico creador [de lo necesario y también] de lo superfluo». Tanto es así que, para el pensador hispánico, «hombre, técnica y bienestar son, en última instancia, sinónimos» (Ortega y Gasset 1964, *Ibíd.*). En esta guisa, la forma en la que Ortega define a la técnica es plenamente antropológica, pero no en el sentido de la sola satisfacción de nuestras necesidades básicas sino, *stricto sensu*, de nuestra capacidad reformante, suplente y también creativa *en* y *sobre* nuestra propia naturaleza:

> Conste, pues [lo siguiente]: la técnica no es lo que el hombre hace para satisfacer sus necesidades. Esta expresión es equívoca y

[12] Hay humanistas que escriben todavía desde esta paciente animalidad.

valdría también para el repertorio biológico de los actos animales. La técnica es la reforma de la naturaleza, de esa naturaleza que nos hace necesitados y menesterosos, reforma en sentido tal que las necesidades quedan a ser posible anuladas por dejar de ser problema su satisfacción. (Ortega y Gasset 1964, p. 324)

Junto a este carácter reformativo, Ortega fue consciente de que la técnica es la forma de vida humana que puede ayudar a la persona a satisfacer lo que quiere con urgencia ya que «podemos, desde luego, definir [la técnica], como la reforma que el hombre impone a la naturaleza en vista de la satisfacción de sus necesidades», si bien el pensador no interpreta la técnica como una simple extensión de la carnalidad humana en tanto que «imposiciones de la naturaleza al hombre» (el hombre no está obligado a obedecer a la naturaleza en sus constricciones cambiables), sino como auténtico poder con el que se puede rebelar contra sus fallas y taras; especialmente cuando «responde imponiendo a su vez un cambio a la naturaleza» (Ortega y Gasset 1964, *Ibíd.*). La nueva naturaleza reforma la vieja condición defectiva y mortal de los hombres. Es, pues, «la técnica, la reacción enérgica contra la naturaleza o circunstancia que lleva a crear entre esta y el hombre una nueva naturaleza puesta sobre aquélla, una sobrenaturaleza» (Ortega y Gasset 1964, *Ibíd.*).

Esto último, que los transhumanistas parciales (sobre todo los más extremos) usan para concebir peyorativamente al ser humano y modificarlo solo en su materialidad biológica; esta *rebelión* que el hombre sobreañade a sí mismo, pero desde sí mismo, *es netamente natural*. Cuando desnaturalizan la técnica, estos transhumanistas son más aristotélicos y escolásticos de lo que inicialmente quisieran: durante mucho tiempo se concibió la técnica como reservada a una secundaria *productio* y no intrínsecamente ligada a la espiritualidad y creatividad humanas. Deseo subrayar lo dicho en favor del epíteto «integral» de mi enfoque. Sin nuestra naturaleza técnica evolucionada hasta el estado presente, no podría haber tal reforma técnica en nuestra especie ante aquello que nuestra naturaleza no solamente permite, sino que también constriñe, limita o pide satisfacer. Tales rasgos de la técnica (satisfacer y también suplir o reformar al ser humano) son, de cabo a rabo, naturales; de tal suerte que la mejora tecnocientífica que los transhumanistas integrales defienden hace que el adjetivo «integral» pueda hacer justicia a la naturaleza humana.

La tecnicidad es plenamente natural, aunque apunta más allá del estado presente de la naturaleza humana. No cabe duda de que muchas de las actuales tecnociencias sirven para restablecer al hombre (sobre todo desde el ámbito médico), aunque también amplían, suplen o añaden nuevas características a las lagunas genéticas y patológicas de su vida presente (desde el ámbito más bien extra-médico). Ortega no recorta, como los transhumanistas parciales, la naturaleza técnica de la persona: tecnicidad y espiritualidad se necesitan y se suplen recíprocamente. En este filósofo nos podemos dar cuenta, como afirma Isabelle Warin (2021, p. 57) que «en la Antigüedad, la noción de *techhé* es infinitamente más amplia que las nociones modernas a las que ha hecho nacer». De hecho, los parcialistas solo ven la técnica en su funcionalidad sobreañadida (que podría revertir en lo que denomino una *deformación molokiana*), en aquello que solo promisoriamente nos salvará en modo definitivo; de manera que no solo quiebran la unidad antropológica personal (al oponer la técnica contra la propia persona) sino, igualmente, separando la *dualidad satisfaciente y supletoria* de la misma naturaleza técnica de la persona evolucionada.

Este me parece el *quid* de la cuestión para una *tecnofilia crítica*, como apunté en el primer capítulo de este libro. Desde luego, la postura acrítica puede acabar por idolatrar la técnica como si fuera un *alter* con respecto al ser humano y lo subordina a ella (escindiendo su consciencia y enajenándola), sin poner de manifiesto suficientemente que, dentro de dicha dimensión supletoria y sobreañadida en la que se expresa la creatividad humana, además de mucho bien, se podría causar mucho mal. Siempre nos quedaremos cortos en denunciar los peligros tecnocráticos de esta postura. Pero se equivocan los tecnófobos al hacer de toda técnica algo reprobable y yerran ostensiblemente cuando la consideran algo potestativo: la técnica no está en el elenco de nuestras elecciones, sino que más bien nos constituye; de modo que solamente algunos tipos de técnica son nocivos, especialmente aquellos en los que el hombre daña su dignidad, busca mutilarse sin necesidad, autolesionarse o lesionar a los otros y a la casa común.

En Ortega, aunque es un hecho histórico el de la técnica ejercida contra sí misma y contra el hombre (especialmente en la técnica de la guerra o de las armas de destrucción masiva, como diríamos hoy), sería muy poco inteligente por parte del *Sapiens technicus* usar solamente una de las dimensiones de su naturaleza técnica (la supletoria o sobreañadida, y no la que restablece su salud) para actuar a capricho o destruir el planeta, a los otros o a sí mismo. Desde la óptica de una tecnofilia crítica y del nuevo humanismo ilustrado por las nuevas tecnologías que propongo, el uso dañino y antojadizo de la técnica no es la técnica en sí misma en tanto que constituida y constituyente de nuestra naturaleza integral, sino su peor degeneración. Prefiero llamarla degeneración (o, mejor, deformación) molokiana y no tanto prometeica, ya que fue «para reparar el error de su hermano Epitemeo que Prometeo ofreció a los hombres las *technai* [en cuanto que] '*útiles a la vida*' [y] a la libertad» (Warin 2021, p. 45). El titán mantenía todavía algo de antropofilia, de manera que, a diferencia del mito de *Prometeo encadenado*, Molok nos concede la técnica de inmolar la vida en puridad, sobre todo la naciente en toda su frescura, para divinizarnos. Se trata, por tanto, de la peor desviación de la dimensión supletoria de la técnica, presa de una ensoñación autoendiosante, que cosifica e instrumentaliza la vida prometiendo ser como dioses.

Coincido con Ortega en que esta es la peor convalecencia de nuestro tiempo, la cual afecta a los transhumanistas parciales, al abogar abstracta e ingenuamente por la eugenesia y al obviar la urgencia de restablecer a las personas de las diversas enfermedades que afectan a la humanidad, supliendo sus carencias en una vida más digna (y no solo planteando proyectos *trans* o *pos*humanos que aumenten una sola de las dimensiones de la técnica y de la persona: la material). La técnica no se ha de identificar con su deformación molokiana. Como crédulamente puede pensar un tecnófilo ingenuo, no serán las nuevas tecnologías aplicadas a la persona humana las que cambiarán para siempre y en profundidad a la persona humana. Pienso, más bien, lo contrario: es la persona humana la que puede cambiar estas tecnologías en pro de una vida más digna, equilibrada y justa.

Todo depende de la calidad de sus pensamientos, de sus acciones y de sus deseos: la transformación anhelada está a expensas de la calidad humana de la persona. Por tanto y para el transhumanismo integral, el problema no se resuelve, como en muchos humanistas reaccionarios, culpando a las nuevas antropotecnias de todos los males presentes y futuros como excusa para resucitar a un humanismo ignorante y desdeñoso de las mismas y, por ende, anti-antropológico. Este enfoque es radicalmente crítico hacia el humanismo tecnófobo, si bien mantiene que tampoco cabe esperar nuestra salvación plena de estas nuevas disciplinas, sino, y aquí es a donde quiero arribar, cabe educar los pensamientos y los deseos de la persona que ejercitará posteriormente, si lo considera oportuno y necesario, su libertad morfológica: es en el centro espiritual de la persona técnica desde donde puede nacer una tecnología integral que satisfaga, restablezca o innove cuando ello sea estrictamente mejorador.

Para reformar al hombre, según esta actualización tecnológica del humanismo integral, no cabe hablar tanto de aumento cuantitativo humano o instrumental, como de la calidad humana en su acepción más amplia y profunda. No es tanto tecnificando reductivamente a la persona como la haremos más excelente, cuanto humanizando sus creaciones técnicas. Así se podrá contribuir, en el seno de su tecnicidad espiritual, a que se ejercite en la *areté*: ¿por qué no defender unas *tecnologías humanas* (capítulo XI) en la acepción más amplia y profunda de nuestra naturaleza personal abierta a la trascendencia (según un paradigma sistémico y de la complejidad), en vez de adoptar la acepción ideológicamente cercenadora de aquellos transhumanistas que responden a un paradigma de la simplicidad? Respondía el pensador madrileño que «por eso estos años en que vivimos, los más intensamente técnicos que ha habido en la historia humana, son de los más vacíos» (Ortega y Gasset 964, p. 367).

Más y mejor técnica, como ya se comprueba ahora con los avances disponibles sin haber llegado todavía al transhumano o al posthumano, no equivale ni garantiza una mejor calidad de vida en una forma integral. Ortega y Gasset (1964, *Ibíd.*) alertaba también del riesgo nihilista, cuando se hace una técnica sin calidad humana, ya que «ser técnico y solo técnico es poder serlo todo y consecuentemente no ser nada determinado». Es, por lo tanto, necesario acometer una verdadera y auténtica humanización de las nuevas tecnologías, si no queremos que los hombres, en vez de hacer de las máquinas y de sus creaciones técnicas una extensión de la profundidad de su vida personal, suceda lamentablemente lo contrario: que estos acaben, sin haber llegado jamás a saber quiénes son, rebajados a partes y proyectos de un gran engranaje maquinizador.

Lamentablemente, el transhumanismo parcial reduce la persona humana a un sujeto técnico hecho objeto técnico para conseguir más vida y reduciendo a su vez la técnica misma a su deformación molokiana (que degenera su dimensión supletoria) en detrimento de las dimensiones más humanamente restablecedoras, satisfacientes y recreativas. Acababa así el pensador español su *Meditación de la técnica*: «[...] la vida no es solo la lucha con la materia, sino la lucha del hombre con su alma» (Ortega y Gasset 1964, p. 375). En efecto, no habrá ningún biomejoramiento transhumanista en que se plenifique a la persona integral, si los corazones de quienes crean y utilizan las nuevas antropotecnias están depravados y vacíos; si, expulsando la tecnicidad de su espiritualidad, se desprecian a sí mismos y a los otros; si no conocen ni aceptan su vulnerabilidad; si se ontoteologizan persiguiendo el solo éxito y el placer meramente corpóreo-material:

> Acaso la enfermedad básica de nuestro tiempo sea una crisis de los deseos, y por eso toda la fabulosa potencialidad de nuestra técnica parece como si no nos sirviera de nada. Hoy la cosa comienza a hacerse patente, pero ya en 1921 se me ocurría enunciar el grave hecho: «Europa padece una extenuación en su facultad de desear» (*España invertebrada*) [...] Y esa obnubilación del programa vital traerá consigo una detención o retroceso de la técnica que no sabrá bien a quién, a qué servir. Porque esta es la increíble situación a que hemos llegado y que confirma la interpretación aquí sustentada: la finca, es decir, el repertorio con que hoy cuenta el hombre para vivir, no solo es incomparablemente superior al que nunca ha gozado [...], sino que tenemos la clara conciencia de que son superabundantes, y, sin embargo, la desazón es enorme, y es que el hombre actual no sabe qué ser, le falta imaginación para inventar el argumento de su propia vida. (Ortega y Gasset 1964, p. 324)

VIII. UN TRANSHUMANISMO DE LA PERSONA

La columna fundamental en la que se edifica el transhumanismo integral es la persona humana, tanto como concepto, como en su actual y actuante realidad encarnada. Este otro transhumanismo es un transhumanismo *de* la persona, *en* la persona y *para* la persona. Por expresarlo de una forma más contundente: la persona es ineludible en este enfoque, no solo como tema que resulte interesante abordar, sino en su más radical encarnación abierta a la trascendencia. De hecho, como sostenía Paul Ricœur (2006, p. 9) en *Sí mismo como otro*, «el concepto de persona es una noción no menos primitiva que la de cuerpo». Pero, ¿es, en verdad, esto una novedad? ¿No se encuentra ya plagado el movimiento transhumanista de este privilegiar a la persona y, a causa de ello, no ampara únicamente a todas las ciencias o tecnologías en general sino estrictamente a aquellas que sirven al aumento de las capacidades humanas?

Es necesario que el lector se haga esta pregunta para poder comprender, en cierto modo, la novedad a la que aspira el transhumanismo integral. ¿No hago lo mismo que mis colegas parcialistas, cuando buscan la satisfacción de las necesidades materiales, principalmente del cuerpo humano; al invertir todos los recursos y esfuerzos en aras de aumentar sus destrezas sin término? No me basta con esto, porque la persona es más que un cuerpo, entre tantos cuerpos físicos; más que un mecanismo material complejo como los que abarrotan este mundo. Somos *carne espiritual*, lo cual, al ser más ascendente y concreto, me gusta más que la denominación teológica de Karl Rahner (1957), la cual tal vez se pueda prestar a una lectura dualista, del *espíritu en el mundo* (*Geist in Welt*). El joven teólogo usó otras denominaciones, a mi gusto también desafortunadas, refiriéndose a la persona en cuanto que «hombre como espíritu» (*Mensch als Geist*) (cf. Rahner 1941).

Al escribir este libro, si parafraseo al filósofo personalista Gabriel Marcel (p. 73), «me inclinaría a negarle calidad propiamente filosófica a toda obra en que no se advierta lo que llamo 'la mordedura de lo real'». La persona, en su *reditio ad se ipsum* operativa, consiste en una radical unidad encarnada material-espiritual, lo cual no obsta para que su mente y su cuerpo puedan ser considerados *coprincipios* (o *subsistemas*, en lenguaje zubiriano) del sistema total que es el hombre. Así es nuestra única *carne*, la substancia corporal-espiritual en terminología aristotélico-tomista. «*Omne compositum ex materia et forma est corpus*», sentenciaba santo Tomás de Aquino en la *Suma Teológica* (I, q. 3, a. 2, sed c.). Aunque clásicamente se ha dicho que el alma y el cuerpo *son* en el *compositum*, en este caso encarnado de la persona, prefiero un lenguaje más actualizado en conformidad con los nuevos paradigmas sistémicos y de la complejidad que he abordado en el capítulo anterior. Un óptimo ejemplo de esto es la *Fenomenología de la percepción* de Maurice Merleau-Ponty:

> La unión del alma y del cuerpo no se establece mediante un decreto arbitrario que une dos términos mutuamente excluyentes, uno sujeto y otro objeto. Se realiza en cada momento del movimiento de la existencia. (Merleau-Ponty 2012, p. 91)

He indicado en diversos lugares de esta obra que el transhumanismo parcial, cuando se cobija a la sombra del monismo materialista, aunque pronuncie de vez en cuando el *flatus vocis* de la mente (podría pasar por una suerte de postura epifenomenista no desarrollada) no se pone al servicio de la persona integral sino de una parte extirpada de la misma. En este sentido, dicha versión parcial, en el dudoso caso de que sea voluntaria, está engañando a la persona. al ofertarle los posibles (re)medios y aumentos (muchos de ellos ya efectivos hoy) para *uno solo de los subsistemas* del todo orgánico-espiritual humano. Los parcialistas deberían poder confesar a las multitudes que les siguen que, en realidad, no persiguen servir a la persona integral sino tan solo a una porción, sin duda importantísima, de la misma.

EL PERSONALISMO INTEGRAL CONTRA EL EPIFENOMENISMO REDUCCIONISTA

Natasha Vita-More (2013, p. 22) es un ejemplo de este raro epifenomenismo ya que, omitiendo directamente el alma o el espíritu del ser humano, así como también una biología sistémica, como la de Merleau-Ponty en el entrelazamiento cuerpo-mente-mundo,[13] defiende una neocartesiana «continuidad-conectividad psicológica [*psychological connectedness*]».

Parece curioso hablar en términos *conectivos* de la relación entre la mente consciente y el cuerpo, dado que, como afirma sin tapujos la transhumanista, «las personas están en sí mismas separadas y son distintas de sus cuerpos, pero la existencia de las personas, de hecho, no es otra cosa que la existencia de un cerebro y un cuerpo» (Vita-More 2013, *Ibíd.*). No se entiende nada en esta

[13] Sobre esto escribí en mi libro *Pensar la Inteligencia Artificial. El legado de Hubert Dreyfus a la fenomenología*: «Tal y como se propuso Shilling [...], y contra el reduccionismo, es urgente 'explicar y desarrollar una visión del cuerpo como un medio multidimensional para la constitución de la sociedad'. Este *médium*, que no debe ser instrumentalizado como si fuese algo añadido a una substancia mental, es lo que *somos*: unos seres carnales con múltiples dimensiones, estando en constante interacción [o, mejor dicho en conformidad con el léxico merleau-pontyano, en constante *entrelazamiento*] carnal con el *Otro*, lo *otro* y los *otros*» (Mejía Fernández 2020, p. 171).

antropología epifenomenista y contradictoriamente dualista, que prefiere lo irracional a referirse ontológicamente al espíritu humano como coprincipio de la persona integral. Cuando se quiere reducir el hombre a la más ruda materia, sucede habitualmente que no se sabe qué hacer, ni cómo reaccionar, ante su espiritualidad. Vita-More se identifica con el «reduccionismo constitutivo» de Derek Parfit (1971), y lo hace estableciendo una analogía artística que, al basarse en Korfmacher, expresa severamente sus implicaciones epifenomenistas:

> La Venus de Cellini está hecha de bronce. Aunque el trozo de bronce y la estatua en sí seguramente existen, estos objetos tienen diferentes condiciones de persistencia: si se funden, Venus deja de existir, mientras que el trozo de bronce no. Por lo tanto, no son idénticos; más bien, como insinúa la sugerencia, el trozo de bronce constituye la estatua. Lo mismo sucede con las personas, que están constituidas por una fisiología, una psicología y la ocurrencia de una serie interrelacionada de relaciones causales y cognitivas, pero no son idénticas a ellas. (Vita-More 2013, *Ibíd.*)

Además, y en su última obra apocalipticista, Ray Kurzweil (2024, p. 7) reitera que, desde sus primeros trabajos, «describió la base de la conciencia como información». Pero seamos mínimamente rigurosos: ¿desrealizar y desnaturalizar el espíritu humano ha de ser la vía a seguir por todos los transhumanistas para, contradictoriamente, cambiarlo al operar *sobre* su naturaleza corporal? Creo definitivamente que no. El transhumanismo integral, por el contrario, desea ofrecerse como enfoque (y no como nueva tecnociencia o nueva religión) a la persona en vías de colmarse tanto corporalmente como espiritualmente. La persona natural *es* cuerpo y *es* espíritu en una unidad sistémica y compleja irreductible. Además, y en razón de la tecnofilia crítica que puntualiza a esta perspectiva, se asegura a la persona en búsqueda de sentido y de salvación que, si bien es natural su pesquisa, hay poderosas razones para dudar de que se pueda aquietar su deseo espiritual abisal y colmarlo aceptablemente en este mundo por sus solos medios, e incluso le advierte severamente acerca de la imposibilidad de ser colmada plenamente por las solas fuerzas, recursos y capacidades humanas. ¿No es esto más realista? ¿Por qué seguir induciendo al error y al engaño a tantas personas que se afanan, en conformidad con el deseo abisal de su naturaleza específica, en vivir al máximo y ser felices por medio de la técnica?

Esto no ha de tacharse de derrotismo sino, justamente de lo contrario: un aguijón para seguir investigando en unas ciencias y tecnologías que converjan y emerjan, en la medida en que nos ayuden a una mayor integración y plenificación de la persona unitaria. Cabe recordar que Mario Bunge (1985, p. 68) se lamentaba de que la pseudociencia no admite ignorancia o necesidad de investigar más y, por desgracia, tampoco la falibilidad y la provisionalidad de sus objetivos, programas y métodos. El transhumanismo parcial, en su ideologización reduccionista, ofrece y promete lo que ni puede ni podrá dar a años vista, y esto (no me tiembla el pulso en escribirlo aquí) es moralmente y científicamente condenable. Una salvación plena y absoluta solo puede provenir de un ser pleno y absoluto, de un *actus purus*, y no de quienes estamos contenidos y limitados en este mundo; solamente puede ser donada por un ser encarnadamente perfecto en la unión hipostática de su humanidad y su divinidad. Este era el mismo error, aunque llevado al plano de lo factible y de lo posible en el plano tecnocientífico, que Maritain imputaba a la ideología marxista e inmanentista en la que él mismo creyó fervorosamente en su más tierna juventud:

> Error, además, inestable, por tener un fin abstracto y ficticio, [que] pertenece al género de las utopías propiamente dichas, de las utopías irrealizables, si así puede decirse, pues, en cierto sentido, hay utopías realizables. Ello había de resolverse en el ideal histórico erróneo, pero en algún modo realizable (pues no apela a la ficción, sino a la fuerza [en el transhumanismo parcial, en cambio, se apela a la capacidad del ser humano de progresar en el ámbito de

> las tecnociencias] del que nos hemos ocupado [...]: en el error del teocratismo ateo. (Maritain 1966, p. 87)

Gracias al pensador francés, se puede asumir una destacable distinción en el transhumanismo integral, en función de lo que es realizable y congruente con una persona considerada en su naturaleza compleja, total y unitaria: sin duda hay *utopías realizables*, pero también, si somos consecuentes con nuestra finitud y contingencia (pero también con el carácter siempre provisional, falible y abierto a réplica de toda investigación científica o tecnológica), cabe darnos cuenta de que existen y nos rondan constantemente las *utopías irrealizables*. En vez de la utopía abstracta e impuesta extrínsecamente desde el transhumanismo parcial, cabe una utopía concreta de la persona integral en constante tensión esperanzada entre el *ya* y el *todavía-no*.

Cuanto más pronto mantengamos esta postura crítica, menos problemas y menos sufrimiento innecesario padeceremos y provocaremos en nuestros congéneres. Las utopías irrealizables, más que servir a la persona, la enajenan y la destruyen: no son más que proyectos inhumanos, aunque se hagan pasar como los más aptos e idóneos para con el ser humano. Considero muy dañino y peligroso para la salud y la convivencia humanas entregarse de lleno e irracionalmente a este tipo de discursos y narrativas desnaturalizadoras. Esto significa mucho para este nuevo enfoque transhumanista, a diferencia del tecnoutopismo agudo de los parcialistas. La exacerbación futurista y utopista de muchos tecnólogos no se combate renunciando a toda utopía, sino sabiendo cabalmente quiénes somos, desde dónde partimos y hacia dónde nos dirigimos.

En el transhumanismo integral no se niega, ni mucho menos, que el hombre, desde que peregrina en esta tierra, se experimenta a sí mismo como un ser inacabado y utópico; justamente en el momento en que se percata del *no-lugar* de su esperanza sin término;

del *décalage* entre su deseo abisal y lo que este mundo no le ofrece o, en ocasiones, solo le promete. Es precisamente su deseo abisal, esto es, vivirse sin fondo e imparable en la aventura de colmar el vacío de su ser; no encontrar nada ni nadie, entre lo suyo y los suyos, que le concedan lo que desea, lo que convierte al *Homo sapiens convertido en technicus* en utópico por naturaleza; aunque ello no legitime que se enrole en la insensatez de cualquier discurso o proyecto retóricamente sugerente. Las utopías totalitarias de la última centuria han llevado a las masas al borde del precipicio de la barbarie y del exterminio, esto es, a la extenuación de los recursos naturales o de nuestra autodestrucción como especie.

Para Max Horkheimer (1987, p. 244), «la utopía, en efecto, tiene dos caras; es la crítica de lo que es y la descripción de lo que debe ser. Su importancia radica, esencialmente, en el primer momento». Por eso y al defender las utopías realizables, que son el fruto maduro de la racionalidad crítica de «la cultura humana referida a su horizonte utópico concreto», como bien señalaba Ernst Bloch (1977, p. 136), he sostenido en el capítulo precedente que la naturaleza técnica de la persona no puede ser solo la molokiana o inmoladora de la vida encarnada para divinizarnos en un futuro incierto, sino la satisfaciente y restablecedora; así como la cultivadora de la excelencia de un *quién* que no busca, ni se contenta simplemente a resultas de su naturaleza encarnada a la vez corporal y espiritual, con cualquier promisorio proyecto intramundano. ¿En qué cosiste la persona entonces? ¿Cuál es la concreta y efectiva encarnación de este *Sapiens technicus*, que marcará que la *realizabilidad* de sus utopías?

En la historia de la reflexión filosófica, muy particularmente en la cristiana, pero también en la comunitarista o dialógica del personalismo no necesariamente confesante ni practicante de la religión, se establece que *el concepto de persona es inescapable.* Es conocida hoy la corriente llamada «personalismo ontológico» (Burgos 2015a), en la que se encuentra el neotomista Maritain, pero también, más recientemente, cuando se defiende su puesta al día a través del «personalismo ontológico moderno» (Burgos 2015b), o también de un «personalismo integral» (Burgos 2020). En efecto, «se deben mantener, ciertamente, algunos aspectos clave del pensamiento clásico (en particular, la perspectiva ontológica), pero la formulación específica, en particular en el ámbito antropológico, está obsoleta, y debe ser abandonada y subsumida en una sistematización nueva [con el enfoque fenomenológico] que integre de modo profundo las aportaciones filosóficas de la modernidad» (Burgos 2015a, p. 13). Por ello, aunque el enfoque integral es interpretativamente antropológico, el nivel humano se acopla en el plano fenomenológico de nuestra experiencia vivida.

Creo que gran parte de lo que he escrito en la presente obra (estoy abierto a un serio debate al respecto) podría ser cotejable con el personalismo integral ya que, como se afirma, «la teoría de la praxis del personalismo integral, entendida como la acción, comienza afirmando la prioridad de la persona sobre la praxis tanto a nivel ontológico (o metafísico) como a nivel praxeológico» (Burgos 2020, p. 30). Sin duda, el transhumanismo integral, aunque se sitúa del lado de una praxeología, no descuida lo metafísico. No tengo, por tanto, la pretensión de que este enfoque ocupe el lugar del personalismo integral sino, antes bien, que, al responder sobre todo a la especificación técnica de la unidad corporal-espiritual de la persona que se vive en su experiencia encarnada, más bien se amplíen o apliquen muchos de los presupuestos teóricos de esta aproximación en favor de la persona en lo que atañe a un tema y una problemática tecnológica del pensamiento actual (el transhumanismo); así como a un tipo muy concreto de la cuestionable simbiosis contemporánea entre el saber humano y nuestra natural *techné* (las tecnociencias en tanto que antropotecnias).

Así pues, se podría afirmar que el transhumanismo integral, aun sin abandonar la reflexión y la teorización en sentido preciso, podría ser visto como una *aplicación práctica* de gran parte del citado personalismo, aunque llevándose a cabo en los campos infortunadamente no humanísticos y recelosos de la metafísica o de la religión, que se encuentran en los ideólogos de las recientes antropotecnias. Del mismo modo, noto un vacío grande, que ojalá se pueda llenar, en muchas obras filosóficas sobre los desafíos de estas tecnociencias. Así pues, y sin seguir estrictamente el método fenomenológico de Wojtyla y sin erigir este enfoque como una «escuela filosófica particular», el transhumanismo integral, en cuanto que humilde enfoque interpretativo, comparte con el personalismo integral, además de la defensa de la prioridad y unidad ontológica y fenomenológica de la persona considerada directamente con respecto de su natural *techné*, la finalidad muy precisada de «buscar integrar elementos de las tradiciones moderna y clásica, así como dar razón de todas las dimensiones de la persona» (Burgos 2020, p. 12).

No en vano existen otros elementos comunes que cabe poner de manifiesto, los cuales de seguro que se podrían explorar en futuras investigaciones: «la búsqueda de la superación clásica alma-cuerpo por los problemas que plantea», la libertad como «estructura personal de la autodeterminación» (una estructura *natural*, añado y no como determinación extatista antihumana), la interpersonalidad como constitutiva de toda relación (incluida la del hombre con sus creaciones técnicas que no han de aislarle del encuentro con otras personas humanas o divinas), la diferenciación sexual biológica como un elemento que precede y normativiza la libertad morfológica que los transhumanistas parciales reivindican absolutamente; así como, finalmente, «lo bueno como la acción que perfecciona integralmente a la persona» y su normación como su formalización consciente perfeccionante (Burgos 2020, pp. 19-35).

Sistematizar esto, excede la temática de esta obra, de modo que sería altamente recomendable trabajarlo monográficamente en otro texto. Aunque he de reconocer que, en dicha sistematización, habría de incluirse, más allá de Maritain y del neotomismo más preferente por la persona, el trabajo intelectual de Karol Wojtyla; justamente con la importancia que otorga a la *experiencia integral* personal. Pienso que todavía queda mucho por hacer y reflexionar para vincular mi enfoque con esta otra perspectiva; principalmente a raíz de la capacidad efectiva y eficaz de las tecnologías emergentes y convergentes en aras de modificar la condición humana y de este modo ilustrarla mayormente. Falta, pues, mucho por hacer en la tarea de considerar debidamente, en una línea semejante a Ortega pero en el meollo de la actual revolución tecnocientífica, la naturaleza técnica de la persona humana (que he llamado «tecnicidad»), en tanto que especificación de sus necesidades y de su creatividad espiritual.

Quizá esto, aunque seguramente no sea bien acogido por el pavor o el desdén que a muchos les causa lo relativo a la ciencia y a la *techné* de los hombres, permita abrirse un hueco al transhumanismo integral entre la diversidad de enfoques personalistas. La puesta al día y la aplicación práctica de este otro personalismo práctico al que introduzco en esta obra, si así se lo quiere bautizar, no es sino la tecnológica; intentando dar respuesta a los retos, los riesgos y oportunidades a los que sobre todo las antropotecnias nos confrontan cada vez con más rapidez y contundencia. El personalismo, en tanto que corriente genérica, a veces adolece de un espiritualismo que más bien agrava, en vez de resolver, su crítica del dualismo.

Esto se nota cuando falta establecer un contacto mucho más directo con la filosofía de la técnica y de la tecnología, venciendo una insuficiente fundamentación metafísica y evolutiva del ser personal, pero también cuando se evita referirse al hombre ontológicamente como *naturaleza*, o en tanto que libre, no solo por su autodeterminación sino por su misma naturaleza de *Sapiens*. Y es que la apertura personal del *Sapiens technicus* a la trascendencia y su misma *techné* no son solamente el fruto de su deliberación y autodeterminación sino de su estado evolutivo específico.

Este es, quizá, el aspecto que más me separa del personalismo en lo que respecta a su reflexión tanto tradicional como actual en sus diversos autores. Pese a esto, y prosiguiendo con lo que me acucia en este capítulo de mi libro, pasaré a traer a colación *tres aspectos*, típicamente personalistas, a los que el transhumanismo integral ha de prestar una directa atención: la *centralidad*, la *dignidad* y la *trascendencia* de la persona humana.

LA CENTRALIDAD DE LA PERSONA

Cabe distinguir en todo momento la *centralidad* de la persona, si bien lo que voy a tratar ahora no significa que esta no se equivoque nunca o que, de hecho, cometa muchos errores y barbaries. Antes de hacer tamañas atrocidades, hay algo a resaltar en este ser. Para el transhumanismo integral, la persona es su centro de operaciones y de reflexión, pero también de crítica. El parcialismo, en cambio, al estar marcadamente ideologizado por el materialismo y el mecanicismo, ve en la persona un analogable a los artefactos individuales; sin atender rigurosamente que estamos hablando, como he apuntado anteriormente en este libro, de un *naturfacto*,;es más, del ser más perfecto entre los seres naturales.

Me parece, por ello, evolutivamente justificable, y quizá este naturalismo es el que más me distancia de la corriente personalista, la descripción tomista de la persona como «*id quod est perfectissimum in tota natura, scilicet subsistens in rationali natura*» (*S. Th*. I, q. 29, a. 3, arg. 4), esto es, el ser más perfecto de toda la naturaleza al subsistir en su naturaleza racional. Pero, puesto que la persona es más que razón, el transhumanismo parcial, cuando emplea un lenguaje o una teorización indisimuladamente despectiva hacia las carencias de la persona humana, está siendo absolutamente poco riguroso. ¿Bajo qué pretexto se niega la natural superioridad del hombre? Es más, ¿en comparación con qué *ser real* se refieren al hombre en tanto que simio truncado y fracasado?

Imagino que el lector puede aventurar la respuesta: en comparación con ningún ser, dado que los transhumanistas parciales rebajan la natural eminencia del hombre con base a un ente de razón, a la entelequia deseada e imaginada, del transhumano o del posthumano todavía inexistentes; los cuales algún día serán finalmente redimidos y salvados por las antropotecnias. Pero, mientras este nuevo ser ve la luz del día, si es que en algún momento lo hace, lo único que nos queda es la naturaleza encarnada de la persona en su indiscutible lugar jerárquico evolutivo. Lo que este transhumanismo (o su extremación posthumanista) tachan, al estar movidos por un tecnoutopismo exacerbado, en cuanto que *carencia* en los seres humanos, no es más, si lo consideramos desde la ciencia evolutiva, que nuestra realidad encarnada. Esta carencia es lo que tenemos y somos. No contamos con otra realidad. Por ende, no hay nada (al margen de imaginación o de un planteamiento teológico que nos compare despectivamente con los ángeles o con Dios) que permita denigrar a la persona humana de un modo tan deplorable y pseudocientífico.

Pero ojo al dato: afirmar esto no es antropomorfizar la naturaleza. Consiste, antes bien, en abrirnos fenomenológicamente a su realidad sistémica compleja. El hombre, evolutivamente en tanto que animal inteligente, volitivo y amante, es el coronamiento de la naturaleza. Esto es a lo que, en la tradición filosófica y teológica, se ha llamado con el concepto de «persona». Este animal metafísico, en lenguaje schopenhaueriano, no solo es capaz de operaciones cognitivas de bajo y alto orden. Es más que un individuo que se conforma con darse placeres físicos, siendo incluso capaz de donarse sí mismo en el amor gratuito; sin recibir nada a cambio. ¿Qué puede ser menos legalista y determinista que esto? ¿Por qué el transhumanismo parcial, en el cual son mayoría los que se afilian a un liberalismo individualista (hay también, aunque en menor número, transhumanistas más sociales como Haraway y otros tecnoprogresistas), convierte a las tecnociencias en la única forma hedonista de aumentar al ente humano individual? Más que un ser entendido y reproducible como pura materialidad individual, más que ser meros puntos materiales aislados en la extensión del mundo, somos *personas relacionales*; de tal manera que se puede estar de acuerdo con Joseph Ratzinger, cuando escribía lo siguiente en su *Introducción al cristianismo*:

> En un mundo en el que —en último término— no todo es matemática, sino que existe el amor, menos es más: el mínimo es el máximo, lo más pequeño que puedo amar es lo más grande, lo particular es más que lo general: la persona es lo único e irrepetible, es también lo definitivo y supremo. En esta visión del mundo, la persona no se reduce a individuo, una mónada, un ejemplar nacido de la materia a partir de la división de una idea, sino que es "persona" [...] el cristianismo ve en el hombre a una persona, no a un individuo. Pienso que es en este paso del individuo a la persona donde radica la gran sima que existe entre la antigüedad y el cristianismo, entre el platonismo y la fe [puesto que] la persona es más que el individuo, [...] lo múltiple es también algo propio y no secundario. (Ratzinger 2007, pp. 136-137)

Es remarcable que un teólogo, desde la autonomía de su método y su visión del mundo, observe lo que, obviamente de una forma más secularizada, podría hacer cualquier antropólogo filosófico, biológico o cultural. Lo que escribía el pensador alemán en plena efervescencia social hace décadas, que se capta más nítidamente desde el don de la fe, ha sido defendido por los filósofos; aunque se tenga o se carezca de dicha virtud dada de lo alto. En efecto, no es estrictamente necesaria la fe para darnos cuenta de la excelsa naturaleza, así como del lugar clave y central de la persona humana en el cosmos. Y hacer esto, lo reitero, no equivale a amnistiar sus depravaciones morales.

Aplaudo, por ejemplo, que un filósofo personalista de la talla de Gabriel Marcel (1940, p. 124) haya afirmado que «cuanto más profundamente penetremos en la naturaleza humana, tanto más nos colocaremos en el eje de las grandes verdades cristianas» y elogio, también, que el cristiano Emmanuel Mounier (1946, p. 41) haya puesto en evidencia, también desde el método filosófico, «la aberración del grosero dualismo que es preciso evitar, [y que] alcanza su máximo de nocividad cuando quiere dar al individuo todo lo que es del cuerpo [...] para dar a la persona la apariencia de una virtud abstracta o existencia angélica no encarnada».

Es notorio que el transhumanismo integral puede aprovechar, de manera muy positiva, la reflexión sobre la persona de pensadores declarados, de alguna u otra forma, personalistas; tanto cristianos como no practicantes de ninguna religión. Y escribo esto porque puede resultar positivo repensar actualmente el lugar y la naturaleza más insignes de la persona humana en medio del contexto infamante del transhumanismo parcial hacia el *Homo sapiens*, siempre y cuando esto no signifique un subterfugio tecnofóbico o, de manera anti-antropológica, que se adopte un discurso o una narrativa *anti-técnica*. Intentaré explicarme mejor.

Este rasgo del humanismo que alaba las perfecciones de la persona, aunque ciertamente ha llevado a la reflexión hacia un narcicismo naif como he subrayado al principio de esta obra, nos puede ir bien siempre y cuando nos mantengamos en guardia. Y es que esto no nos ha de impedir que, aferrándonos a la singular y perfecta naturaleza del hombre, se nos prohíba seguir en el intento de llevar a nuestro ser, mediante el cultivo humano y tecnocientífico, a una mayor excelencia integral; así como a una vida cada vez menos presa del mal. No nos engañemos: el mal existe y es nuestro deber identificarlo, combatirlo y erradicarlo en todas sus formas.

Así las cosas, este humanismo de la persona que alaba las bondades del hombre, no para encerrarlo en sus límites, sino para trascenderlo auténticamente, es aceptable y recomendable; siempre que se reconozca, evidentemente ya desde la perspectiva de un transhumanismo integral, que la persona es un *naturfacto* a su vez tecnificador de nuevas sobrenaturalezas y en el cual existe la oportunidad (humanística y tecnocientífica) de transformar a mejor su naturaleza. Esto es cierto, aunque también existe el riesgo de que el *Sapiens technicus* se dañe a sí mismo y a los otros cuando usa su *techné* en la peor acepción del término (la *deformación molokiana* que he explicado).

Esta no es sino la que busca invertir a la desesperada su realidad finita y contingente por la del *Homo Deus*. Los transhumanistas que, como el historiador Harari (2017, p. 24), creen hallarse ya en «los últimos días de la muerte», no interpretan la técnica en su dimensión restablecedora, ni tampoco en la de permitir que la persona cumpla lo más excelente que su naturaleza le permite ser o sublimándola creativamente, sino entendiéndola como mero instrumento para contravenirla y evadirse de su realidad encarnada en el ideal liberal del *éxito* (como sinónimo de la plenitud humana), el cual se adquirirá en el más óptimo de los mundos posibles:

> El éxito genera ambición, y nuestros recientes logros están empujando a la humanidad a fijarse metas aún más audaces. Tras haber alcanzado niveles sin precedentes de prosperidad, salud y armonía, y dado nuestro historial pasado y nuestros valores actuales, los próximos objetivos de la humanidad probablemente sean la inmortalidad, la felicidad y la divinidad. Tras haber reducido la mortalidad por el hambre, la enfermedad y la violencia, ahora nos proponemos superar la vejez e incluso la muerte misma. Tras haber salvado a la gente de la miseria abyecta, ahora nos proponemos hacerla positivamente feliz. Y tras haber elevado a la humanidad por encima del nivel bestial de las luchas por la supervivencia, ahora nos proponemos elevar a los humanos a la categoría de dioses y convertir al *Homo sapiens* en *Homo deus*. (Harari 2017, *Ibíd.*)

Esto responde más al mito de Molok que al de Prometeo. La persona así considerada, esto es, desplazada en un futuro de sobreabundancia material y siendo tan dependiente de la coyuntura cósica de los bienes terrenales, no se desiguala en justeza de todas aquellas mismas cosas que el liberalismo hace imprescindibles para ser completamente felices. A Harari bien se le puede destinar la cita que Maritain (1938, p. 36) toma del padre Garrigou-Lagrange: «es fomentar las pasiones [desordenadas, sin duda], hacerse el centro de todo y concluir por ser esclavo de mil bienes deleznables». Por eso, la centralidad de la persona no ha de ser sinónimo de egoísmo, de hedonismo o de puro capricho prometeico o también molokiano. Siguiendo muy de cerca a Maritain, cabe describir a la persona como la que se distingue por sus perfecciones entre cualquier ser vivo o inerte, especialmente por su capacidad de amar y ser amada; y ello no de manera parca sino en plenitud.

Me gusta mucho afirmar que el hombre, además de ser un *Sapiens technicus*, es un *Sapiens amoris*, que busca ser amado en plenitud; a lo cual el transhumanismo parcial o bien calla de manera cómplice, o bien responde con la acostumbrada superficialidad materialista. Prefiero sostener que el hombre es un *Sapiens amoris* (esto es, *del amor*) que un *Sapiens amantis*, ya que no solo ama indeterminadamente y sin contornos delineados, sino que está referido y convocado, no solo al amor encarnado que le apasiona hacia objetos y hacia el prójimo, sino, desde el insondable deseo de su carne, a un amor concreto y elevante sin parangón. Este homínido puede ejercitarse y sobresalir en el arte de la manipulación y transformación material de la naturaleza, como se ha visto en lo más sublime pero también en lo más bárbaro de su historia. Sin embargo, también puede hacer esto a través del arduo y delicado *ars amandi*.

Pese a que el lenguaje de Maritain se muestra, como señala el personalismo ontológico moderno o integral, demasiado espiritualizante y ontificador con respecto del hombre, nos comunica, según sus esquemas neotomistas, que este ser encarnado, esta *persona* como la prefiero llamar, es totalidad sistémica compleja; y no una mera parte a meter en la recicladora tecnicista y tecnocrática. Atenuando quizá un poco el espiritualismo del siguiente texto maritainiano, la persona rige su vida y crea (poética, científica, o tecnológicamente), en tanto que amorosamente abierta a las auténticas trascendencias (en minúscula); así como a la trascendencia plenamente auténtica que la fundamenta, la sostiene y la eleva:

> Cuando decimos que un hombre es una persona, queremos decir que no es únicamente un trozo de materia, un elemento individual en la naturaleza, como un átomo, una espiga de trigo, una mosca o un elefante [...] el hombre es un individuo que se controla a sí mismo por la inteligencia y la voluntad, no existe solamente de una manera física, tiene en él una existencia más rica, más elevada, sobre-existe espiritualmente en conocimiento y en amor. Es también, de alguna manera, un todo, y no solamente una parte, es un universo para sí, es un microcosmos en el cual el gran universo entero puede ser contenido por el conocimiento, y además un ser que por el amor puede darse libremente a otros seres que son para él como otros iguales a sí, relación que es imposible encontrar como equivalente en todo el universo físico [...]; la persona humana, por muy dependiente que pueda ser de los mínimos accidentes de la materia, existe con la existencia de su alma, que domina el tiempo y la muerte. Es el espíritu, la raíz de la personalidad. (Maritain 1943, p. 9)

LA DIGNIDAD Y LA TRASCENDENCIA DE LA PERSONA HUMANA

No es lo mismo manipular un objeto inerte, un minúsculo insecto o un artilugio técnico que un *naturfacto viviente*, en tanto que este se vive a sí mismo tanto inconsciente como conscientemente; el cual, en su unidad y totalidad encarnada irreductible, es personal; un *alguien* que, en expresiones levinasianas, cuando contemplamos su rostro interrogante y sufriente, lo descubrimos como un *absoluto* que nos interpela y reglamenta nuestro trato.

No podemos quedar impasibles ante este rostro, ni simplemente objetivarlo en tanto que *cogitatum* de la superioridad de un sujeto cogitante, al vernos más bien dominados y enseñoreados por su absoluta trascendencia y dignidad. Esta dignidad no es una etiqueta que sobrepongamos a los *Sapiens technicus*: es, por el contrario, el nombre que empleamos para su preminencia natural y personal. Así pues, la carne de la persona humana no es una carne cualquiera: es una carne que exige respeto y que está vocacionada, *in nuce*, a entregarse religiosamente al *Quién* supremo que la llama y la puede amar plenamente a respetar y a amar a sus semejantes.

La dignidad no es algo que se atribuya indulgentemente a la persona humana: es algo que posee, que exhibe y que orna su ser. Contrariamente al neonominalismo que niega todo vínculo entre la naturaleza y dicho concepto, conviene que el transhumanismo integral entienda la dignidad humana, desde la concepción hasta la muerte natural, no como una limosna concedida *a posteriori* por los juristas para que no se nos haga la vida imposible en el ágora pública, sino, tal y como ocurría en el humanismo renacentista, para que podamos concebir nuestra dignidad como «lo propio del hombre» (De Miguel Beriain, p. 191). Pese a todo, cuando hablemos de dignidad para referirnos a la persona siempre nos quedaremos cortos en nuestras conceptualizaciones, dado que, como hace notar a tenor del pensamiento del Aquinate el profesor Ignasi Fuster (2010, p. 95), ni tan siquiera existe el «concepto de persona, porque la persona no es una esencia»: se trata, radicalmente, de una realidad encarnada y trascendente que se vive en cuanto tal y para la cual bien vale el adagio de la lógica escolástica «*indivisum est ineffabile*».

Esto limita, pero también posibilita a la vez, la misión mejoradora del transhumanismo integral: aunque suene extravagante, los límites que impone la dignidad de la persona humana a las tecnociencias, constituyen el campo abierto para trabajar incansablemente en restablecerla, potenciarla y suplirla; tanto en las exigencias de la profundidad de su vida como en las más básicas. El ya citado Mounier (1967, p. 9), concretamente en su *Manifiesto a favor del personalismo*, consideraba que la mejor civilización es aquella «que afirma el primado de la persona humana [su dignidad] sobre las necesidades materiales y sobre los mecanismos colectivos que sostienen su desarrollo». Podemos defender, pues, su dignidad justamente al insistir «en la distinción metafísica entre individualidad y personalidad» (Maritain 1968, pp. 11-12). Al no ser reductible a un individuo aislado, la persona humana es y se experimenta en el mundo, en su mismidad, en cuanto que naturalmente relacional.

La persona es, por lo tanto, es un ser que *trasciende* y *se trasciende* al abrigo de su experiencia integral, es decir, de la *reditio* que trataba Tomás de Aquino y otros seguidores suyos contemporáneos. En *La persona y el bien común*, Maritain (1968, p. 66) apreciaba (no para negar sino para confirmar la *reditio ad se ipsum* de Tomás o la incomunicabilidad substancial de Ricardo de San Víctor) esta dignidad en la que «la persona como tal es un todo, un todo abierto y generoso». Ignacio Ellacuría (2001, p. 123), el filósofo jesuita discípulo de Zubiri, exploró esta *relacionalidad* en clave de compromiso social y político a favor de los más pobres: la persona, al estar referida a lo otro, a los otros y al Totalmente Otro, es constitutiva y estructuralmente social e histórica, de modo que «es aquí donde aparece la historia como el lugar de plenificación y de revelación de la realidad: el hombre socialmente considerado y haciendo historia es el lugar de manifestación de la realidad».

Con ello, y para ir terminando este capítulo, no puedo dejar en el tintero, aunque dedique a este asunto todo el próximo capítulo, la *trascendencia* de la persona. En vez de rendirnos a trascendencias sucedáneas que nos deshumanizan, buscamos, en calidad de *Sapiens technicus* insertos mundanalmente en la sociedad y en la historia, trascendernos auténticamente, no solo en el compromiso mutuo, sino en el amor del «hombre [que es] amado por el hombre»; según la bella expresión de Maurice Nédoncelle (1966, p. 22). El hombre pude amar y ser amado mucho más todavía «porque el don que viene de Dios requiere que este don sea enteramente desinteresado: libre de toda infiltración egoísta» (Nédoncelle 1966, *Ibíd.*). A menudo los transhumanistas parciales no hablan de la persona sino del individuo liberal, siendo este el sujeto, el material y el instrumento de la perseguida transición hacia una nueva condición.

Este individuo, que hace de sí un instrumento y un material, es difícilmente distinguible de un objeto técnico al uso; dado que podrá modificar su propio cuerpo en nombre de una desaforada libertad morfológica que se despreocupa por las vidas ajenas o la vida de la Tierra. Aunque los parcialistas sobredimensionan la subjetividad deliberante y la libertad sin límites, como autodeterminación mundana, sobre el *propio* cuerpo y no sobre el de los *otros*, lejos queda de su horizonte el primado, la identidad, la sustancialidad y la relacionalidad amorosa (incluso hacia un *Quién* totalmente trascendente) de la persona. El hombre busca un *quién* (y, ¿por qué no? un *Quién*) que lo eleve y que no lo manipule. Brilla, pues, por su ausencia en el transhumanismo mayoritario el realismo y el naturalismo de una filosofía que no descompone (o *deconstruye*) utópica y futurísticamente a la persona para transportarla a la Arcadia feliz de la tecnosalvación.

Antes bien el enfoque integral se atreve a redescubrir a la persona integral, tal cual es, evolutivamente, en la profundidad de sus vivencias y de su ser, pero también en sus carencias. La vulnerabilidad y la excelencia de nuestra condición evolutiva se entrelazan en una dignidad inigualable. En la perspectiva del transhumanismo integral no se trata, en definitiva, de *vivir a toda costa*; separándonos de nuestro ser y mancillando nuestro puesto central en el cosmos, como pretenden los mayoritarios, sino de afianzar y ahondar en la calidad de nuestra vida personal; ganando en razones y valores de peso que nos hagan caer en la cuenta de que vale la pena esta vida y perfeccionarla en comunión con los demás en el horizonte siempre abierto de nuestro eventual encuentro amoroso con el Quién encarnado en su máxima plenitud. Más urgente todavía que contar con muchos medios técnicos, para mejorar *desde fuera* a la persona, es necesario trabajar la vida interior de nuestra encarnación personal:

> Pero desde esta región irradia, no obstante, la «eminente dignidad del hombre». El respeto por la persona humana, que solo

secundariamente es respeto por la vida, corre el riesgo de no desbordar el gusto instintivo de vivir; la negativa de matar, el de ocultar la repugnancia a ser matado, ennoblecida por proyección. Luego, querer vivir a cualquier precio es aceptar un día vivir al precio de las razones de vivir. Solo existimos definitivamente desde el momento en que nos hemos constituido un cuadro interior de valores o de abnegaciones contra el cual, sabemos, ni siquiera prevalecerá la amenaza de la muerte. Las técnicas modernas de envilecimiento, las facilidades del dinero, las resignaciones burguesas y las intimidaciones partidarias son más mortales que las armas de fuego porque desarman esas ciudadelas interiores. (Mounier 1972, p. 43)

IX. ¿UN TRANSHUMANISMO TRASCENDENTAL?

He destacado, en el capítulo precedente, algo que se desprende de nuestra unidad material-espiritual: la centralidad, dignidad y trascendencia de la persona, y he concluido que el único transhumanismo que me parece válido no es otro que el que es planteado desde la persona y al servicio de sí misma, de los demás hombres y mujeres; así como de la Tierra que es nuestro hogar. Al realizar una «hermenéutica del sí» (Ricœur 2006, p. XXVIII), la persona no se descubre fenomenológicamente a sí misma como un objeto o un animal cualquiera, a tenor de lo que confesaba Gabriel Marcel en su *Testamento filosófico*:

> Descubro entonces desde el principio lo que podría llamar una imantación [*aimantation*][14] por la trascendencia; pero se sigue que yo estaba desde el origen en guardia contra la representación espacializante de este más allá [*au-delà*] hacia el cual estaba como irresistiblemente atraído. (Marcel 1969, p. 255)

[14] Es llamativa la relación semántica, en la lengua del filósofo, del término «*aimantation*» con «*aimant*», aquel que ama; de tal manera que este término en Gabriel Marcel puede tener el doble sentido tanto de la magnetización entre los objetos físicos, como el de ser atraídos o convocados a amar una trascendencia no simplemente cósica sino personal. Esto me interesa especialmente desde mi enfoque cercano al personalismo: la trascendencia auténtica que nos atrae físicamente hacia sí y que nos llama a amarla en una comunión de amor interpersonal.

Esto sería lo que Heidegger hubiese llamado una representación ontoteológica, que da una respuesta fácilmente materializada al interrogante supremo de la existencia humana (la pregunta por el ser, por lo absoluto, es lo que Marcel nos dice que quería sortear, sin conseguirlo, desde que comenzó a ser filósofo). Es más, el personalista francés declaraba, en *Le mystère de l'être*, que «la exigencia de trascendencia [...] ha sido el hilo conductor de toda mi investigación» (Marcel 1951a, p. 148). Contrariamente a esto, los transhumanistas parciales temporalizan cronológicamente y espacializan extensivamente, tanto los términos trascendentes, como la cualidad trascendental de la persona humana; al hacerla depender unilateralmente del mejoramiento biológico (el comentado *biomejoramiento*).

Y puesto que no es más que esta misma persona la que desea y decide libremente mejorar su vida, no solo en lo biológico sino en sus múltiples niveles, es justamente la que se halla en un constante trascenderse a sí misma. La trascendentalidad es el movimiento sin límite de ser más por parte de la persona, especialmente en cuanto espiritual. En su mismidad relacional, la persona se vive como trascendental, es decir, tendiendo siempre, desde su ser actual, más allá de su finitud y de su presente. En esta *salida de sí*, la persona, al vivirse en su realidad encarnada y en su misma temporalidad, descubre que no solamente puede sino que su ser mismo tiende intencionalmente hacia los bienes que libremente decida (presentes como futuros, temporales o eternos...). Es más, en su afectividad pura, incluso en el ámbito no intencional, la persona necesita ser colmada:

> El hombre sale de sí o se distingue primero como cuerpo orgánico, luego como sensibilidad, y luego como comprensión y acción libre sobre el cosmos. La intencionalidad del cuerpo como orgánico y como sensible constituye lo que se llama vida en sentido biológico; y la intencionalidad de la libertad, la vida *en sentido biográfico*. [...] al estudiar la voluntad y la libertad, la intencionalidad humana está

referida, por una parte, al futuro, y, por otra, a lo eterno. Estas dos referencias fundan lo que se puede llamar historicidad y religiosidad del hombre respectivamente, así que se puede hablar, en líneas generales, de tres dimensiones de la temporalidad humana: la del organismo biológico, la de la biografía en una época de la historia, y la del espíritu en la eternidad. (Choza 1988, p. 509)

Esta tendencia de la persona, en tanto que espiritual, hacia las cosas perennes todavía no conseguidas, pero adelantadas en nuestra encarnación, consiste en la trascendentalidad. Añadiría a esto que, desde nuestra afectividad pura, la experiencia se vive como menos objetivista todavía; necesitando con más premura que se colmen los vacíos de la carne. Solamente una antropología parcial y reduccionista, como la que puede leerse en los humanismos excluyentes, puede separar o prescindir, en la misma vivencia y realidad temporal de la persona, lo biológico, lo biográfico y lo religioso *del* hombre (y no *sobre* el hombre). He aquí nuestra temporalidad e historicidad más genuinamente humanas, lo cual, en cierta medida, prioriza el transhumanismo integral. El enfoque parcial, descartando lo religioso de un plumazo (sin percatarse de su *fe ultrasecularista*), reduce lo biográfico a lo biológico (sin darse cuenta de que manipula su vida), y, aún más, al éxito que alcancen las tecnociencias para dominar lo biológico. En esta tesitura reduccionista, solo habría una temporalidad y una espacialidad, la cual, no es la encarnada en su efectiva e ineludible referencia a lo eterno, sino la física, o peor todavía, la que determinan unas más posibles que factibles antropotecnias.

Y es que la historia que buscan labrarse los transhumanistas parciales es la historia separada y emancipada de lo auténticamente humano, una historia aquejada de la distorsión perceptual de un tiempo lánguidamente inmanente, que quiebra la unidad vivencial de la persona al percatarse, con el paso del tiempo, de la diferencia entre lo pasajero y ausente de aquello que perdura por siempre. Articular e integrar lo biológico, lo biográfico y lo religioso, en una mayor congruencia, en la persona humana que, siendo animal, tiende a realizarse y salvarse del todo, es lo que se propone un nuevo enfoque antropológico trascendental que llamo «transhumanismo integral». Entiendo lo religioso no solo desde la adhesión fiducial y la práctica religiosa sino, fundamentalmente, como *religación*, en el significado que le dio Xavier Zubiri de rasgo *constitutivo* y *originario* de la persona; lo cual pertenece universalmente a todo hombre y mujer, sea de modo directo o de modo indirecto, en la actualización formal de la realidad:

> La religación no es, pues, un acto más del hombre, ni es el carácter de algunos actos privilegiados suyos, sino el carácter que tiene todo acto por ser acto de una realidad personal. (Zubiri 1963, p. 357)

Por otro lado, he querido puntuar el título de este capítulo entre signos interrogativos porque, en lugar de dar una respuesta cerrada, más bien quiero lanzar una cuestión abierta a la galería filosófica. A causa de su dificultad, prefiero dejar en abierto que se responda a ello, esperando que los más versados en antropología trascendental, tanto a nivel filosófico como teológico, se lo planteen mucho más pausadamente que yo. Este libro, por su parte, abona el terreno de un nuevo enfoque, no tanto para zanjar la problemática del transhumanismo, cuanto para suscitar más reflexión y debate intelectual. ¿Hay cabida para un *transhumanismo trascendental*? ¿Qué se quiere expresar con ello? Invito al paciente lector a pensar esto conmigo y, cuando sea oportuno, también contra mí.

TRANSHUMANISMO TRASCENDENTAL Y SUPERACIÓN DEL MONISMO

De primeras, me es obligado reconocer que la expresión «transhumanismo trascendental» es un pleonasmo en toda regla, dado que el transhumanismo es, como he manifestado ya, el movimiento del hombre más allá de sí mismo; aunque en su modalidad parcial enquista esta tendencia en los medios y en el instrumental que proveen las nuevas y posibles tecnologías aplicadas a lo humano. Es por este enquistamiento, por este confundir los medios con los verdaderos fines (pero también con el ser personal), que creo necesario reformar el transhumanismo mayoritario a través de la experiencia vivida en su cualidad trascendental. La misma palabra «transhumanismo» denota, además del abandono de cierto humanismo previo, el movimiento humano hacia la *trascendencia*.

Y es que tal vez (deseo platear esto abiertamente) mi pleonasmo podría tener sentido aquí, habida cuenta de que advertí en otro lado acerca del riesgo del transhumanismo parcial (deslumbrado por el progreso tecnocientífico) de imitar al Sísifo frustrado que, tras querer escalar las alturas del progreso, vuelve sin cesar, aun sin quererlo, a la poquedad de sí mismo; creyendo que esto puede considerarse un verdadero movimiento de trascenderse y mejorarse a sí mismo. De hecho, y quizá me equivoque, «transhumanismo trascendental» no es, si se quiere, menos pleonásmico que «antropología trascendental»: el discurso y el estudio sobre el hombre naturalmente *trascendental* en cuanto que es analizado, descrito e interpretado desde este auto-movimiento de ser más.

Por ello he decidido conscientemente no añadir el epíteto de lo trascendental, puesto que se sobreentiende, al nuevo enfoque que denomino transhumanismo integral. «Integral», como he señalado en el capítulo precedente, significa habérnoslas, directamente y sin ideologías recortadoras de lo real, con la persona que en su mismidad se relaciona con lo otro, los otros y el Totalmente Otro. La integralidad no es la condición de posibilidad de la trascendencia de la persona sino, antes bien, la manera en que la cualidad trascendental (la *trascendentalidad*) inunda y envuelve toda la vida de su encarnación personal. Ser persona es sinónimo de nuestra tendencia a perfeccionarnos y a superarnos siempre, no en los bienes particulares sino en los eternos; persona, pues, es sinónimo de la tendencia cabalmente humana hacia el absoluto y la salvación plena.

Incluso el transhumanista más parcial, que se embute en las promesas venideras proferidas por tecnocientíficos o empresarios carismáticos, *es* trascendental y *actualiza* su ser en su *movimiento hacia* lo que cree que le pueda salvar verdadera y totalmente; si bien la respuesta reductiva e insuficiente que recibe, o que se da a sí mismo, acabe seguramente ahogando su sed de infinitud. En el momento en que los transhumanistas parciales defienden a ultranza ese nomadismo de estar siempre en la búsqueda de la plenitud, están confirmando, aunque sea en la misma tendencia y no en el tipo adecuado de solución, el planteamiento antropológico trascendental. De hecho, un transhumanista como Nick Bostrom, no puede sino reconocer, en su obra más reciente, que está buscando abarcar y provocar lo trascendental:

> Si estamos hablando sobre el significado de la vida, el contexto justificador más amplio debe ser algo fuera de la vida, o al menos fuera de la vida mundana individual como ordinariamente la concebimos. El contexto justificador más amplio puede ser una realidad «trascendental» que contiene para nosotros razones instrumentales relevantes para actuar, o podría ser una estructura normativa que se supone que tiene una exigencia sobre nosotros que es independiente de nuestras propias preferencias subjetivas. De cualquier manera, el propósito del significado pleno es probable que sea más bien estable e independiente de la situación. No se asemeja este a cambiar de un día para otro, o como cuando caminas des de una habitación a otra. (Bostrom 2024, p. 416)

He de confesar que, pese a que este rasgo es identificable en estos transhumanistas, su trascendentalidad, al remediar con apósitos futuristas las heridas más profundas del hombre, no es sino la de la *trascendentalidad truncada*, puesto que lanza al hombre a una escalada material imposible de culminar. Bostrom entiende lo trascendental de manera dualista: algo totalmente fuera de la vida, que se habrá de conseguir fuera de lo humano en tanto que el hombre extiende la razón instrumental humana más allá de sí misma. ¿Por qué la solución para acompasar lo trascendental en la persona ha de ser su instrumentalización ilimitada? El hombre no es solo un maquiavélico manipulador de herramientas y objetos. ¿Qué atracción puede provocarle lo trascendental simplemente en tanto que *additum* de sus maquinaciones?

Contra este monismo desvirtuador que es anómalamente dualista, «trascendental» es el apelativo al que más naturalmente responde la persona, lo cual justifica sencillamente que el transhumanismo integral quiera considerar esta cuestión sin excluir lo instrumental, pero, evidentemente, sin reducir el hombre a la manipulación objetivizadora e instrumentalizadora. Por esta razón, me place especialmente la «ampliación trascendental» (que también podría llamarse *profundización* del *Homo technicus* que no puede sino ser trascendental), que propuso en su día Leonardo Polo (2016 p. 347). Para ello se han de entrecruzar los *dos monismos* (materialista y espiritualista) al que confronta un enfoque integral, no ya solamente en cuanto que nuevo transhumanismo, sino como hermenéutica del sí mismo por la que la persona se puede experimentar en la *unidad sistémica dual* de su encarnación:

> La posibilidad de caer en el monismo acompaña a la filosofía, con frecuencia se insinúa en ella, e incluso la domina. Plotino, por ejemplo, habla del hombre como *mónon*: el hombre es el único a la búsqueda de la fusión con el único (*mónon pròs mónou*). Pero este es un mal planteamiento. El prestigio de lo único es lo que la antropología trascendental debe eliminar. La condición de posibilidad —por decirlo metódicamente— de la antropología trascendental es la exclusión del monismo. Porque si decimos que el ser del hombre se reduce al ser de la metafísica (o el de la metafísica al del hombre), la metafísica (o la antropología) adquiere un carácter monístico casi inevitable. (Polo 2016, *Ibíd.*)

La ampliación trascendental del transhumanismo que bosquejo, aun implicando la dualidad en el todo unitario encarnado de la persona, se opone diametralmente al monismo materialista, pero también al espiritualista; así como, en consecuencia, al dualismo ontológico o epifenoménico resultantes. En la persona corporal-espiritual no cabe escoger entre el reino de la materia y el del espíritu, o un embrollo de ambos, reduciendo la antropología filosófica a metafísica y esta última a aquella. Tampoco cabe, aunque ciertamente es lo que está en boga en gran parte del transhumanismo, quedarse enquistados en el *mónon* de un progreso y una salvación simplemente materiales (en el sentido más reduccionista de la materialidad de la persona).

El texto que acabo de citar de Polo bien podría tomarse como una radiografía del transhumanismo parcial contemporáneo, notablemente en lo que concierne a esa neoplotiniana *fusión con lo único y numinoso de los logros antropotécnicos que se esperan*; aunque también, como he escrito páginas atrás, se puede entrever en el texto esa confusión de pensar que la trascendencia humana será satisfecha, y aun resuelta, no en la elevación agraciada e indebida de la materia sino, aumentándola *materialmente*; extendiéndola indefinidamente, contra lo que demandaba Marcel, en el espacio y el tiempo continuamente ascendentes.

En la coyuntura de un monismo materialista, *fusión* y *confusión* se hermanan perceptiblemente, lo cual me empuja, no sin cierta brusquedad, a defender un transhumanismo integral trascendentalmente ampliado en conformidad con la persona que es trascendida y *se* trasciende en su mismidad relacional. Los parcialistas presumen del *prestigio de lo único*, como denuncia Polo, al igual que tantos conciudadanos e intelectuales ultrasecularistas, que hacen de la fusión y confusión con lo mismo su único plan de vida y la única forma de excluir de la esfera pública, y de la suya propia, lo auténticamente trascendental. Pareciera que, actualmente y en lo que tiene directamente que ver con el transhumanismo, el prestigio se halla en las manos de los partidarios del *mónon* cientista y tecnicista que soluciona todos los problemas por el simple aumento y complejización material.

Pero ni siquiera estos se libran de su trascendentalidad personal y de los términos en donde intentar aquietarla, aunque sea solo en parte y momentáneamente. Las *trascendencias sucedáneas*, de las que traté en el capítulo VI, pueden desviar nuestra atención y tenernos ocupados por un tiempo, aunque pronto se apoderará de nosotros la insatisfacción de no encontrar nada a nuestro alrededor que compense, ni tan quiera lejanamente, nuestro deseo abisal. Por eso, el transhumanismo parcial es trascendental, aunque sus objetivos no respondan en propiedad a la naturaleza integral y polifacética de la persona. Por lo tanto, y si se quiere ser consecuente con la dimensión trascendental de la persona, otra praxeología transhumanista habrá de abrirse, no ya a cualquier clase de trascendencia, sino a la más congruente con nuestra irreductibilidad encarnadamente vivida.

En este nuevo enfoque transhumanista, llamo «trascendental» al movimiento constitutivo y estructural de ser más en la persona a través de su experiencia integral (lo ontológico y lo fenomenológico se compenetran), y denomino «trascendencia» al término, sucedáneo o auténtico, de esta imparable movencia humana a satisfacerse y superarse en niveles crecientes. Aunque nos complazcamos en las trascendencias más escuetas y baldías, no podemos deshacernos nunca de nuestra trascendentalidad; la cual no se ha interpretar, como Kant, en sentido *horizontal* (cf. Weger 1982; Baena Bustamente 2005), esto es, en tanto que compartiéndola con los demás hombres y abarcando un conjunto de fenómenos o envolturas de lo que las cosas son y sin poder penetrar en su ser más profundo.

La trascendentalidad de la persona, además de horizontal, adquiere una significación y una orientación *vertical*: no apunta tanto a extender y aumentar un ilustrado saber enciclopédico o a poder efectivamente modificar genéticamente nuestro cuerpo material, cuanto primordialmente a la sabiduría que nace de lo alto y que se vive en el núcleo de la carne personal en la necesidad no solo de imaginar, sino de ser auténticamente salvos. En conformidad con el sentido vertical de la trascendentalidad (o *experiencia de trascendencia*, como la denotaba Karl Rahner [1938, p. 39]), «solo podemos hablar indirectamente del hacia dónde de esta experiencia trascendental». En la inmanencia mundanal accedemos trascendentalmente al horizonte de toda trascendencia, dado que no damos con un *hacia-dónde* sin el *desde-dónde* encarnado en el mundo y experiencialmente vivido de nuestro ser personal.

Tanto es así que nuestra estructura y constitución mundanal, en vez de ser accidental, nos constituye y nos permite esclarecer el problema del ser. En Heidegger (2003, p. 79), el *ser-en-el-mundo* es la «constitución fundamental del *dasein*» para plantearse, a tenor de sus trascendencias, la más radical de las preguntas; no habiendo, por tanto, otra forma de realizar una analítica fenomenológica-existencial del hombre. Así pues, horizontalidad y verticalidad van de la mano en congruencia con la encarnación corporal-espiritual-relacional en el mundo, en la cual la persona se experimenta al trascenderse a sí misma. Por su parte, las palabras siguientes de Rahner, aunque siempre diré que este autor descuida bastante lo ontológico y natural de la persona en pro de la acción subjetiva trascendental, pueden servir al lector para comprender un poco más, si cabe, lo que estoy planteando:

> La experiencia concomitante del sujeto cognoscente, la cual es subjetiva, no temática, está dada en todo acto espiritual del conocimiento y es necesaria e insuprimible, y su carácter ilimitado, abierto a la amplitud sin fin de toda realidad posible, recibe aquí el nombre de experiencia trascendental. Es una experiencia, pues este saber no temático, pero de tipo ineludible, es elemento constitutivo y condición de posibilidad de toda experiencia concreta de cualquier objeto. Esta experiencia se llama trascendental porque pertenece a las estructuras necesarias e insuprimibles del sujeto cognoscente mismo y porque

> consiste precisamente en rebasar un determinado grupo de objetos posibles, de categorías. La experiencia trascendental es la experiencia de la trascendencia. En esta experiencia se da una unidad e identidad de estructura del sujeto y con ello también la estructura última de todos los objetos pensables del conocimiento. (Rahner 1984, p. 38)

Desde las preferencias evolutivas del transhumanismo integral, el citado texto de Rahner puede ser interesante; siempre y cuando no se despeñe uno por el barranco del *mónon* espiritualista del que avisaba Polo. La trascendentalidad del *Sapiens technicus* no pertenece solamente al lado de lo subjetivo, lo cual sería otra forma más sibilina de cosificar a la encarnada espiritualidad personal. Más bien, la trascendentalidad envuelve todo su ser personal. Por este motivo prefiero al personalismo, especialmente el integral, ya que no se complace con resaltar las *estructuras del sujeto cognoscente*, las cuales son necesarias y ineliminables, no solo en lo que queramos idear o imaginar, sino en nuestra misma constitución natural de *Sapiens*: la historia de este extraño mamífero, emparentado con muchos simios, que tecnifica su vida y el mundo, que se relaciona amorosamente y que coopera laboriosamente para sobrevivir junto a sus congéneres, no es sino la historia de su trascendentalidad en búsqueda entre lo que perece de lo eterno y bajo lo eterno. Este tipo auténtico de trascendencia es de la que, muy a menudo, suele hablar la religión: trascendentalidad y religiosidad están muy unidas en el *Sapiens*.

Dicho en otros términos, *la historia del Sapiens technicus es la historia de su religiosidad en cuanto que constitución originaria de su movimiento trascendental*. Por consiguiente, el riesgo del rahnerianismo, al abordar nuestra trascendentalidad y religiosidad, es la de afincarlas con demasiada determinación en la dimensión subjetiva, descuidando aquellas perfecciones naturalmente ontológicas que nos pertenecen en tanto que seres personales y homínidos máximamente evolucionados. Los parcialistas, que copan el movimiento transhumanista, confinan lo religioso al ámbito de lo subjetivamente ideado y elegible; sin hacer del todo honor a la trascendentalidad y religiosidad *naturales* del *Sapiens.* Aunque no crea en nada o no practique ninguna religión histórica o espiritualidad alternativa, el *Sapiens technicus* es un *Sapiens trascendental amoroso*, en cuyas trascendencias vividas espera encontrar la eternidad, la correspondencia a su amor, la salvación, y lo será en cada uno de sus actos (inclusive lo más tecnificados); si bien, y en este punto sí que doy la razón a Rahner, no tematice a Dios o a una religión particular.

No vale, por tanto, con categorizar las trascendencias que ocupan al hombre de manera subjetivista, olvidándonos de la carne abierta al absoluto encuentro amoroso, a la absoluta salvación de este *Homo religiosus*. En los parcialistas, la *subjetivización* de lo trascendental y de lo religioso, como sucede en muchas argumentaciones ateas ajenas a este movimiento, agrava portentosamente la situación: en este enfoque, al confinar lo religioso al plano de lo voluntariamente ideable e imaginable, están convencidos que solo basta con aumentar el cuerpo en sus capacidades biológicas. Pero las cosas se complican todavía más en el *mónon* reductivo y nominalmente dualista de estos transhumanistas. La inconfesada perspectiva trascendental del transhumanismo parcial no es más que otra de sus quiebras reduccionistas: remarcan una trascendentalidad indefinida, pero sí extensiva, sin un término adecuado con respecto de nuestro deseo abisal.

Así, la trascendentalidad es entendida, *a parte rei*, como una búsqueda errabunda y futurista que, apoderada de un optimismo apasionado y una temporalidad puramente fisicalizada y biologizada, no se sabe bien de dónde viene ni a dónde va fuera de lo extensiblemente material: al denostar su estado evolutivo actual, el *Sapiens* no tiene más que abdicar de su naturaleza, quedando su *mejora* reservada más bien en la esfera de los deseos y de la imaginación de lo posible y no en la esfera de su realidad. Y es que los parcialistas no solo subjetivizan lo religioso, sino que, además, *desnaturalizan* al *Sapiens technicus*, tanto neutralizando sus perfecciones con respecto al reino animal y a los demás seres naturales, como reduciendo la movencia de su deseo carnal por lo eterno en un sentido inauténtico.

De esta forma hacen creer a los seres humanos que sus instrumentos, programas y herramientas (al no tener nada más que ofrecerles como consecuencia de la cerrazón a la actual perfección ontológica y al horizonte trascendental más congruente del *Sapiens amoris*) le darán *todo* y *solo* lo que necesitan para ser feliz. Pero el hombre no tardará en darse cuenta que no ha encontrado, con su hacer técnico instrumental, lo eterno que más hondamente desea encontrar; a lo cual los más extremos transhumanistas parciales (a los cuales he llamado posthumanistas) en vez de romper con su monismo, lo que hacen es animar al ser humano a buscar en *otra vida reconfigurada materialmente y no auténticamente trascendental* lo que les falta; o a recomenzar una y otra vez su empresa inmanente si es necesario.

Por ello, el transhumanismo integral rehúsa invitar a la persona humana a buscar agujas en pajares: más bien le hace ser más realista, en la línea de la tecnofilia crítica que señalé en el capítulo VIII: le dice alto y claro a la persona que, aunque la técnica humana no tiene atributos ni efectos absolutamente divinizantes, sí que puede ayudar para dignificar la vida en medio de las disfunciones, enfermedades y contratiempos que ya afligen nuestro estado terrenal. Las antropotecnias pueden hacer que el yugo de coexistir, en medio del mal y del error propio o ajeno, sea más suave y que la carga se lleve más ligeramente. Esta es la razón más notoria por la que el transhumanismo integral puede ser considerado trascendental: no para reducir la biografía de la persona a su nuda biología, ni tampoco al revés, sino para engarzar ambas, recíprocamente, en una misma historia natural en la que se co-impliquen, sin diluirse monísticamente, lo material y lo espiritual; lo temporal y lo eterno; lo profano y lo sagrado; lo humano y lo divino.

Por consiguiente, el transhumanismo integral tiene como meta ayudar (su funcionalidad y pragmaticidad es la *ministerial*, y no la de otorgar un poder técnico despótico) a que el ser humano sepa, en un primer orden fenomenológico, *quién* es (lo pone en su sitio, como se dice coloquialmente); invitándole, si así lo cree oportuno acometer, al más espontáneo, esforzado y profesional de los intentos para perfeccionarse en la integralidad de su naturaleza personal. Así pues, en este enfoque se han de articular y accionarse, de un modo preferentemente transdisciplinar, la unidad, identidad y el mejoramiento de la única encarnación personal; en tanto que multidimensional e irreductible, en definitiva, a cualesquiera de sus muchos aspectos.

Es, por tanto, en este sentido que invito a los antropólogos, a través de sus diferentes especialidades, a sopesar y a evaluar hasta qué punto es razonable o no este recién nacido *transhumanismo integral* (entendiendo el adjetivo «integral» como una actitud siempre en tensión, y no como consecución final, hacia una mayor congruencia y coherencia para con la naturaleza encarnadamente vivida de la persona en cuanto tal). Este epíteto, como ya indiqué, se lo debo directamente a Maritain (1966) con su *Humanismo integral*, al cual me gustaría traer a colación a propósito del espinoso tema que abordo en este capítulo; si bien es preciso tratar un ejemplo antitético tanto del humanismo maritainiano, como de mi perspectiva ampliativa.

UNA TRASCENDENTALIDAD NO TRUNCADA

En contraposición al entrelazamiento de la inmanencia y la trascendencia en la encarnación de la persona humana, muchos de los humanistas actuales, a los que he tildado de excluyentes, efectúan la propuesta de lo que se podría concebir como un *humanismo de la trascendentalidad truncada*. Un exponente contemporáneo de esto lo hallamos en el teórico del transhumanismo Luc Ferry (1996), quien, décadas atrás, al criticar «el antihumanismo contemporáneo» (cf. Ferry y Renaud 1963), entrevió fundamentalmente en *L'homme-Dieu ou le sens de la vie*, la oportunidad de un «nuevo humanismo» (sin duda este autor, aunque pretende erigirse como crítico, lo considero directamente enlazado con el transhumanismo parcial). Según su humanismo, «estamos 'entre nosotros' sin trascendencia fuera de aquella que parte del hombre», como advierte el crítico Marcel Neusch (1997, p. 335).

No faltan quienes, en este sentido, interpreten este humanismo como «un pronóstico sobre el destino profano de la trascendencia en un mundo que ha hecho su duelo [de la muerte] de Dios» (Neusch 1997, *Ibíd.*). Pero el punto que me interesa de la crítica de Neusch a Ferry es que este humanismo se torna «el descifrador de una trascendencia en el sí de la inmanencia, ya no vertical, sino horizontal, en la que sus rasgos se quedan largamente indeterminados» (Neusch 1997, *Ibíd.*). Como en el transhumanismo parcial, la horizontalidad de nuestra encarnación se separa de su verticalidad hacia lo absolutamente insondable. Aunque no hay término que lo satisfaga, la única forma de comprender la trascendentalidad humana es descrita por Ferry en cuanto que «irreprimible necesidad de sentido», dejando atrás los sucedáneos (entre los que coloca a lo divino en vez de considerarlo la auténtica trascendencia del hombre) hasta llegar a su completa negación (Neusch 1997, p. 336).

Solamente así, humanizando lo divino (o *laicizándolo*, según la terminología de Ferry), liberándonos de las trascendencias que limitan nuestra trascendentalidad, podríamos ser realmente humanistas. Ferry propone un humanismo sin Dios (o lo que es lo mismo una trascendencia sin término congruente ni encuentro comunional pleno), en el que no tengamos que optar imperativamente entre una conciencia sometida a la autoridad de la Revelación, como sucede en la religión cristiana, o entre la Revelación subyugada por la conciencia que es propia de una autoritaria Modernidad. Como los transhumanistas parciales, pero diferenciándose de ellos a causa de una total falta de pragmaticidad, Ferry ha venido sosteniendo una trascendentalidad humana sin contornos perceptibles, al carecer de una trascendencia concreta e histórica (mucho más todavía de una *carne* perfecta) a la que tender y arribar en tanto que congruente con la encarnación de la persona humana.

Eso puede llamarse, a mi juicio, un humanismo de la trascendentalidad truncada. Ferry (1996, p. 177) llegó a escribir, en *L'homme-Dieu* y recordándome a la comtiana Iglesia de la Humanidad, que «una nueva religión, la de la humanidad, acaba de nacer». Esta trascendentalidad truncada, desnaturalizada y vacía de contenido (como la de muchos movimientos religiosos al estilo de la *New Age* o las espiritualidades alternativas), es exactamente la misma desde la que edifican los transhumanistas parciales sus promesas: al no haber nada intrínsecamente analogable y atribuible a nuestra encarnación trascendental, en nuestro deseo abisal, tan solo *extrínsecamente* este podrá ser satisfecho mediante los beneficios materiales de los avances antropotécnicos. Pero Ferry, a diferencias de estos, no es un solucionista: en él importan más los *valores* que el hombre racional y espiritual se fije a sí mismo que las soluciones concretas o las aportaciones de la ciencia, de la técnica o de la tecnología. La trascendentalidad de la persona consiste en describirla desde una perturbadora indeterminación:

> Entiendo bien que esta indeterminación suscite vergüenza. Entre los materialistas, porque el reconocimiento de las trascendencias escapa a la lógica de la ciencia y de la genealogía. Entre los cristianos, por supuesto, porque los obliga a reformular sus creencias en términos que finalmente pueden ser compatibles con el principio de rechazar los argumentos de autoridad. (Ferry 1996, p. 247)

Este es, a un tiempo, el *humus* del transhumanismo y el de los antagonistas contra los que este movimiento reacciona: no tanto el que excluye a Dios y lo sustituye inicialmente por el progreso material (lo cual será su necesaria consecuencia a causa del agotamiento existencial de la búsqueda eterna), como el de una *difusa trascendentalidad* (que prescinde tanto de las trascendencias sucedáneas como de las más auténticas), entendida como un incesante empeño de nuestra naturaleza en buscar (y no tanto en encontrar) lo que ni teológica ni científicamente hallará. Esto se me antoja como un humanismo que habla de muchos problemas, regodeándose en la imparable movencia trascendental que vivimos, pero sin querer ser para nada resolutivo. La única respuesta válida para Ferry es la de un amor incondicional (que jamás sabrá por qué o para qué lo es) hacia toda criatura en general: un amor para nada viable mediante el progreso tecnocientífico.

Ferry no se daba cuenta que no es lo mismo una *trascendentalidad auténtica*, que se dirige hacia un objeto digno de ser amado con todas las fuerzas que su contraposición, esto es, que una *trascendentaliad inauténtica o truncada*. La primera consiste en aquella tendencia natural humana a trascenderse siempre en conformidad con un fin trascendente apto para su deseo abisal, mientras que la *trascendentalidad inauténtica* o bien se priva de fines y contenidos dignos de abrazar, o bien responde dogmáticamente a nuestra propensión al absoluto con la doctrina de la nada, el absurdo o la negación de la existencia de una carne plenamente amorosa que el hombre pudiese encontrar y amar. Y es que la trascendentalidad puede ser auténtica e inauténtica en función de los elementos o términos trascendentes a los que la persona tienda, los fines propuestos o impuestos; así como el tipo de axiología o praxeología en nuestra indagación por trascendernos.

En Ferry, empero y sorprende que no lo vislumbre, lo inauténtico que se visibiliza en una *trascendentalidad indeterminada y sin fundamento* (que se expresa hoy en una religiosidad etérea) no tardará en agotarse cuando, por ejemplo, se haga víctima del dolor inesperado o de la sórdida opresión. Más pronto que tarde (véanse los transhumanistas parciales), el hombre defensor de una trascendentalidad borrosa y atemática se dejará arrastrar por la violenta corriente de la aceleración tecnológica. ¿Nos basta un amor burgués que parlotea sin parar sobre el amor y presume de amar mucho, aunque no sabe bien a qué o quién, como pretexto para no organizarse ni profesionalizarse rigurosamente para amar de manera efectiva e incluso intentar acabar con el mal en el mundo? ¿No es este el *phármakon* más cruel que nuestra sociedad liberal puede dar a los que sufren el mal físico o moral, esto es, un discurso vago en pro de amar sin hacer nada ni cambiar nada de manera eficaz y competente? ¿Debemos no dar solución alguna a los sufrientes y decirles que les amamos, y que no queda otra que su buena voluntad y la nuestra a fin de encontrar un sentido que nada ni nadie, divino o terreno, les podrá brindar claramente?

Esta es la típica objeción transhumanista, así como también del enfoque integral, a este tipo de humanismos paralizantes y de sofá que abundan en la sociedad del bienestar. La trascendentalidad de la persona es ininteligible sin las trascendencias encarnadamente congruentes con nuestro ser. El caso de Ferry sucede cuando separamos la experiencia trascendental de lo trascendente, lo subjetivo de lo objetivo (términos desfasados hermenéuticamente), quedándonos con una inmanencia a vueltas consigo misma y que toma esto, su estar truncado, por ser lo verdaderamente trascendente. Como veremos en el próximo capítulo, para el transhumanismo integral la pragmaticidad y el progreso tecnocientífico constituyen un imperativo y un valor a considerar con tremenda circunspección.

Por mi parte, pienso que el transhumanismo integral ha de poder mantener una postura crítica hacia las versiones más aupadas del humanismo occidental, sea de los *humanismos excluyentes* (materialistas o ateos), de los *humanismos indeterminados* (Ferry), así como de los *humanismos teocéntricos* (Maritain) en su forma confesantemente más explícita. ¿Por qué nos hemos de separar también de estos últimos? ¿No sería deseable esbozar también un tipo de transhumanismo creyente? Si bien ya hay versiones explícitamente cristianas del transhumanismo, sobre todo en el mundo protestante norteamericano, no considero estrictamente necesario incorporar en este enfoque la creencia en Dios, aunque ello nos potencie en gran medida (sobre todo al descubrir el acontecimiento del Dios personal encarnado), para podernos percatar que la tecnicidad no se opone a la centralidad, dignidad y trascendentalidad de la persona humana; que la tecnicidad no se opone al verdadero amor humano.

Como he tratado ya, la persona, en su integralidad, nos dice mucho de sí misma y normativiza el trato que le tengamos que dar, especialmente el que reciba desde las antropotecnias. En vez del humanismo de la trascendentalidad truncada, este libro ampara un transhumanismo integral de la persona encarnadamente concreta en la sociedad y en la historia a través de una trascendentalidad abierta, técnicamente competente y deseante de un encuentro definitivo. A diferencia de Ferry, el transhumanismo integral ha de poder plantearse la eventualidad de este encuentro comunional pleno y perfecto, y no por ello habrá de dejar de ser secular y exigir violentamente a quienes se interesen por ello la profesión del *symbolum apostolorum*. Abordar sin remiendos la religiosidad natural del *Sapiens technicus* no es saltarse las normas de una era secular (al estar bien adentrados y laboriosos en el tiempo presente), aunque sí las rigideces de una sociedad indeterminadamente liberal; así como cada vez más intolerante con la constitución religiosa originaria de nuestra trascendentalidad.

Esto, que no es sino analizar y profundizar sin remiendos la integralidad del *Homo technicus et amoris*, lo puede hacer cualquier persona, creyente o no creyente; siempre que quiera arriesgarse a hacer aquella *mordedura de lo real* que ponía por condición Gabriel Marcel en aras de pensar radicalmente. Reconocer la eventualidad, para nada remota sino definitiva, de que el deseo abisal del hombre, en vez de ser una anomalía evolutiva, pueda llegar a ser correspondido, es sin duda morder sin miedo, ni reservas, la realidad de la carne de la persona humana. En la línea de lo que acabo de señalar, me gustaría reformular la siguiente afirmación de Maritain (1966, p. 62) en su *Humanismo integral*:

En este nuevo momento de la historia de la cultura cristiana, la criatura no sería desconocida ni aniquilada ante Dios; tampoco sería rehabilitada sin Dios o contra Dios; sería rehabilitada en Dios. A la historia del mundo solo le queda una salida (quiero decir, un régimen cristiano): que la criatura sea verdaderamente respetada en su enlace con Dios y *porque* todo lo tiene de él. Humanismo, sí; pero humanismo teocéntrico, enraizado allá donde el hombre tiene sus raíces; humanismo integral, humanismo de la Encarnación.

Aun siendo ciertas estas palabras, escritas desde la fe sincera de un filósofo converso al cristianismo, concibo el transhumanismo integral como un *enfoque secular* (que no secularista en una *separación* con respecto a lo religioso, ni tampoco ultrasecularista en una total *exclusión*), en el cual la dimensión religiosa de nuestra trascendentalidad referida al único Dios encarnado, no exige la fe que es siempre don, atendiendo y requiriendo este encuentro, a resultas del examen sin recortes de la naturaleza encarnada de la persona humana y en aras de su deseado perfeccionamiento multidimensional. ¿Quién soy yo para prohibirle al *Sapiens religiosus* que sea lo que ha sido desde hace, por lo menos, 200.000 años?

No podemos truncar ni reducir la trascendentalidad humana. En cuanto a la dimensión religiosa del hombre, el secularismo aplica la ley del silencio, mientras que el ultrasecularismo ejecuta la de la intolerancia. Basado en una suerte de humanismo teocéntrico no necesariamente confesante, pero abierto al don de la fe, por definirlo de algún modo, este nuevo enfoque interpretativo, que siempre tiene presente la eventualidad histórica de la Encarnación (en mayúsculas) en cuanto que la más congruente con nuestra encarnación, es, a decir verdad, el de una *preparatio religiosa et evangelica*. Se comprende bien que, para Maritain (1966, p. 30), «el humanismo antropocéntrico [antropomorfizado y narcisista, matizaría yo] merezca el nombre de humanismo inhumano y que su dialéctica deba ser mirada como la tragedia del humanismo».

A Dios no se le busca ni se le encuentra totalmente *ex-tatizados*, al margen de o contra el ser personal en su tecnicidad amatoria que corona el reino natural de las creaturas. Más bien, el Dios encarnado es la más auténtica trascendencia a la que tiende naturalmente y aspira libremente la persona humana en su trascendentalidad constitutiva. Pero, ya que es obvio que hace falta la fe para saber y gustar bien lo que esta afirmación significa e implica, al transhumanismo integral le basta, en caso de no poseer dicha virtud no donada por sí mismo, con asumir lo que nos brinda la experiencia directa: la natural tendencia y libre aspiración de la persona a un encuentro comunional y amoroso de incomparable profundidad, altura y belleza. La fe ayudará mucho a quien la reciba, si bien quienes carezcan de la misma, o la hayan perdido, podrán igualmente asumir este nuevo transhumanismo; al menos en todo lo imprescindible que su experiencia integral le obsequie.

En *El hombre y Dios*, Xavier Zubiri (1998, p. 52) describía a la persona, en su religación ontológica y fenomenológica, como un «absoluto-relativo», en cuanto enfrentado a la realidad última, posibilitante e impelente, y no como un «absoluto-absoluto» que toma el lugar de esta realidad (en la que se descubre a Dios) para negarla sin ningún resultado exitoso (el transhumanismo parcial hace esto en su extremismo posthumanista y en su deformación técnica molokiana). Este filósofo tampoco exigía, como es mi caso, la fe teologal para darnos cuenta de la religación de la persona.

De hecho, el hombre descubre en su acceso trascendental que no es el «origen» de la realidad, pero tampoco su aditiva extensión o producto: no se ultima, por tanto, como un «relativo-relativo», que sería engullido por el éxito de las antropotecnias o por la predeterminación que le asignaría, por ejemplo, la materia, su historia, su biología, su psicología, su cultura o su lenguaje. Esta sería, llanamente, la actitud de un relativismo derrotista en contraposición a la siempre optimizable pragmaticidad tecnocientífica. Así pues, el transhumanismo trascendental sería el que se propone ayudar reflexivamente al *Sapiens technicus et amoris* a trascenderse auténticamente en su misma dignidad personal.

Ahora se entenderá mucho mejor cuando, en el capítulo VII, defendí una suerte de antropocentrismo reformulado, el cual no ha de malinterpretarse como un centrarse ególatra en un hombre cuya encarnación se mutila, ora silenciando ora excluyendo, su búsqueda de plenitud y salvación, sino que ha de ser descifrado como un examen no excluyente de la dimensión religiosa humana, ni de su término en el Dios encarnado que se revela; puesto que quien observa a la criatura y sus perfecciones, se remonta hasta su origen supremo y hasta el término encarnado de su trascendentalidad. Acabo, en consecuencia, este capítulo reformulando, en clave secular, la cita anterior de Jacques Maritain: *un transhumanismo sin trascendentalidad y trascendencia encarnadamente auténticas, que separa o confunde lo ontológico y lo fenomenológico, trucando de esta manera nuestro deseo abisal, es un transhumanismo inhumano.*

X. EL IMPERATIVO TECNOCIENTÍFICO

Tras los necesarios aspectos trascendentales que he planteado desde una reflexión no-reduccionista ni parcialista sobre la persona humana, me parece también pertinente abordar la relación del transhumanismo con los reclamos de las tecnociencias; así como pensar directamente acerca del enorme valor social y político que se concede a su poder en razón del ritmo, cada vez más vertiginoso y acelerado, de sus descubrimientos.

En este capítulo quiero mostrar, con mayor prolijidad, nuestro ser y nuestro deber en relación con las tecnociencias. Hace varias décadas, el filósofo alemán de origen judío Hans Jonas (1979), que descubrió que había perdido a su madre en un campo de concentración tras volver de combatir contra el nazismo en el frente aliado, estableció un nuevo *imperativo categórico* para que el horror de la *shoah* no se volviese a repetir ni en Europa ni en ningún otro lugar del mundo.

La necesidad de volver a plantear un imperativo puramente formal se debió a que el irracionalismo y la desafección más inhumana se habían apoderado de Alemania durante el exterminio nazi, de tal manera que, ante unas masas que justificaban sus peores crímenes bajo el principio de la obediencia a los dictámenes de la autoridad, solo cabía proponer lo mismo pero al revés: en lugar de mandar a la misantropía, al odio racial o a la muerte, se debía ser categórico en favor de la vida humana y, en suma, forzando el respeto de toda vida. Hans Jonas, en *El principio de responsabilidad*, formuló su imperativo de dos maneras: una positiva y otra negativa. En cuanto a la primera forma, el filósofo escribió lo siguiente:

> Obra de tal modo que los efectos de tu acción no sean destructivos para la futura posibilidad de esa vida» o, formulándolo de una manera negativa más breve, «no pongas en peligro las condiciones de la continuidad indefinida de la humanidad en la Tierra». (Jonas 1995, p. 40)

Sin embargo, su imperativo, que brota de un inmenso pesimismo antropológico a causa de las calamidades vividas en la guerra, adolece de *dos fallas fundamentales*. La primera, claramente deudora de una tecnofobia aguda, consiste en el puro formalismo y consecuencialismo ante unas masas a las que se estima incapaces de juzgar y deliberar por sí mismas de manera moralmente recta y a las que, a través de una heurística del miedo, se las ha de mover a obedecer el citado imperativo sobre todo por el miedo a las peores consecuencias de quebrantarlo. La segunda falla de Jonas es, a mi juicio y como se observa en las perspectivas parciales del transhumanismo, el *extrincesismo* de considerar toda relación natural entre la naturaleza y los fines morales; entre la dignidad de la vida humana y el debido respeto que esta merece y que se le ha de dar.

A la técnica, según Jonas, se la obedece porque se temen sus consecuencias. En cuanto al transhumanismo integral, al declararse tecnófilo crítico, no puede separar lo que es naturalmente unitario y complejo en la persona integral. En conformidad con los presupuestos antropológicos de mi enfoque, quisiera reformular, no ya de una manera tan general sino aplicada a nuestra tecnicidad y a las nuevas disciplinas tecnocientíficas que pretenden mejorarnos, el imperativo categórico de Jonas (al que bautizo en tanto que *imperativo tecnocientífico*) de la forma siguiente:

> Obra de tal modo que tu acción técnica apta para amar y sus consecuentes efectos expresen, potencien, suplan y salvaguarden auténticamente a la persona integral, en su centralidad, dignidad y trascendentalidad; tanto individualmente como comunitariamente en la Tierra.

Se podría además reformular este imperativo de manera negativa: «No reduzcas, falsees o parcialices, con tu acción técnica y sus consecuentes efectos, a la persona integral en su centralidad, dignidad y trascendentalidad; tanto individualmente como comunitariamente en la Tierra». Pero este imperativo, si acaso es necesario asumiendo la sindéresis de la conciencia, no puede ser ni puramente formal, como en el Kant de la *Crítica de la razón práctica*, ni meramente consecuencialista o extrincesista para con el estado actual evolutivo del *Sapiens technicus*. Considerar nuestra naturaleza técnica y manifestar el aprecio al valor de la técnica en sentido objetivo y subjetivo, así como respetar su autonomía relativa a la persona, especialmente de la tecnología, me impiden ser de nuevo un exponente de una actitud tan tecnófoba como la de Jonas.

Espero que, tras la lectura de los capítulos precedentes, se haya podido comprender un poco más la inquebrantable interrelación encarnada entre persona y técnica, entre nuestra trascendentalidad y la *techné ministerial*. Y es que esta ministerialidad lo será en la recta medida en que, sin convertir a la técnica en una profesión servil y sin valor *per se* (mantengo aquí que la técnica es un poder y un valor), restablezca, supla, potencie y también cree novedosamente todo aquello que, de manera auténtica, plenifique a la persona, en vez de truncarla, aminorarla o alienarla bajo los poderes fácticos de este mundo. Si en el capítulo IX he argumentado que la trascendentalidad puede ser auténtica e inauténtica, en función de su vivencia relativa a sus elementos, fines y praxis trascendentes, existen de hecho, en dependencia de la modalidad en que la persona viva su trascendentalidad encarnada, *dos tipologías* de ejercer personalmente, socialmente y políticamente nuestra natural *techné*.

Por un lado, puede conquistarse una *técnica auténtica*, que contribuya y que responda al todo encarnado y multidimensional de la persona (por ello es correcto denominarla *ministerial),* y, por otro lado, se puede ejecutar una *técnica inauténtica*, es decir, la que, a causa de una metodología reductiva y parcial, rompe la inextricable unidad de la *tecnhé* humana en sus funciones restablecientes, suplentes, cultivadoras y creativas; quebrando en definitiva nuestra unidad antropológica y empeorando, de esta manera, los males que se pretenden superar. Todavía sería peor si, además de lo estrictamente metodológico, esta técnica inauténtica se deformara, despóticamente, en una *técnica inhumana* en su culto molokiano.

Esta última no se detiene ante las posibilidades lesivas, manipuladoras, controladoras y mutiladoras que se desprenden de la cultura de la muerte y del descarte y que campa a sus anchas en nuestro tiempo. Como sentencia Karl Löwitz (1998, p. 347), «el ser humano recibe de Prometeo los dones […] junto con los peligros». Afirmé anteriormente que Molok me parece más analogable al transhumanismo mayoritario que el mito de Prometeo. De hecho, existen técnicas inhumanas, cuando se considera a la persona solamente como cuerpo biológico, como espíritu desencarnado, como producto social o económico, como fuerza productiva, como mera pulsión sexual, etc., entre tantas maneras reduccionistas, no ya de intervenir (como sucede en la técnica inauténtica), sino de desfavorecer y desdeñar a la persona.

Y es que, en el amplio espectro de la técnica, la mencionada *inautenticidad* puede llevarnos hacia la *inhumanidad*, y esta última, como tristemente se pudo comprobar en la primera mitad del siglo XX, puede ser hábil, a imagen del demonio Molok, para conminarnos a la *antihumanidad* exterminadora. Este, al asaltar y arremeter sin treguar contra la dignidad del hombre, es el más dantesco e indeseable de los supuestos con el que se puede encontrar el *Sapiens technicus*. Como es evidente, y puesto que espero no padecer de una tecnofobia enemistada con nuestra naturaleza técnica, este terrible supuesto no es *solo* y *toda* la técnica; así como tampoco la inhumanidad despreciativa de una vivencia inauténtica de nuestra *techné*.

Llama especialmente la atención que esta inhumanidad y antihumanidad, operada en mayor o menor virulencia (tanto metodológicamente como a través de una eugenesia positiva o negativa), llegue a justificar su postura de un modo muy particular: desviando nuestra atención de sus resultados contrarios a la centralidad, dignidad y trascendentalidad de la persona, en razón del progreso de un saber que se va pragmatizando cada vez más. Esto, en lo que atañe al transhumanismo parcial, no consiste sino en la espera en un exponencial crecimiento investigativo y aplicativo especialmente de las antropotecnias. Por esta razón es acertado recurrir a las bases antropológicas del imperativo tecnocientífico, término con el que quiero expresar la urgencia con la que el transhumanismo, en cualesquiera de sus formas, nos convoca en aras de trabajar, financiar, instituir y valorar a las nuevas tecnociencias que son capaces de mejorar biológicamente al ser humano.

Con la contemporánea «revolución tecnocientífica» (cf. Echeverría 2003), convertida por el transhumanismo en una *revolución antropotécnica*, el ilustrado imperativo del progreso se ha visto tanto actualizado como extremado en formas ni tan siquiera intuidas en décadas pasadas. Soy consciente, no quiero ocultarlo al lector, que el transhumanismo integral responde a este imperativo; aunque habrá de verse en este capítulo cómo también reacciona, cuestiona y critica diversas razones que, entre los parcialistas, les hace verse empujados a un acatamiento inflexible y formal tanto de dicho imperativo como de sus normativizaciones concretas.

El transhumanismo integral no puede obedecer formalmente, como se haría de una manera análoga (aunque pragmática) a la neokantiana, al imperativo tecnocientífico por la sola razón (fáctica) de la eficacia de las nuevas tecnologías que mejoran biológicamente al hombre. Puesto que el *enhancement* es siempre relativo a un marco epistémico y de valores, no todo lo técnicamente posible en estas recientes disciplinas, por el simple hecho de sus consecuciones materiales factibles, *ha* de ser válido y aceptable por todo el mundo; especialmente cuando estas no contribuyen al bien integral de la persona humana en la sociedad, en la política y en el medio ambiente.

Este es uno de los más importantes criterios, por el cual me rijo, a la hora de obedecer (o desobedecer) al imperativo tecnocientífico. No se puede considerar verdadero progreso tecnocientífico a aquel que mengua o pone en severo riesgo, no solo la supervivencia, sino la integralidad de la naturaleza humana (sobre todo cuando la trascendencia, que le ofrece como solución, habita más en la imaginación que en la realidad), si esta se quiere interpretar y vivir tanto en su estado saludable como en la perfección específica del *Sapiens technicus et amoris*. Una concepción absoluta de la libertad de la investigación antropotécnica (o morfológica sobre el propio cuerpo) es inadmisible, si esta libertad no es adecuadamente libertad para el bien integral del *Sapiens*, de sus hermanos de especie y de nuestra casa común.

LA DESMITIFICACIÓN DEL PROGRESO Y EL ESTEREOTIPO MANIQUEO

Además, y este otro criterio no es menos significativo, el transhumanismo integral, cuando en verdad puede obedecer a este imperativo (¡porque *puede*!), ha de emprender igualmente una crítica desmitificadora del progreso tecnocientífico. Desde la Ilustración, es patente que el avance de los saberes de la ciencia, la técnica y la tecnología se han defendido como nunca y han significado, inclusive, un verdadero proyecto de vida para muchos individuos, instituciones y pueblos.

Hay países, como por ejemplo Brasil, que beben directamente de las aguas de este progresismo ilustrado; adoptando como lema nacional la misma rúbrica neopositivista del *orden y progreso*. Así pues, y en su *Discurso sobre el espíritu positivo*, Auguste Comte (1988, p. 36) reclamaba «siempre una feliz combinación de estabilidad y actividad, de donde resultan las necesidades simultáneas de orden y progreso o de unión y extensión». Cabe apreciar que el concepto de progreso ha cambiado perceptiblemente a lo largo de la historia del pensamiento, básicamente en *dos aspectos*; los cuales, si bien están secuencializados históricamente, hoy se excluyen dramáticamente:

> El primero se refiere a una serie de hechos cualesquiera, que se desarrollan en un sentido deseable. En este aspecto podemos hablar del «progreso de la química», «progreso de la técnica» y se encuentra en todas partes. También los antiguos y los estoicos emplearon el término para designar el desarrollo del hombre en el camino de la sabiduría y de la filosofía. El segundo aspecto se refiere a la creencia de que los hechos en la historia se desarrollan en el sentido más deseable, realizando una perfección creciente. En este sentido la palabra designa, no solamente un balance de la historia pasada, sino también una profecía para el porvenir. (Abbagnano 1980, p. 956)

Se ha perdido muy a lo lejos el sentido clásico de progreso en tanto que *desarrollo sapiencial del hombre*, un sentido que atrae intensamente al transhumanismo integral: se trata de un progreso no de disciplinas aisladas de la persona o contra la persona, sino en tanto que desarrollo de su vida encarnada profunda y extensa, tanto interior como exterior, en el mundo. La fractura cartesiana, que desembocará en el monismo contrapuesto y anómalo que denunciaba Leonardo Polo, está en la raíz de la pérdida de la calidad humana en el desarrollo de la persona. El segundo aspecto, al que alude Abbagnano, no es sino el de aquella concepción tecnocientíficamente teleológica, tanto del progreso de estas disciplinas como de la historia humana, que los parcialistas defienden; sin ser suficientemente conscientes de la herencia neopositivista que están recibiendo. Pero, ¿qué nos faculta verdaderamente para tildar a lo que es tecnocientíficamente factible, sin mayores de precisiones que la de su misma factibilidad, como *mejor* o *peor* a lo que antes no podía ser hecho?

Los transhumanistas parciales, deslumbrados por lo que esperan de las nuevas antropotecnias interventoras del cuerpo y ontoteologizando su valor, descuidan el medio encarnado y sociopolíticamente extendido desde el que siempre valoramos lo *mejor* o lo *peor* de sus consecuciones. Desde mi perspectiva integral, sostengo que toda valoración de conveniencia, mejora o nocividad en las tecnociencias aplicadas al hombre, se realiza en un marco epistémico y normativo mayor que permite efectivamente hacerlo. Este nuevo enfoque penetra interpretativamente en el marco epistémico y normativo del transhumanismo parcial, a fin de proponer una perspectiva reformadora y tecnofílicamente crítica.

Los parcialistas, en cuanto a sí, separan a las antropotecnias de la encarnación mundanal de la persona e hipostasían sus investigaciones y descubrimientos. Solo así, vaciando de humanidad a estas disciplinas, les es posible subordinar las personas a las mismas; sin tan siquiera llegar a reconocer el complejo proceso ideologizador y normativizador que las fundamenta. Se nota, por tanto, una cierta rigidez en la racionalidad, marcadamente tecno-optimista y futurista, que mantiene el transhumanismo parcial; a lo cual puede ser esclarecedora la perspectiva de Stephen Toulmin en su obra *La comprensión humana* (1972):

> Los hombres demuestran su racionalidad, no ordenando sus conceptos o creencias en rígidas estructuras formales, sino por su disposición a responder a situaciones nuevas con espíritu abierto, reconociendo los defectos de sus procedimientos anteriores y superándolos. Aquí, nuevamente, las nociones fundamentales son las de «adaptación» y «exigencia», más que las de «forma» y «validez». (Toulmin 1972, p. 12)

Al intercambiar la racionalidad rígida por otra más flexible, se está identificando, en el transhumanismo integral, este proceso; toda vez que se va adoptando uno nuevo: cabe sostener que nadie se escapa totalmente de un tipo de racionalidad, la cual en ocasiones es denominada peyorativamente con el apelativo de la ideología. No tiene por qué opinarse que lo ideológico deba ser siempre negativo. El problema es la ideología que se hechiza y hechiza con el mito del progreso, haciendo así daño a la carne humana presente. En efecto, el progreso científico en puridad no existe, ni denota nada, al margen de la encarnación personal significadora; así como fuera del denso entramado de conceptualizaciones, intereses y relaciones de poder entre los miembros de la especie humana. En este sentido, el transhumanismo integral pretende ofrecer un nuevo marco epistémico y normativo que intente ser racionalmente crítico, esto es, siempre en disposición de reforma y adaptación.

De esta forma, la estrategia de desmitificar el progreso, para naturalizarlo integralmente y no por ello abandonar su obtención, es *conditio sine qua non* de esta original propuesta en favor de la realidad sistémica y compleja de la persona humana. En vez de mitificar el progreso, desnaturalizando al *Sapiens technicus et amoris*, al someterlo a un imperativo autoritario, se ha de naturalizar no-reduccionistamente[15] esta aspiración a tenor del ser personal; intentando ser consecuentes y también audaces (en el sentido *realizable* de la utopía, del que traté en el capítulo VIII) en conseguir, por los más punteros medios que nos proporcionen las nuevas tecnologías, la *mejora integral*[16] de la persona.

---

[15] Recalco que no me opongo a la reducción de la física sino a la estrategia que subvierte arbitrariamente la unidad y complejidad del organismo humano, a la cual denomino «reduccionismo».

[16] En el capítulo XII, con el que cerraré la segunda parte de esta obra, volveré al concepto de «mejora integral», en cuanto que contrapunto necesario y novedoso con respecto de la concepción parcialista del *enhancement*.

La mejora integral ha de ser, en la medida de lo posible, dejada a la deliberación moral de cada cual, al contemplar que una persona decida no aplicarse nada de estas disciplinas, si existen riesgos y efectos contrarios a su vida, en una clara desproporción con su novedosa invención y su utilización. Por ello, es de suma importancia no mitificar el progreso. Así, esta mejora integral no ha de ser, en palabras de Walter Benjamin (2009, p. 48), la de la del fanatismo y la credulidad, «en un progreso de la humanidad misma (no solo de sus destrezas y conocimientos) [... un progreso] sin término (correspondiente a una infinita perfectibilidad de la humanidad) [... al que] se [...] tenía por incesante (como uno que recorriese espontáneamente un curso recto o en forma de espiral)». El judío berlinés respondió a este mito mediante la crítica realista que aprecia que «la redención es el *limes* del progreso» (Benjamin 2009, *Ibíd.*).

La no-posibilidad meramente horizontal e inmanente de ser redimidos y salvados completamente es, por decirlo sencillamente, la frontera y el semáforo que marca el espacio, el ritmo y la intensidad de nuestro empeño en el progreso tecnocientífico. En efecto, lo que limita, y a la vez desnaturaliza, nuestra obediencia a este progreso es el estar volcados en una redención que no nos podemos adjudicar, en tanto que seres finitos y contingentes en disposición de crear artefactos análogamente finitos y contingentes. Es necesario defender un progreso naturalizado y del todo relativo, así como una mejora antropotécnica subordinada al bien integral de la persona, sin refugiarse en un progreso onteologizado del que muy prontamente saldremos decepcionados: necesitamos poner en relieve, junto con Walter Benjamin (2009, *Ibíd*), «la crítica a la representación del progreso absoluto».

Esto, como no podía ser de otra forma, tiene que ver, como contrapunto, con el *estereotipo maniqueo* que estigmatiza, no ya el rechazo frontal del progreso humano, lo cual me parece razonable, sino, desgraciadamente, a la necesaria y ponderada racionalidad crítica contra la absolutización de la obediencia a todo lo nuevo que las antropotecnias hagan en nuestra naturaleza encarnada. Mantengo que está demasiado agotada la repetitiva clasificación, al interior del movimiento transhumanista, entre *bioprogresistas* y *bioconservadores* (cf. Buchanan 2011).

Tanto los primeros, como los segundos, se pueden diferenciar de ese modo, según advierte Allen Buchanan en *Beyond humanity?*, siguiendo el criterio de si son o no esencialistas de la naturaleza humana; o lo que es lo mismo, si afirman o no que hay una normatividad natural en el hombre que nos obligue a respetarle. Si bien es cierto que el término «esencia» suena ininteligible para muchos intelectuales actuales, me parece asombroso, en personas autoproclamadas defensoras del más alto saber científico y del hacer técnico competente, que neutralicen de forma tan parcial y reductiva a la persona humana; rebajando su condición de complejo naturfacto inteligente, tecnificador y amante, a la de cualquier otro ser o artefacto materialmente manipulable.

Solo la ideologización más reduccionista permite obviar la complejidad sistémica natural del *Sapiens technicus et amoris*, así como el buen trato que nos reclama y exige en tanto que ser libre, afectivo y consciente de toda trascendencia en su mismidad. Si tuviésemos que ser lógicamente consecuentes con Buchanan: *la diferencia entre bioconservadores y bioprogresistas no existe*, sino que es un constructo arbitrario. En otro lado de esta obra, me pregunté si había alguna alternativa real y efectiva, en el discurso transhumanista, al *Sapiens* que somos. Como no la hay en ninguna parte, y puesto que no contamos con nada dotado de suficiente probidad para negar y obviar la eminencia de nuestra evolución específica, no ha lugar para una tipología diferente, denominada «bioprogresista», con respecto de los que desconocen y desmeritan nuestro actual estado evolutivo. Tal vez Buchanan pudo haber establecido otra división, la cual sí pudiera interesar más al transhumanismo integral, entre *evolucionistas* y *anti-evolucionistas*, o incluso, entre *realistas* y *utopistas extremos*. Yo prefería a estas otras.

Quiero ser muy rotundo al respecto: el presunto concepto de «bioprogresismo» de Buchanan, en una indisimulada línea despreciativa de la evolución humana y de nuestra innegable dignidad en comparación con los demás seres naturales, es otro de los *flatus vocis* del transhumanismo parcial. Esta clasificación no solamente me parece ilegítima e infundada, sino de todo punto innecesaria en el movimiento transhumanista: la persona humana no es un constructo potestativo, que se pueda pausar o posponer. Es, antes bien, una realidad encarnada trascendente, que es actualmente insuperable tanto por cualquier otro ser natural, como por la misma *techné* humana y las posibilidades mismas de las antropotecnias. Así pues, esto me lleva a agradecer no ser contado entre los presuntos bioconservadores y en los bioprogresistas, si esto último requiere, por mi parte, dejar de ser un partidario acérrimo de nuestra naturaleza evolutiva en cuanto *Sapiens*; toda vez que reconozco nuestras carencias y límites de la mano de nuestra tecnicidad tanto para suplirlas como para auxiliarlas.

No puedo sino sentirme gratificado al no ser denominado de esa forma, de tal suerte que el transhumanismo integral no solo no cree en ello, sino que pretende superar este falaz estereotipo. Contra la falsa división maniquea entre bioprogresistas y bioconservadores, debo afirmar lo siguiente: cuestionar, no ya este desafortunado cliché, sino la idea de un progreso absoluto e idealizado, constituye lo más acorde con la razón; un acto de sensatez y de realismo que es más que necesario en el debate transhumanista actual. Si, por un lado, no se puede tachar de bioconservadurismo a la postura que admite la falibilidad de la *epistéme* y la *techné* humanas (otra de las incongruencias capitales del transhumanismo parcial), no es legítimo, tampoco, sinonimizar la verdadera apuesta por el progreso humano en la profundidad y amplitud de nuestra encarnación con la máxima quimeración sobre el potencial de las tecnociencias recortadas en antropotecnias; así como tampoco con una desproporcionada autopercepción (obviamente de superioridad y supremacía) por parte de quienes trabajan en (o esperan todo de) estas disciplinas.

El transhumanismo integral, en lugar del progreso absoluto e ideal (el más irreal de todos los posibles) que evidenciaba Benjamin, prefiere esforzarse, con todo su haber y competencia, por un *progreso real* (por una *utopía realizable*, según el léxico maritainiano); sopesando los balances entre el poder actual de las antropotecnias y las probables consecuciones futuras que se orientan al bien integral de la persona, de la comunidad y de nuestro planeta. Me parece una total falta de respeto a la razón y una laguna enorme de coherencia lógico-existencial denostar, en cuanto que conservadora, a la defensa del progreso real. Esta concepción realista del progreso, más que detener e impedir que nos volvamos más perfectos, hace más cuidadoso y laborioso al ser humano que investiga en estas disciplinas; así como al que tiene esperanza de que, al menos en parte y en dependencia de muchos otros factores necesarios, estas puedan robustecer la dignidad de su vida. Este es, sin ambages, el verdadero progreso.

Además, el *Sapiens technicus* sabe que, incluso en su acción técnica más suplente y creativa, es un ser herido y sesgado tanto al inicio, como durante y después de su *poíesis* más eficaz. Este planteamiento filosófico y evolutivo crítico hacia la absolutización del progreso ha tenido precedentes, por lo menos indirectos, en el pensamiento teológico. Hans Urs von Balthasar cuestionaba que el progreso fuese el resultado acumulativo de un saber que se ve ganando gradualmente; negando, con meridiana rotundidad, la concepción lineal y teleologista del neopositivismo.

La investigación tecnocientífica consiste en un oscilar entre el buscar un pleno sentido y el no hallarlo en este mundo finito; en el autotrascenderse de la persona siempre insatisfecha con sus propias modalidades históricas de buscar y de hacer la verdad, así como con las tipologías y taxonomías provisionales que va puliendo, atinando y conformando. A medida que cree haber dado con los destellos de la verdad y haberla materializado de algún modo, el *Sapiens technicus* se da cuenta de que su distancia para con ella aumenta; así como también su perfectible pericia al tener que volver a intentarlo:

> El verdadero progreso que hay que hacer en el conocimiento de la verdad no es un curso rectilíneo y uniforme ni un simple ascenso gradual. Cada paso adelante es más bien, a la vez, una prueba de la riqueza cada vez mayor del ente, que siempre abre nuevas vistas y perspectivas sobre lo infinito, y muy lejos de desalentar al que conoce, lo atrae con maña hacia siempre nuevas y más atractivas aventuras de conocimiento. La fascinación por la infinitud de toda la verdad real corresponde, pues, al acto total del conocimiento que no quiere hallar, sino siempre volver a buscar. (Balthasar 1997, p. 197)

Este es el verdadero y auténtico progreso, según el pensador suizo: el de estar en una constante apertura, esto es, el de nuestra trascendentalidad no truncada sino dispuesta, según la desambiguación encarnada, al encuentro definitivo. De mientras y sin la frustración de Sísifo, en tanto que *homines viatores* que no esperamos de nuestras solas fuerzas unos frutos divinos, lo definitivo buscado se nos dará en los pliegues y repliegues de nuestra carne; en los embates del mundo; en los vaivenes de la sociedad y la política; así como en las revoluciones paradigmáticas de la historia. Todo lo que hagamos puramente solos podría fracasar dado que no todo depende de nosotros solos. Por ello, es altamente recomendable, a quienes obedecen parcialmente (creyendo que lo hacen totalmente) al imperativo tecnocientífico (en la deformación molokiana de la *techné*), que constaten sin dobleces ni complejos «el hecho de que la verdad se nos aparezca siempre en el modo de la situación, de que tenga, el carácter perentorio que exige decisión», lo cual, cabe retenerlo bien, «se funda, no en último lugar, en su esencia social y dialógica» (Balthasar 1997, p. 197).

En vez instalarnos en la seguridad de lo descubierto, siempre partimos en la aventura del saber y del saber hacer (y volvemos a ella) desde una *perplejidad básica* (la capacidad de asombro de la que hablamos a menudo los filósofos) de una realidad ontológica que nos desborda y nos reta, de tal manera que, desde la perspectiva de este planteamiento metafísico omitido por quienes ontoteologizan a las antropotecnias y a sus consecuciones materiales, «hay en el conocimiento de la verdad un progreso real, pero [no] un progreso tal que deje atrás definitivamente el primer y vivo punto de partida y le vuelva las espaldas» (Balthasar 1997, p. 27). Por consiguiente, hemos de estar dispuestos a asombrarnos siempre en la realidad.

Esto muestra que la teología puede ser, en determinados casos, mucho más lúcida que la filosofía y las ciencias del hombre en las cosas profanas (cf. Oviedo 2022). En su *Teología de la Historia*, Von Balthasar (1964, p. 135) deplora que el progreso se haya *inmanentizado,* prescindiendo de toda trascendencia (propio de una trascendentalidad inauténtica en sus diferentes modalidades, como he señalado en el capítulo anterior a propósito de los tipos contrapuestos de humanismos), de tal manera que la mejor opción a considerar, entre los proyectos intramundanos, habrá de ser la más consecuente con nuestra encarnación (en su trascendentalidad auténtica). En razón de esto y contra la horizontalización mayoritaria en los (trans)humanismos contemporáneos, el teólogo es partidario de «un progreso horizontal y vertical» (Von Balthasar 1964, *Ibíd.*). Es progreso promover la trascendentalidad en su modalidad de plenitud encarnada, así como siendo muy competentes en la concreción extensiva de las tecnociencias. Lo vertical y lo horizontal se entrecruzan el acontecimiento de nuestra carne abierta al horizonte de la Encarnación en plenitud.

Por ello, cabe obedecer a un progreso en el que no se confundan las trascendencias sucedáneas con las sólidamente congruentes, pero también elevantes, de la persona humana que se autotrasciende y que no descansa hasta encontrar lo que colma el abismo de su ser. En esta guisa, el progreso no puede hipostasiarse, sin que, como enseña el suizo, experimentarnos en la tensión y el riesgo constante de movernos «desde el reino de lo inauténtico, del olvido (platónico) del ser a la autenticidad de la apertura al ser —según Heidegger—», habiendo «siempre [...] un paso, un caminar; [... un] 'viajar', 'tender hacia'" lo que nos culmina en plenitud» (Von Balthasar 1964, p. 136). Así pues, no podemos *horizontalizar*, ni tampoco *verticalizar* monísticamente, ni mucho menos dualísticamente, el progreso tecnocientífico, dado que consta de «los dos elementos básicos de toda naturaleza: 'Polaridad y elevación' (Goethe) [...] Polaridad mundana [...] y a la vez la más abrupta elevación desde el mundo hasta Dios» (Von Balthasar 1964, p. 141).

Así las cosas, coincido de pleno con este reconocido autor en este punto: en la temporalidad, historicidad y mundanalidad humanas, como ya dije, se entrelazan lo pasajero y lo eterno; el orden de las creaturas y el orden divino. Indiqué, además, en el capítulo precedente, que la trascendentalidad del *Sapiens technicus et amoris* no solamente es la del hacer cosas o manipular herramientas sino la de ejercitarse también en la trabajosa *techné* de ser persona, esto es, de conocer, ser libre y de amar en cotas crecientes de sentido y plenitud.

METAFÍSICA BÁRBARA Y ANTROPOFAGIA TECNOLÓGICA

Al contrario de quienes contraponen los avances materiales y pragmáticos del saber con respecto de lo auténticamente humano (la trascendentalidad contra la tecnicidad), este *Sapiens technicus* es un *Sapiens amoris*. Tecnicidad y trascendentalidad pertenecen la espiritualidad humana, de modo que es en la concreta vivencia encarnada de la persona, en el riesgo de trascenderse libre y amorosamente a sí misma, como este homínido responde al imperativo tecnocientífico en tanto que absoluto-relativo a lo otro y a los otros y al Totalmente Otro que le abraza en su carne; estando siempre referido y vocacionado, aunque se equivoque, se canse o se pierda, a lo absoluto-absoluto.

La manera de obedecer de este homínido *sui generis* y de responder a las exigencias de la nueva revolución antropotécnica no puede ser la de reducir su ser y su hacer a unos insignificantes tentáculos de estas disciplinas: acatar y cooperar, en aras de obtener un mayor progreso tecnocientífico, no ha de implicar pagar el precio de su propia vida; olvidándose la persona de sí misma y de los otros; o haciéndose sorda a su vocación más auténtica y negando su dignidad. Y es que conviene no caer en la *antropofagia tecnológica*, si reinterpretamos desde la filosofía de la técnica y de la tecnología la crítica al occidentalismo del literato Oswald de Andrade (1990). En el transhumanismo parcial el hombre puede acabar siendo canibalizado por sus propias antropotecnias, en vez de que estas cumplan con el soñado anhelo de mejorar y aumentar su vida.

Una tecnofilia acrítica exacerbada puede empujarnos al escenario más morboso. De Andrade (1990, p. 15 y 23) ponía en evidencia, sirviéndose de recursos literarios, la «metafísica bárbara» que involuciona a la persona en un «*bárbaro tecnizado* [...], ávido de progreso, asimilando la técnica y utilizando-se [¡a sí mismo!] de la máquina para acelerar su liberación moral y política [...] Crearíamos así, por el camino del máximo progreso material, un nuevo *estado de naturaleza* [...]». En el parcialismo que denuncio en esta obra, el cual se atreve a convertirse en lo que llamo un tecnocientificismo caníbal, se me antoja válida la dialéctica siguiente: «tesis: hombre natural, antítesis: hombre civilizado; síntesis: hombre natural tecnizado» (De Andrade 1990, p. 31), aunque el adjetivo «natural» deberá ser desechado más adelante. Así es, y obviando el nivel evolutivo y civilizatorio alcanzado por nuestra especie, el transhumanismo más parcial no puede sino arrancar su proyecto del hombre natural corporizado, puesto que este es el único material con el cual se arroga poder realizar una modificación y un aumento cada vez más extenso de su cuerpo que lo fusione indistintamente con las nuevas antropotecnias.

El *Sapiens technicus*, que es a la vez *Sapiens amoris*, se barbariza cuando desencaja la técnica de sí mismo (la tecnicidad de su auténtica trascendentalidad), especialmente de su capacidad amatoria, con tal de alienarse en los productos que consigue y cuando se usa a sí mismo instrumentalmente; sin importarle su dignidad o la del prójimo. La barbarie adviene, por tanto, cuando el *Sapiens technicus* utiliza la técnica extrínsecamente, esto es, *fuera de sí mismo y contra sí mismo*; apartándose de su naturaleza, y de la que le rodea, para maquinar contra ellas. El parcialismo, lejos de la loable propuesta hecha por De Andrade (1990, p. 33) de substituir el bárbaro mecanizado por el «*hombre cordial*», demanda que el imperativo tecnocientífico se cumpla a raja tabla desde una subyugación en menoscabo de la integralidad de la persona humana.

De Andrade denunciaba, con estas provocativas metáforas, la tecnificación y la mecanización instrumental de la profundidad de nuestra vida encarnada. Esta es, pues, la consecuencia de vaciar de espiritualidad a la tecnicidad de la persona humana. Los parcialistas no han pensado la técnica sino desde una razón instrumental, como un asir a la mano de herramientas y utensilios, un re-mover y modificar materia; o incluso un control y manipulación experimental para re-crearnos infinitamente. Esta forma transhumanista de entender la técnica, a diferencia del discurso del amor burgués retóricamente sugerente pero inoperante (cf. Ferry 1996), *ocupa* al hombre en vez de solo *pre-ocuparle*. Quiero expresar con esto que la tecnificación unilateral de la persona humana la acaba fagocitando, esto es, la mantiene extrañada, volcada y enajenada en la vorágine de las antropotécnicas; al margen del conocimiento y el cuidado de sí, de sus semejantes y de la naturaleza compartida con el planeta.

Ante este peligro, el transhumanismo integral rebate el vaciamiento de la vida encarnada y propone recuperar el poso auténticamente humano y cordial de la técnica (de ahí que en el próximo capítulo llegue a proponer unas «tecnologías humanas»). Y ello por diversos motivos. Los parcialistas, por ejemplo y al hipostasiar su poder desnaturalizador, pasan por alto que la técnica es una forma auténticamente humana de amar (esto, paradójicamente, también sucede en los tecnófobos) y no porque no tengan en gran estima la técnica (de hecho, presumen de ser los tecnófilos más fervorosos), sino porque, al mantener una concepción tan extrincesista de la misma, convierten su indefinida e ilimitada *progressio* en la huida sin retorno de la naturaleza humana y de los atributos más excelentes de los que somos capaces.

Si estas nuevas aportaciones materiales se consiguen solamente por la vía de ir dejando de ser los *Sapiens* técnicos y amantes actuales (en la más disruptiva deformación molokiana de nuestra *techné*), lo que nos espera no será más que la muerte, esto es, el estado post-existencial, post-fenomenológico y post-ontológico del pleno vaciamiento de la carne. Me parece llamativo lo que se escucha en los resurreccionistas o migracionistas del movimiento transhumanista mayoritario, cuando sostienen que será posible algún día despojarnos de nuestro cuerpo mortal para que nuestra mente informacional more por siempre en la interconectividad de una red de datos que se parecerá, en muchos aspectos, a la *noosfera* teilhardiana. Así pues, tal vez podría ser válida esa lectura teológica que permite distinguir, en el transhumanismo parcial, una suerte de reviviscencia de la antigua herejía gnóstica. Antonio Diéguez, gran especialista en la temática, sintetiza magistralmente las diferentes fases de la desencarnación progresiva posthumanista desde lo biológico a lo puramente informacional:

> Una primera fase *bio*, tendente a la mejora del cuerpo humano en su salud, longevidad y prestaciones, mediante diversas biotecnologías. La segunda fase —llamémosla *info*— apuntaría ya hacia una simbiosis de nuestro cuerpo biológico con los artefactos digitales procedentes de la inteligencia artificial y de la robótica. En

> una tercera fase, se podría aspirar incluso a una sustitución plena del soporte biológico, siempre sospechoso, por otro aparentemente más fiable. Y en el límite, encontraríamos ya la desmaterialización o digitalización plena de la mente. Se sueña, así, con la migración de las mentes individuales (*mind uploading*). (Diéguez 2021, p. 201)

Esta soteriología, que se circunscribe en la inmanencia computacional, «reclama que el carácter divino de la persona humana permanece en la mente [...] y, de este modo, [es] la mente [la que] deberá ser salvada sola» (Delio 2003, p. 49). La salvación cristiana, a diferencia de promesas como la relativa a la Singularidad de Ray Kurzweil o la Superinteligencia bostromiana, es *cualitativamente diferente* (y no solo cuantitativamente), como sugiere el teólogo Marius Dorobantu (2019 p. 11), puesto que «concierne al ser humano entero, [y] no solo a la mente, como en el caso de la salvación tecnognóstica, lo cual [en la fe cristiana] es la única congruente con la dignidad de la persona humana como *imago Dei*».

Si la tecnosalvación es el nuevo almacenamiento y prolongación de la mente como pura información, el imperativo tecnocientífico que cumplen estas narrativas no es otro que el del vaciamiento y distanciamiento con respecto de la encarnación de la persona humana. ¿Nos dejaremos fagocitar, sin más, por el Molok antropotécnico del futuro? No es este el imperativo tecnocientífico al que quiere obedecer el transhumanismo integral. Más bien lo reta y lo desobedece sin tregua. Solo es movido su compromiso y su acción a partir de unas tecnociencias que no se excusen, y que no rehúyan la carnalidad humana en su más directa realidad y máxima amplitud.

LA TÉCNICA COMO FORMA EFECTIVA DE AMAR Y EL *NOVUM* TRASCENDENTAL

Si antes he dicho que «la técnica es una forma auténticamente humana de amar», me gustaría invertir la frase, contra el canibalismo descrito y el humanismo de sofá de un amor indeterminado que enfatiza la tendencia amorosa, pero no su concreción fáctica. Por ello creo necesario reformular mi afirmación anterior, prestando particular atención a los extremos que impiden una mejora integral de la persona.

Tal vez podría escribir que «el amor es una forma auténticamente humana [entre muchas formas] de ejercitar la técnica», así como de ejercitar muchas otras dimensiones de la persona que contribuyen a dignificar la vida personal y comunitaria en el cuidado de la casa común. Contra la teoría de un vago amor filantrópico (Ferry) o de la antropofagia tecnológica (De Andrade), la técnica, en su mayor elaboración tecnológica, es un poder y una oportunidad, no solamente de instrumentalizar y manipular el mundo y a los individuos, sino también de amar efectivamente aquellos bienes terrenos y a las demás personas en su recta medida. El *Homo technicus* y el *Homo amoris* son el mismo ser natural, de tal manera que su *tecnhé* puede actualizarse, espiritualmente y encarnadamente, como una *actio amoris*.

A las demandas de unas nuevas tecnologías aplicadas a la mejora integral de la persona, que le permitan ser más libres y amar auténticamente, es válido un principio intrínseco (y no puramente formal como el de Jonas) de la responsabilidad; cuando este se sentenciaba con razón que, a más poder, más responsabilidad. *Responsabilidad* no significa desnaturalizarnos en una técnica alienante o en una moral puramente formal por el miedo a las reprimendas o al desastre que causemos, sino que quiere decir *responsividad desde lo más hondo de nuestro ser en tanto que Sapiens technicus et amoris*, es decir, se trata de *responder*, de la manera más audaz y eficaz posible, a los avances tecnológicos pro-integrales en relación con la persona. Y esto se ha de realizar a través de una inteligencia, una afectividad y una acción libre que cooperen críticamente a favor de una investigación, una experimentación y una profesionalización cabales de las recientes disciplinas; al aportar sus innovaciones para el bien de la persona humana.

Esta interpretación de la responsabilidad, por lo tanto, no es la de un sí incondicional a todo lo que las antropotecnias nos permiten hacer de manera novedosa en el ejercicio de nuestra libertad morfológica. No toda novedad es válida. Pienso que, además de los trascendentales escolásticos convergentes del *verum*, el *pulchrum*, el *unum* o el *bonum*, el transhumanismo más parcial y tecno-optimista se ha inventado un trascendental más no previsto en la tradición filosófica: el *novum*. Que algo sea *novedoso*, muy especialmente en las tecnociencias aplicadas a la persona humana, no significa que sea verdadero, ni unitario, ni bello, ni bueno. La obsesión de nuestra sociedad occidental (y del sistema universitario, para qué negarlo) por la innovación, incluso a costa de la calidad y profundidad que caracteriza a la persona, es de todo punto cuestionable: lo nuevo, por ser nuevo, no por ello ha de ser aceptado, imitado o celebrado.

La historia muestra que ha habido tantas novedades tecnológicas que han resultado nefastas para la humanidad. Básteme recordar, justamente, las «novedades» de Auschwitz, el racismo biológico o el higienismo burgués. En el transhumanismo integral, por contra, la crítica a la fagocitación humana no tiene por qué ser tachada de misoneísta: esta otra perspectiva busca más bien la novedad que nos permita ser auténticamente más y mejores desde un plano cualitativo. No se está odiando la novedad, sino solamente la novedad que nos ningunea y anula a nosotros y a nuestra realidad encarnada. Puesto que niego la mayor de la *performance* de un conservadurismo enfrentado a un bioprogresismo, si las antropotecnias se pueden ampliar trascendentalmente según este nuevo enfoque interpretativo para que la persona actualice auténticamente su *techné*, estas disciplinas pueden en verdad sernos de ayuda para contrarrestar e ir erradicando el mal en la tierra; de modo que no podemos despreciarlas y omitirlas. Hacerlo significaría, en última instancia, despreciarnos y omitirnos a nosotros mismos.

De este modo y contra la inoperancia teórica del amor burgués o la ruptura desnaturalizadora del posthumanismo, propongo que la pragmaticidad, funcionalidad, efectividad y operatividad tecnocientíficas trascendentalmente ampliadas, antes de ser un obstáculo, han de ser contempladas como un *valor* y un *deber* a deliberar en la sindéresis personal; haciendo esto en la medida —reitero— en que la ministerialidad de estas disciplinas sirva para restablecer, potenciar, suplir y cultivar creativamente lo más excelente de la integralidad de la naturaleza humana. Así, y junto con tantas dimensiones personales que nos dignifican y plenifican tanto a nosotros mismo como a nuestro entorno, cabe acoger en nuestra conciencia y en nuestra acción morales el imperativo de las tecnociencias más *autentificadoras* de nuestra trascendentalidad. Se puede ser más y mejores cualitativamente, sin desnaturalizarnos ni poner en riesgo a la comunidad o al entorno natural.

Solo cuando este nuevo imperativo no se impone *a posteriori* a la naturaleza humana (a diferencia de Jonas), sino que nace *de* ella, es la manera en la que podremos no hacernos cómplices del mal. Y es que el mal no solamente es el mal moral sino también el mal físico. No hemos de irresponsabilizarnos ante ambos males, como hacen los teóricos de un amor sin contornos ni obras concretas técnicamente válidas, o los posthumansitas futurizadores. Estos, en lugar de morder la realidad según las expresiones de Marcel, anticipan en el presente la no-encarnación o la muerte total de la naturaleza humana; así como la falta de cuidado del sí mismo de la persona humana y de los demás. Constatar la naturaleza del *Homo technicus*, inseparable de su capacidad amatoria, no implicar anonadarlo necesariamente en el «bárbaro tecnizado» que denunciaba De Andrade (1990, p. 15).

Contra la ya existente canibalización tecnológica del hombre hacia sí mismo, el transhumanismo integral, aun defendiendo el progreso en estas nuevas disciplinas, no aboga sin más por cualquier tipo de progreso por el simplista argumento de ser factible: solamente aboga por un *progreso real que autentifique integralmente a la persona humana amante y tecnificadora*, la cual busca siempre de manera racional, pero también *a*fectivamente y *e*fectivamente, autotrascenderse. Este nuevo enfoque interpretativo, que se toma en serio el imperativo tecnológico y responde críticamente desde la concreción encarnada humana, aspira a que algún día, en el núcleo mismo del transhumanismo, no tenga razón alguna (pues todavía la tiene actualmente) el marxista Herbert Marcuse en su crítica de las tecnologías transformantes sino solamente en lo concerniente a *una sola dimensión* de las mismas (la deformada molokianamente), así como a *un solo tipo de transhumanismo* (el que he llamado «parcial» o «mayoritario»):

> La sociedad que proyecta y realiza la transformación tecnológica de la naturaleza, altera la base de la dominación, reemplazando gradualmente la dependencia personal (del esclavo con su dueño, el siervo con el señor de la hacienda, el señor con el donador del feudo, etc.) por la dependencia al «orden objetivo de las cosas» (las leyes económicas, los mercados, etc.). Desde luego, el «orden objetivo de las cosas» es en sí mismo resultado de la dominación, pero también es cierto que la dominación genera ahora una racionalidad más alta: la de una sociedad que sostiene su estructura jerárquica mientras explota cada vez más eficazmente los recursos mentales y naturales. (Marcuse 2010, p. 161).

XI. TECNOLOGÍAS HUMANAS

A partir del examen y descripción directa de la persona encarnada, hace realmente falta una nueva concepción no-reduccionista de la técnica y de su sistematización en la tecnología. En los capítulos anteriores he sostenido que la técnica es una modalidad irreductible de la persona humana (de ahí que llame, con razón, a nuestra familia biológica en tanto que *Homo technicus*) y que, también y de modo objetivo, el ejercicio de la técnica misma también es irreductible a una sola de sus producciones y artefactos, en cuanto es pluridimensional y consta de distintas operatividades, efectividades y funcionalidades. No es en absoluto legítima la pregunta de si somos técnicos o naturales puesto que, en tanto que la técnica es expresión y actualización de la vida natural personal, esta se aplica y se ejecuta en la persona, a través de ella y para ella. Nuestra naturaleza técnica es una vivencia y una expresión de la carne, esto es, de la vivencia corporal-espiritual inseparable de la persona que piensa y razona.

El transhumanismo parcial pone sobre la mesa el suculento, pero envenenado, plato de la *deshumanización de la técnica y de la tecnología*. Para llegar, sin embargo, a concebirla de manera ampliada, en tanto que expresión y compleción de nuestra carnalidad, se precisa otra forma de entender nuestra carnalidad. Me estoy refiriendo a que se ha de negar frontalmente el reduccionismo radical en nombre de un enfoque que, si bien asume que la persona orgánica, en lo propio de su *cuerpo*, consta de subniveles que se remontan hasta sus elementos materiales, nada nos faculta para negar el nivel sistémico total experienciante. Y esto no es una postura arbitraria por mi parte sino una forma de responder al extremismo de un recortante imperativo antropotécnico que deseo evitar: aquel que concibe a la persona nada más que en la materialidad de un cuerpo y está convencido que, una vez lo controlará, lo controlará prácticamente todo en nuestra vida consciente y en el futuro.

El reduccionismo radical (no me gusta llamarlo así pues lo *radical* corresponde a nuestras *raíces*) sino *extremo* (porque polariza lo que nuestra naturaleza encarnada gatilla en unidad armónica), no habla tanto de la *carne* (en la que vivimos nuestro cuerpo relativo a los otros y al entorno), sino del *cuerpo*, o incluso de *corpúsculos*; como los que abundan en la física nuclear. El filósofo de la ciencia y de la tecnología Mario Bunge (2015, p. 201), materialista donde los haya, aunque bravamente crítico, embistió contra el *reduccionismo extremo* (él lo llama desafortunadamente «radical»); según el cual «todo lo que hay en el mundo son entes físicos, por lo cual las diferencias entre los entes que estudia la física y la biología no es sino una deferencia de complejidad» cuantitativa y, en absoluto, cualitativamente distinta.

En el terreno antropológico, esta perspectiva, ideológicamente sesgada, consiste en un micro-reduccionismo *in extremis*, que intercambia la totalidad cualitativamente orgánica y sistémica de la encarnación viviente y vivida de la persona; atendiendo solamente su carnalidad como un simple cuerpo físico. Mas la carne es más que solo cuerpo a tenor de la vivencia integrada del número ingente de elementos que conforman nuestro organismo en tanto que totalidad sistémica compleja. Aunque también podría haber un reduccionismo espiritualista descomunal, el reduccionismo materialista extremo es una estrategia ideologizada por un *mónon*, según el cual «la micro-reducción» es necesaria y suficiente en todos los casos [incluyendo a la persona] para dar cuenta de las propiedades globales o sistémicas de una totalidad» (Bunge 2015, p. 200). Bajo estos postulados, la persona no está encarnada dualmente (en su cuerpo y en su mente) sino que, como se pudo leer en los propósitos epifenomenistas de Natasha Vita-More, se vive como un reducto ilusoriamente dualizado; al pensar que su mente se distingue *a parte rei* de su cuerpo. Esto sucede, según la expresión de Luciano Floridi (2023, p. 343), cuando se entiende «la humanidad como una bella anomalía». Pero Bunge nos pedía que no nos dejásemos engañar, de manera tan precipitada, por esta ideologización:

> [...] el reduccionismo radical ha fracasado en casi todos los campos. Ha fracasado incluso en física, la [cual] contiene varias teorías que no han sido deducidas de otras, tales como la mecánica y la electrodinámica cuánticas, y la teoría de la gravitación. [...] Ni siquiera la termodinámica ha sido deducida rigurosamente de la mecánica estadística, ni la mecánica del continuo de la mecánica cuántica, pese a las afirmaciones tajantes de casi todos los libros de texto y, por lo tanto, de casi todos los filósofos de la ciencia [...]. (Bunge 2015, p. 201)

Para evitar este rotundo fracaso epistemológico en el ámbito teórico, pero también en el práctico de la tecnología, se hace urgente otro enfoque que, sin incurrir en una burda antropomorfización, sea relevante con respecto al desafío transhumanista. Desde un «materialismo moderado», como lo aprecia Bunge (2015, *Ibíd.*), las cosas cambian perceptiblemente. He de confesar que este término, aunque mi postura es cercana a este materialismo, no es de mi agrado a causa de las resonancias del materialismo mecanicista que traté en el capítulo IV. Es, pues, manifiesto que la persona guarda importantes similitudes con una máquina material en su estructuración y composición, pero dista totalmente de ella en su cualidad integrada de auto-organización dúctil y vivencia encarnada profunda: *somos máquinas autopoiéticas encarnadamente vivientes y experimentadoras* (cf. Maturana y Varela 2004).

Más que considerarme un materialista moderado, y puesto que la materia no es sino uno de los tipos de naturaleza (la naturaleza puede ser material y espiritual), prefiero que el transhumanismo integral, al cual estoy introduciendo en esta obra, sea el de un *naturalismo no-reduccionista*; el cual no anula irracionalmente, sino que requiere, de la micro-reducción sin tener por ello que estancarnos a perpetuidad, tanto metodológica como ontológicamente, en el descenso a los subniveles personales. En la Edad Media se aceptaba una pluralidad de naturalezas (*natura divina*, *natura angelica*, *natura humana*...), de suerte que los conceptos de *natura* y *materia* no eran para nada sinónimos: más bien el primero abarcaba semánticamente al segundo. Pero no solo en el pensamiento medieval, sino incluso Descartes, para alejar las sospechas de ateísmo de sus críticos, distinguía entre la *res extensa*, la *res cogitans* y la *res divina*. También en la Ilustración, como en el pensamiento de Spinoza, era usual distinguir una *natura naturata* de una *natura naturans*; lo cual ha influido, por ejemplo, en la fenomenología de Merleau-Ponty.

Esta es, por tanto, mi objeción a Bunge y a prácticamente la mayoría de los autores materialistas en filosofía de la ciencia y de la tecnología. El naturalismo no-reduccionista, a diferencia del materialismo, no niega la pluralidad de naturalezas, ni tampoco los procesos y estados emergentes cualitativamente más complejos, de la naturaleza material. Estos procesos y estados, una vez emergidos y en contraposición a una caracterización meramente extensa y mecánica de la naturaleza material, no son reversibles a sus constituyentes elementales de una manera llanamente lineal. Bajo este enfoque, y puesto que es indudable que el cuerpo físico en cuanto tal es metodológicamente reductible a sus micropartículas; este cuerpo constituye, en su cualidad sistémica personal, *mucho más* que las mismas; de modo que cabe enfatizar, no solo el *descensus* micro-reductivo, sino el *ascensus* pro-integral:

> No todo puede explicarse por micro-reducción; a veces es menester ubicar al objeto en un contexto más amplio para poder comprender su comportamiento [...]. A su vez, la consideración de semejante contexto más amplio requiere juntar o consolidar cierto número de fragmentos de información y conjetura dispersos entre varios campos de investigación. En ocasiones tal integración o síntesis da como resultado la fusión de teorías o aun de disciplinas íntegras. Ejemplos obvios: la neuroendocrinología y la psicología fisiológica. (Bunge 2015, pp. 201-202)

Esto es lo que se fija, como objetivo metodológico, el transhumanismo integral: no separar la reducción de la integración, puesto que la persona, que puede ser mejorada tecnocientíficamente, se vive en su unidad dual en tanto que constreñida por su cuerpo y elevada espiritualmente. Una nueva concepción de la ciencia, de la técnica y de la tecnología no puede pasar por alto este fenómeno y vivencia fundamental. De este modo, no podrá haber mejora congruente con nuestra carnalidad vivida que la trazada por un enfoque de la integración o de la ampliación; haciendo coincidir a Bunge y Polo en este contexto, si bien el segundo, como ya abordé, no se detiene en su análisis con lo limitativo del cuerpo físico, sino que lo traslada hasta una *ampliación trascendental*.

Para intentar conciliar ambas posturas, tecnocientífica la primera y antropológica la segunda, diría de primeras que un transhumanismo que en verdad quiera responder a la persona habrá de ser doblemente revisado y ampliativo, esto es, tanto en las exigencias del cuidado del cuerpo físico, como (de manera principal) del cuidado de sí mismo en nuestra apertura trascendental. Por esta razón, es tan relevante esta integración, como la puntualiza Bunge, careciendo por desgracia el autor de una consideración trascendental; en tanto que ensancha las miras tanto de la investigación científica que se hace de la persona humana, como de las soluciones tecnológicas y técnicas que le queramos ofrecer a fin de perfeccionar su vida:

> No se puede entender, por ejemplo, la historia de un organismo aislado, sino tan solo como miembro de algún ecosistema o comunidad. En particular, el comportamiento de un psicólogo no podría explicarse con solo abrirle la tapa de los sesos o midiendo algunos indicadores de su actividad cerebral. Con ser necesaria, esta información es insuficiente: también es menester estudiar la conducta social del psicólogo, y, por lo tanto, los sistemas sociales en los que se desenvuelve: su familia, laboratorio, comunidad científica, e incluso la cultura íntegra. Si se ignora el ambiente o entorno de una cosa no se la podrá explicar adecuadamente, especialmente si la cosa es un ser humano. (Bunge 2015, p. 202)

Tal y como se puede advertir, es interesante notar que el transhumanismo integral concuerda mayormente con el enfoque de la *fusión de disciplinas* (prefiero interpretarlo como *trasdisciplinariedad*), en lugar de la lógica de la separación y de la parcialización de las metodologías científicas y tecnológicas en sus diferentes técnicas que el transhumanismo parcial prefiere: si se quiere mejorar integralmente a la persona humana no nos basta, aunque son imprescindibles para efectuar un cambio material concreto de nuestra vida encarnada, con unas antropotecnias biológicamente fundadas. ¿Por qué reducir las ciencias y las tecnologías a las antropotecnias, y estas últimas a su deformación molokiana?

En la versión mayoritaria se ve bastante claro el vaciamiento que se hace por doquier: del reduccionismo ontológico, se pasa a uno fenomenológico; de este a uno antropológico y del mismo a uno tecnológico, en el cual solo son válidos unos determinados tipos de sistemas técnicos: los antropotécnicos materialmente orientados. Así pues, las otras disciplinas son tomadas por menos importantes o incluso inferiores. En cambio, el enfoque interpretativamente antropológico del transhumanismo integral se fundamenta en una metodología que aúna la diversidad y pluralidad de disciplinas destinadas a perfeccionar, en el sentido de la *areté* o del progreso clásicamente entendido, tanto lo biológico como lo espiritual de nuestra vida encarnada, comunitaria y ambiental.

Esto podrá modificar de raíz, como desarrollaré en el último capítulo, la eugenesia biologicista a través de una *viricultura* del cultivo externo e interno de la persona humana; siempre tensionada a trascenderse más allá de sí misma. También, lo cual se me antoja oportuno comentarlo, nos ayudará a substituir la propensión del transhumanismo a la «locura del solucionismo tecnológico»; como reza la obra homónima de Evgeny Morozov (2016, p. 18). Y es que no puede haber mejora real de la persona, «sin ocuparnos de la intricada condición humana ni dar cuenta del complejo mundo de las prácticas y las tradiciones» de este ser (Morozov 2016, *Ibíd.*). La interpretación que hace el transhumanismo parcial de la tecnología, en tanto que ontoteologizada, no solo la convierte en objeto de deseo y de culto fanáticos, sino que, al separarla de la complejidad de la vida humana y de su mundo espiritual, la convierte en la mejor aliada de los poderes que buscan someter, acallar y neutralizar, en todos sus niveles, nuestra vida.

El hombre no es un inapreciable objeto material, al que un dominante y controlador sujeto tecnocientífico o su pagador, en cuanto que autoproclamado experto en su materialidad, mejorará en la totalidad de la vida humana, prometiéndole mejorar esta misma materialidad. Morodozov ha criticado, ante el peligro de hacer del hombre un mendicante del sistema, este solucionismo reduccionista de corte antropotécnico, dado que «no es solo una manera elegante de decir que para cualquiera que tenga un martillo, todo parece un clavo» (cf. Morozov 2016, *Ibíd.*), sino que significa que el hombre es convertido, con una violencia ideológica inusitada, en un *tecnodependiente*; tanto en lo social como en lo económico y lo político.

Hacer esto supondría esclavizar a la persona al sistema imperante e impedirle trascenderse a sí misma y desarrollar su capacidad crítica en aras de cambiar el *status quo* inhumano y antihumano que la amenaza. El solucionismo, como bien puede imaginar el lector, está basado en «un optimismo tecnocientífico a toda prueba», descrito en tanto que «fe tecnófila inquebrantable en las virtudes redivivas del progreso» (Ferry 2017, p. 50 y p. 52). He propuesto por ello, en el capítulo VI, una sana secularización de esta exacerbada fe tecnológica.

Esto es lo que aquí llamo una *quiebra tecnológica*, tanto de la naturaleza originariamente personal, como de la tecnología y sus técnicas en tanto que inexorables recreadoras de transhumanidad. ¿Tiene que ser siempre la tecnología, toda tecnología en sus diferentes sistematizaciones técnicas inclusive, una suerte de antropotecnia? ¿Se ha de invertir únicamente en las tecnologías convergentes atribuidas y concentradas en el hombre, al margen, por ejemplo, de las tecnologías mejoradoras del ecosistema o de la investigación teórica que permiten no solamente manipular la materia, sino comprenderla en mayor profundidad?

En lo que concierne al transhumanismo, cada vez son más las voces que protestan contra esta doble quiebra y el descuido de las tecnologías típicamente transhumanistas con respecto de otras disciplinas tecnológicas, igualmente relevantes, para el bienestar de la persona, su salud y la sostenibilidad ecosistémica. Por expresarlo de un modo más sencillo, si en verdad es urgente mejorar al hombre de manera efectiva, es igualmente inaplazable hacer lo mismo con nuestro planeta; buscando una mayor armonía de la especie humana en su propio *milieu* natural. Por desgracia, tal y como observaba Carl Mitcham, ha habido dos maneras contrapuestas de concebir filosóficamente la tecnología:

> [Esta] puede significar dos cosas completamente diferentes. Cuando «de la tecnología» se toma como un genitivo subjetivo, indicando cuál es el sujeto o agente, la filosofía de la tecnología es un intento de los tecnólogos o ingenieros por elaborar una filosofía de la tecnología. Cuando «de la tecnología» se toma como un genitivo objetivo, indicando el objeto sobre el que trata, entonces la filosofía de la tecnología alude a un esfuerzo por parte de los filósofos por tomar seriamente a la tecnología como un tema de reflexión sistemática. La primera tiende a ser más benévola con la tecnología, la segunda, más crítica. (Mitcham 1989, pp. 19-20)

Por un lado, tenemos, mayoritariamente entre los transhumanistas, una concepción ingenieril de la tecnología como algo alejado de la profundidad espiritual de la persona, en tanto que aquella es *hecha* por quienes trabajan directamente manipulando y transformando la materia; de modo que se corresponde con una «filosofía mecánica» o «filosofía de los manufactureros» y no, como quiero proponer aquí, con una filosofía humanística o, mucho menos, personalista (Mitcham 1989, p. 21). En el lado opuesto encontramos «la filosofía de la tecnología de las humanidades», a las cuales los del primer lado la consideran desprovista de rigor y de experticia, en tanto que «intento de la religión, la poesía y la filosofía (o sea, las ramas de las humanidades) por buscar una perspectiva no tecnológica o transtecnológica para dar origen a una interpretación del significado de la tecnología» (Mitcham 1989, p. 49). ¿En qué lado tendría que posicionarse el transhumanismo, en tanto que ideología mejoradora de la persona?

Es bien sabido que los segundos han acusado históricamente a los primeros de ser unos cabezas huecas y de querer utilizarnos, mientras que los primeros consideran a estos últimos unos ineptos romantizantes. Sin embargo, y pese a las diferencias a la hora de interpretar la tecnología, ¿no son los ingenieriles y los humanísticos, encarnadamente y mundanalmente *personas*? Ninguno de estos extremos me satisface ya que, no solo no hacen justicia, sino que quebrantan la unidad material-espiritual de la persona humana. Esta bicefalia en entender la reflexión sobre la tecnología es un precedente claro del transhumanismo parcial. Contra esta pretensión desintegradora tiene sentido emprender una *humanización de la tecnología*, en lugar de una tecnologización reductiva de la persona; así como de la misma tecnología en sentido objetivo y en tanto que unilateralmente (y parcialmente) antropotécnica. Pero suplico que no tergiverse mis palabras el lector. ¿Estoy pretendiendo antropomorfizar más aún a la tecnología en detrimento de su metodología transdisciplinar?

Todo lo contrario. El transhumanismo integral, como he mostrado, quiere combatir el sesgo antropomórfico y narcisista, que pone en peligro al progreso real de la tecnología y a nuestra casa común. ¿Qué es más antropomórfico que el propio transhumanismo parcial? Se ha de ver con diáfana claridad que la quiebra tecnológica que he apuntado está directamente relacionada con la *quiebra antropológica* de la persona encarnada: esta ocurre precisamente cuando la persona (y la propia tecnología en su diversidad técnica) es desencajada de su trascendentalidad, así como de su natural relación con la comunidad y el medio, al entenderla como *mónon* material modificable en el espacio, esto es, como un conglomerado material que hay que modificar a toda costa y a todo precio. Es aquí, en esta ideologización operada por el transhumanismo mayoritario, cuando la tecnología es reducida a antropotecnia. Consiguientemente, he de ser contundente en afirmar que el conjunto de las antropotecnias no son las únicas tecnologías en las que ha de fijarse el transhumanismo integral, así como las únicas tecnologías válidas y aceptables en general.

Al proponer aquí unas «tecnologías humanas» no estoy cuestionando ni poniendo en peligro la autonomía de la tecnología y sus técnicas, ni tampoco antropoformizándolas. El abuso de la subordinación de estas disciplinas a las perversiones humanas ha sido causa de los más inauditos desastres y las más justificadas críticas. Pero ser auténticamente persona no significa ser perversos. Que las nuevas tecnologías puedan servir para el bien integral de la persona humana no implica, en esta integración no solo antroposistémica sino también biosistémica (en una acepción más amplia del *bíos*), impedir el progreso de las tecnologías no antropotécnicas y de la tecnología en general. Más bien necesitamos de estas otras disciplinas porque la persona, desde un enfoque interpretativo integral, no puede alcanzar su bien en perjuicio del bien de los otros y de nuestro planeta. Se ha leído ya que la tecnología goza de una *autonomía relativa*, tanto con respecto a la persona integral, como con su entorno comunitario y ecosistémico. ¿Por qué no proponer, por lo tanto, una concepción integral de la tecnología en este sentido? Esto es, a fin de cuentas, lo que rubrico con el nombre de «tecnologías humanas».

En efecto, *hay* algo más que de antropotecnias, si tenemos bien presente el diverso ámbito de las teorizaciones, planificaciones y aplicaciones tecnológicas que responden a nuestra encarnación. Es más: *debe* haberlo, sin que ello desmerezca, ni un ápice, al debido respeto y atención que merece el *Sapiens technicus* en su dignidad personal y amatoria. En el capítulo VIII defendí, además, la *centralidad* de la persona humana. ¿Puede, por tanto, impedir esta centralidad el desarrollo autónomo de la tecnología y su diversidad metodológica? Más bien pienso que lo reclama, si en verdad queremos ser congruentes con la persona integral en su entorno comunitario y ecosistémico, así como con el progreso real por el que nos esforzamos. Una ciencia y una tecnología, que pongan a la persona en su lugar central, no se han de desvirtuar en sus reflexiones y aplicaciones técnicas por las *dos razones* que esgrimiré a continuación.

En primer lugar, esta centralidad hace que la persona se haga más consciente del imperativo tecnocientífico, por lo que no ha de limitarse a ser receptora (o consumidora) pasiva de las nuevas disciplinas en este ámbito. La centralidad de la persona, por tanto, fomenta una mayor implicación, compromiso y actitud crítica con respecto a las nuevas tecnologías. Y ello no solamente está exigido a los destinatarios en clara dependencia del tipo de material del que traten (es un tópico oír hablar del *buen uso* o del *mal uso* de la tecnología), sino sobre todo a los mismos tecnólogos, al descubrir su nexo natural y la responsabilidad moral hacia su propia profesión y vocación. Por ende, insistir en la centralidad de la persona es también poner el foco en la tecnología en cuanto intrínsecamente unida a la obligación y a la responsabilidad morales.

El puesto eminente del humano en el reino natural, por la cual afirmo que la persona es central en el cosmos, consiste en la excelencia del cuidado integral de sí misma, de los otros, de lo otro y del Totalmente Otro que le sorprende en su carne. En efecto, y si ser el centro de la naturaleza le corresponde *de iure* al *Homo technicus*, no es más que en aras de cuidar de esta misma naturaleza (que equivale a cuidar de sí mismo sin el narcisismo moderno), compartiendo su dignidad con las otras personas y el medio; así como plasmando esta misma dignidad a través de su más creativo trabajo tecnológico y su más esforzada acción técnica. Por tanto, y en conformidad con esta primera razón esgrimida desde un enfoque integral, tanto quienes crean los diferentes sistemas técnicos, como los destinatarios de esta acción, humanos o no, pueden verse beneficiados de ella.

En segundo lugar, subrayar la centralidad de la persona, no solo aumenta el interés por las tecnologías que se aplican directamente a ella (sin duda esto ha de ocurrir primariamente para el transhumanismo integral) sino de todo aquello que tiene que ver con el bien de su vida encarnada. Al no ser la persona mero espíritu, es justo afirmar que nuestra encarnación no es aparente o acaso monádica, sino estructural y efectivamente mundanal. No se ha de olvidar, como ya he tratado anteriormente, que una de las estructuras trascendentales de la persona, que marca la consecución tecnológica del *progreso real*, es, además de su verticalidad, su horizontalidad. Esto, que denomino «mundanalidad», no es un añadido extrínseco a la persona, sino que es *de* ella misma en cuanto que trascendentalmente relacional; de tal suerte que trabajar en tecnologías mundanales (como las energías renovables o aquellas que fortalecen la sostenibilidad) es tener en alta consideración a la persona:

> Es cierto que, pese a la afirmación de la interioridad de la vida respecto a sí misma, el sí es esencialmente apertura al mundo, y su relación con el mundo es, sin duda, como dice Brague, una relación de concernencia total: *todo* me concierne. Y esta concernencia va, sin duda, del ser-en-vida al pensamiento militante, pasando por la *praxis* y el vivir-bien. (Ricœur 2006, p. 347)

Es claro que las nuevas tecnologías han de servir a la persona, si bien no por ello esta ha de ser aislarla del mundo, destruyendo sus relaciones y sus raíces en la naturaleza. El antagonismo total entre *antropocentrismo* y *biocentrismo* es una consecuencia más de la quiebra antropológica y tecnológica que padecemos en nuestro tiempo. La centralidad de la persona es la centralidad de una vida conscientemente obligada a respetar-se y a amar-se personalmente y extendidamente; mientras que el respeto de la vida natural, si al menos aspiramos a ser coherentes, no puede ceder a la cultura del descarte de la vida vulnerable o negar su evolución para favorecer formas menos complejas de vida; como si estas fuesen superiores al hombre o mereciesen un mejor trato. Obviamente, el ecosistema supera en extensión a la persona, pero no en intensión y profundidad trascendental; de modo que, entre ambos, además de una *co-dependencia*, se da una *co-superación* a distintos niveles.

Algo así sucede en autores declaradamente biocentristas que, paradójicamente, niegan las prerrogativas que, en la misma naturaleza, se ha otorgado al *Homo technicus*; llegando a defender, con mayor comodidad que al hombre, al género animal o a un ecosistema indeterminado sobre la dudosa base de una estrategia anti-humanista. A este biocentrismo no le gusta, me temo, la naturaleza que dice tanto amar y defender. Si la persona es un ser mundanal, pero no por ello mundano, esto es, un ser mundanal que se trasciende a sí mismo, ¿cómo puede oponerse contra el bien del medio ambiente su centralidad, en tanto que la persona está ontológica y estructuralmente relacionada (y destinada a un atento cuidado) con el resto de seres inertes y vivos de la naturaleza, al no solo *tener* fortuitamente una naturaleza a su disposición, sino *siendo* natural, al tiempo que la goza y la padece en su experiencia integral encarnada? Pienso, desde luego, que esto sucede por no apreciar la relación intrínseca de la persona con su encarnación en la comunidad y el ambiente.

La humanización de la tecnología que propongo, concretamente en aquellas que se implican en el proyecto transhumanista, habrá de trabajar a partir de nuestra concreta y extendida encarnación; de tal manera que no se pierda la co-dependencia y co-superación entre persona, comunidad y entorno. *Co-dependencia*, porque decir «persona» es decir «ser-en-el-mundo» y decir «ser-en-el-mundo» es decir persona, en tanto que constituye su *Zentrum* vivencial consciente. *Co-superación*, porque tiene un doble sentido: por un lado, el de la naturaleza en su inmensa extensión y cromatismo cualitativo, y por el otro, el de la persona en su connotación trascendental superadora de lo cósico aislado o colectivizado; así como de la apilación objetivadora-manipuladora que han venido haciendo la ciencia y la tecnología reduccionistas desde la eclosión de la Modernidad. En síntesis, la persona y el medio se precisan y se superan mutuamente, no de manera igual sino diversa, en conformidad con sus diversos modos de ser y de vivirse; especialmente en lo que atañe al modo de vivirse trascendental y amoroso del *Sapiens technicus*.

Por consiguiente, las antropotecnias no son ni pueden ser las únicas disciplinas que interesan y en las que se basa el transhumanismo integral. Si fueran solamente estas, quedarían marginadas aquellas tecnologías que contribuyen a lograr un mayor equilibrio y armonía de la persona con los demás, con las instituciones y con el ecosistema. Por ejemplo, al enfoque integral le puede resultar de gran importancia estudiar tecnologías sostenibles como la energía solar, los dispositivos electrónicos con más eficiencia energética y las técnicas de reciclaje, haciendo, de esta manera, a nuestra casa común más habitable y apta para la auténtica trascendentalidad humana. Hay, pues, que poner en valor la *diversidad tecnológica*: además de las antropotecnicas, cuentan las tecnologías emergentes y sostenibles en su relación con el medio en tanto que destinadas a hacernos más sabios y conocedores del comportamiento natural integral.

Habida cuenta de esto, el concepto de «tecnologías humanas» (pluralizado me parece más idóneo, al reconocer que no solo cuentan las antropotecnias sino otros tipos de sistemas técnicos favorables a la persona, a su vida comunitaria y a su entorno) me parece óptimo en aras de una mejora integral del *Sapiens technicus et amoris*, habida cuenta que he mostrado que el epíteto «humano» no es el sinónimo de falta de rigor o de una deformación molokiana de una tecnología, cuyo favorecimiento de la persona humana se opere de manera inversamente proporcional a la convivencia y a la sostenibilidad ecosistémica. El adjetivo «humano» unido al de «tecnología» significan algo novedoso para el transhumanismo integral. «Humano», como pensaba santo Tomás de Aquino, puede afirmarse tanto en sentido corporal objetivo, como en sentido personal integral:

> De entre las acciones que el hombre realiza, solo pueden considerarse propiamente *humanas* aquellas que son propias del hombre en cuanto que es hombre. El hombre se diferencia de las criaturas racionales en que es dueño de sus actos. Por eso, solo aquellas acciones de las que el hombre es dueño pueden llamarse propiamente humanas. El hombre es dueño de sus actos mediante la razón y la voluntad; así, se define el libre albedrío como *facultad de la voluntad y de la razón*. Llamamos, por tanto, acciones propiamente humanas a las que proceden de una voluntad deliberada. Las demás acciones que se atribuyen al hombre pueden llamarse *del hombre*, pero no propiamente humanas, pues no pertenecen al hombre en cuanto que es hombre. (*S. Th.* I-II, q. 1, a. 1, ob. 3)

Así pues, «humano» se ha de interpretar dualmente.[17] Secundariamente, en cuanto *actio hominis*, esto es y según el sentido de la declinación latina, *del* hombre considerado en su más concreta objetividad corporal y en la exteriorización de sus actos. El transhumanismo parcial piensa al hombre de este modo externista y ejecuta así extrínsecamente su preferencia por las antropotecnias. Así mismo y primordialmente, «humano» puede ser visto como

[17] Que no dualísticamente.

actus humanus, es decir, en la acción deliberadora consciente de la persona racional, afectiva y libre, en tanto que puede ser abordada desde la profundidad espiritual de su vida encarnada. Por consiguiente, las tecnologías humanas comparten y se interesan dualmente por las características del *actus hominis* y del *actus humanus*, habida cuenta de lo que diré a continuación. Por una parte, estas tecnologías, naturalizadas de forma no-reduccionista, expresan, expanden y perfeccionan la dimensión espiritual humana; mientras que, por otra parte, satisfacen, restablecen y suplen co-creativamente a la persona en su dimensión corporal.

Las tecnologías humanas pueden ser tal cosa en la medida en que se decidan por vertebrar la mutua exterioridad e interioridad del hombre, contribuyendo a ambas de manera ampliativa. Y es que pienso que se ha de poder hacer tecnología sin necesariamente carecer de rigor metodológico e investigativo, como tampoco sin tener que considerar al ser humano un objeto o la herramienta a la total disposición de un plan ideológico rector. Desde la ideología planificada del transhumanismo parcial se hace del hombre no tanto el *fin central* de su investigación a favor del biomejoramiento sino el objeto y el utensilio provisional para *re-crear-se* indefinidamente. Al igual que se van lanzando las diferentes versiones de un programa informático o de un ordenador, se irá dando lugar a los diferentes transhumanos (no está claro si se busca *uno* en concreto), así como el mayor utensilio que podrá ser desechado incluso si, en el supuesto más futuristamente extremo, se consiguiese un posthumano de todo punto singular. Cuando defiendo, por tanto, unas «tecnologías humanas» quiero tanto sortear esta problemática, como ofrecer una alternativa heurística a través de la consideración de *dos órdenes complementarios*; tal y como trataré enseguida.

En un primer orden, esta expresión es usada por el transhumanismo integral para destapar la caja de Pandora de la retórica cosificante e instrumentalizadora con la que los parcialistas comprenden a la persona, en tanto que individualidad corporal indefinidamente desarmable y reorganizable para alcanzar un más óptimo, inteligente y feliz mecanismo. La persona sería tratada, en este caso, como el *stuff* (la materia indeterminada), o también como el «*stock*» de Galton [1883, p. 25]) a fin de fabricar otro ser mejorado en la medida en que las antropotecnias nos permitan poder modificar y combinar más acertadamente nuestro material corpóreo básico. Por ello, el transhumanismo integral defiende la naturaleza específica de la persona, en tanto que esta se distingue tanto del reino animal, como de todos los demás seres materiales.

Sin embargo, este nuevo enfoque no tiene por qué frenarse al reconocer el papel clave que desempeñan las tecnologías aplicadas al hombre, las cuales, sin perjudicar ni dañar su totalidad sistémica y ecosistémica relacional, le permiten sobreponerse a las anomalías naturales. En este sentido, me permito hacer la recomendación siguiente a quien se proponga adoptar este nuevo enfoque: la estrategia a seguir por el transhumanismo integral, en este orden, será la de alejarse de la tecnofobia irracional y acoger aquellos logros antropotécnicos que, de la mano de las dimensiones personales y extendidas co-implicadas, corrijan, alivien o remocen creativamente nuestra dimensión natural biológica.

En un segundo orden, con las «tecnologías humanas» busco sobreponerme al supremacismo de las antropotecnias sobre las demás tecnologías igualmente importantes para el sostenimiento de la vida de la comunidad humana en la tierra. Suele pasar, en el transhumanismo parcial, que estas otras tecnologías, al ser su efectividad muy periférica hacia los objetivos de este movimiento, son marginadas e incluso excluidas; poniendo como excusa de su remoción que, al destinarse a otros aspectos de la vida en general, no cambian directamente *nuestra* vida corpórea y no encarnada.

Esta exclusión adolece de un punto de vista auto-empoderante, desproporcionado y desequilibrado, siempre ávido de instrumentalizar la propia vida en la deformación molokiana antropófaga, del ser humano en constraste con su comunidad y su entorno. Como afirma Bunge (2015, p. 202), «si se ignora el ambiente o entorno de una cosa no se la podrá explicar adecuadamente, especialmente si la cosa es un ser humano». Tampoco, así lo pienso, se la podrá mejorar y mucho menos transformar en el *éschaton* definitivo. En esta ignorancia de la vida integral de la persona se entrevé un *modelo reduccionista alienante*, el cual el enfoque integral se propone criticar y reformar, siguiendo muy de cerca a Miguel Ángel Quintanilla en un relevante *addendum*:

> El modelo predominante de desarrollo tecnológico (vinculado al crecimiento económico, pero no al desarrollo humano integral que propone Bunge [...]), facilita la difusión de la tecnología entre usuarios no expertos, pero produce alienación, dependencia y actitudes negativas hacia la técnica. Es preciso definir un modelo alternativo de desarrollo tecnológico, acorde con los objetivos del desarrollo humano integral, y orientado a crear y difundir tecnologías entrañables, no alienantes. En otras ocasiones he adelantado algunas características de ese modelo, que podría utilizarse como guía para la evaluación de planes tecnológicos y para completar el elenco de «recetas para hacer real otro mundo posible». (Quintanilla 2017, p. 261)

Por ello, y desde una crítica económica, no se debe pasar por alto que muchos transhumanistas parciales hacen caso omiso de las otras tecnologías necesarias para el hombre que busca siempre trascenderse porque, simple y llanamente, no son los productos en *stock* por parte de los patrones y empresas que financian este movimiento. En este segundo orden, el transhumanismo integral se decanta por la estrategia de la transdisciplinariedad, esto es, llamando la atención a los colegas transhumanistas que disciplinan o *monodisciplinan* (permítaseme este verbo, como contrario de «transdisciplinalizar») la búsqueda del mejoramiento humano, tanto al margen de la consideración de la naturaleza espiritual de la persona, como de una posible humanización (en tanto que dotación de mayor profundidad espiritual) de la propia tecnología y sus diferentes sistematizaciones técnicas. Me parece, pues, muy autorizada la definición siguiente de la transdisciplinariedad, tal y como es formulada por Martínez Miguélez (2007), al sintonizar con el transhumanismo integral:

> [...] la transdisciplinariedad sería un conocimiento superior emergente, fruto de un movimiento dialéctico de retro- y pro-alimentación del pensamiento, que nos permite cruzar los linderos de diferentes áreas del conocimiento [y de la tecnología] disciplinar [o monodisciplinar] y crear imágenes de realidad más completas, más integradas y, por consiguiente, también más vulnerables.

Para que se consolide dicho nivel transdisciplinar superior, el movimiento transhumanista integral habrá de ser *retro-alimentativo* (en todo aquello a lo que se *debe* la tecnología en su enraizamiento encarnado y mundanal), así como *pro-alementativo* (en todo lo que la tecnología, creativa y supletoriamente, puede aportar a la persona que busca autotrascenderse). Las «tecnologías humanas» denotan, con la unión de estos vocablos, tanto lo pro-alimentativo como lo retro-alimentativo, al restablecer y cultivar la encarnación profunda y extendida personal; así como al actualizar la capacidad trascendental de crear nuevos elementos y condiciones para una mejor vida humana en la comunidad y en la Tierra.

De hecho, alimentar a la persona espiritualmente es tanto o más importante que alimentarla materialmente. Por ende, y considerando que, en el Aquinate, el *actus humanus* es el propiamente personal y la *actio hominis* corresponde al individuo corporal no plenamente unificado, las tecnologías humanas pueden pensarse y diseñarse desde ambos lados, es decir, desde la integralidad de la encarnación de la persona. La realidad es, en efecto, tan grande que permite una diversidad y complementariedad de acercamientos; sin que se tenga que negar el estatuto epistemológico y aplicado de cada uno:

> A diversos modos de conocer, diversas ciencias. Por ejemplo, tanto el astrólogo como el físico pueden concluir que la tierra es

> redonda. Pero mientras que el astrólogo lo deduce por lo abstracto, la matemática, el físico lo hace por algo concreto, la materia. De ahí que nada impida que unas mismas cosas entren dentro del campo de las materias filosóficas siendo conocidas por la simple razón natural, y, al mismo tiempo, dentro del campo de otra ciencia. (*S. Th.*, I, q. 1, a. 1, ad. 2)

Con una asombrosa actualidad, el pensador dominico puede darnos claves para hacer frente, de manera próxima a la transdisciplinariedad, a los dos órdenes que he descrito; especialmente cuando se preguntaba, justo al comienzo de su *Summa Theologiae*, si «es o no necesario que, además de las materias filosóficas, haya otra doctrina» (*S. Th.*, I, q. 1, a. 1). Con ello, Tomás avalaba, no la exclusión monodisciplinar, sino el estatuto diverso de las disciplinas de su tiempo, habida cuenta que, como afirmaba este pensador, «a la sabiduría le corresponde probar [y juzgar] los principios de otras ciencias» (*S. Th.* I, q. 1, a.6, ob. 2). Y es que el *Sapiens technicus*, si no desea correr el grave riesgo de perder su vida, puede en efecto pensar su perfeccionamiento tanto interiormente como exteriormente. Por desgracia, el transhumanismo parcial desconoce este relevante distingo tomista, lo cual se nota tanto en su retórica solucionista y tecno-optimista, como en la subordinación que hacen de la religión y de las humanidades (de las disciplinas blandas no pragmáticas) en pro de la investigación y efectuación de un *enhancement* reductivamente biologicista del cuerpo.

Antes de concluir esta segunda parte de mi libro con la propuesta de otro mejoramiento humano, espero que mi argumentación, en favor de unas auténticas «tecnologías humanas» tenga algo que decir al lector en *dos direcciones*: tanto hacia el solucionismo tecnológico hondamente futurista de una metafísica bárbara, como hacia la banalización de la tecnología por parte de un pensamiento romantizante o tecnófobo (como la teoría del amor burgués o el imperativo formalista de Jonas). Prefiero entender efectivamente a la tecnología en su calidad *ministerial*, que no servil, del bien integral de la persona comunitaria y ecosistémica. En efecto, los tecnólogos pueden ser bien llamados ministros de la dignidad de la persona en la comunidad, así como de la armonía y sostenibilidad de nuestro planeta. Nuestra *techné ministerial*, que se concreta en la autonomía relativa de las tecnologías humanas, se opone a la deformación molokiana: no hace y produce todo lo que le plazca, aun si hace falta dañar y alterar severamente nuestra naturaleza, la de nuestro prójimo y la del entorno.

Además, y en contra del peligro de un canibalismo tecnológico siempre dispuesto a devorar nuestra identidad, interioridad y libertad, esta *techné ministerial* no solo se aplica *al* hombre, como corporalmente objetivado, sino que la vive *el* hombre personal en su constante caminar junto a otros hacia la auténtica trascendencia, pudiendo pensar-se y ejercitar-se en disciplinas que pueden ser descritas en cuanto que «tecnologías entrañables» (Quintanilla 2017, p. 261); las cuales se abren, desde sí mismas, al horizonte de un *ordo amoris* y a una *sapientia cordis* en sentido tomista. Acabo, en suma, proponiendo al lector, en aras de plantearse una humanización correctamente entendida de la tecnología en su estatuto y diversidad, *diez criterios* (los cuales me resultan válidos y valiosos, si partimos de la unión encarnada de dos dimensiones, la técnica y la amatoria, en la persona humana) que propone uno de mis maestros en Salamanca:

> He aquí los 10 criterios que proponemos para definir el modelo de tecnologías entrañables: [...] *Tecnología abierta*: disponibilidad frente a restricción. Una tecnología es más o menos disponible (menos o más restringida) en función de la capacidad de diferentes agentes humanos para tener acceso a ella y utilizarla libremente. [...] *Tecnología polivalente*. Una tecnología es más o menos polivalente si es susceptible de ser utilizada por otros agentes y para otros propósitos para los que se diseñó. [...] *Tecnología controlable*. Un sistema técnico es controlable, más o menos, en la medida en que cualquier usuario humano, con las cualificaciones normales, sea capaz de iniciar, corregir o detener el funcionamiento del sistema en caso necesa-

rio. [...] *Tecnología de alcance limitado*: las consecuencias sociales y medioambientales de la tecnología deben ser previsibles y limitadas. Aplicación razonable del principio de precaución. [...] *Tecnología reversible*: en caso necesario, debe poder restaurarse, en una parte significativa, el medio natural y social hasta recuperar su estado inicial, antes de la implantación de la tecnología. [...] *Recuperación y mantenimiento asequible de los artefactos tecnológicos*. No a la obsolescencia programada. No a la máxima de «usar y tirar». [...] *La tecnología debe ser comprensible*: El usuario debe poder saber lo que está haciendo cuando la usa. [...] *Tecnología colaborativa*: la tecnología debe facilitar, no impedir, la participación y la cooperación entre usuarios. [...] *Tecnología ambientalmente sostenible*: el desarrollo tecnológico actual no debe agotar los recursos que hagan posible su continuidad en el futuro. [...] *Tecnología socialmente responsable*: la difusión de una tecnología no debe tener consecuencias sociales que empeoren la situación de los colectivos más desfavorecidos. (Quintanilla 2017, pp. 261-262).

XII. LA VIRICULTURA: HACIA LA MEJORA INTEGRAL DE LA PERSONA

Desde el capítulo VII he estado defendiendo una mejora integral, si bien todavía no he desarrollado mi propuesta ni la he concretado suficientemente, al realizar solamente algunos trazos. Esta última porción de mi obra, la cual cierra mi introducción a un diferente enfoque interpretativo, está dedicada a reflexionar en qué sentido esta aproximación no solo desea, sino que busca, cumplir efectivamente el desarrollo de la persona humana tanto exteriormente (y también extendidamente), como en su interioridad espiritual.

En el capítulo V mantuve, mientras estudiaba a Galton, que se puede hacer una inversión ideológica y valorativa que sustituya a la eugenesia por la *viricultura*. Si se rebobina el seleccionismo ideológico, que no natural, de una cultura de la muerte y del descarte, no puedo dar por finalizada esta obra; sin antes desplegar una alternativa a la eugenesia ultraliberal elaborada en una versión presuntamente progresista (no explícitamente mortífera) del transhumanismo parcial. He de repetir que rechazo un biomejoramiento (*enhancement*) parcial y reductivamente antropotécnico, en tanto que fin en sí mismo, al margen de una terapia y de un cultivo mayor de la persona humana: toda terapia y perfeccionamiento aceptables, en este otro transhumanismo, es aquel que contribuye y promueve este cultivo personal mayor.

Sin embargo, deseo mantener aquí que *no puede haber mejora sin cuidado*. Es decir, ambas cosas no significan exactamente lo mismo: la única forma en la que perfeccionamos al hombre, incluso por medio de técnicas sobreañadidas, es mediante el cuidado de la persona; así como de los seres humanos con los que se relaciona en el ambiente. Aunque se puede traducir la *Sorge* heideggeriana[18] por «solicitud» (cf. Zubiri 2010, p. 163), me gusta referirme a ella en cuanto al «cuidado» que la persona, ontológica y fenomenológicamente abierta, tiene por lo real. El «ser-ahí» no está desvinculado de lo originario y cuidar de él nos puede redireccionar a lo esencial. El *cuidado*, que no se agota en un término, consiste aquí en atender sin remiendos a la realidad que somos y en la que estamos incrustados, en tanto que esta nos confronta y nos marca sus pautas; mientras que la *mejora* radica en llevar esta atención y delicadeza por lo real a su paulatina plenitud.

Bajo un enfoque integral, una mejora sin cuidado se resume en la postergación de las necesidades más urgentes de nuestro encaminamiento sin retorno hacia un progreso ideal, en el cual se difiere nuestra experiencia vivida, sin hacernos cargo personalmente de las determinaciones de nuestro ser-en-el-mundo. Aquí, por el contrario, pensaré una nueva *viricultura* del cuidado y la mejora integral de la persona en consonancia con el progreso real que he defendido previamente. Para mostrar todo esto, lo primero que voy a hacer es volver a Francis Galton, dado que el término «viricultura» es suyo y es lo que me propongo revertir, toda vez que resignificar, en estas últimas páginas de mi libro.

---

[18] «Das so charakterisierte Seiende ist ein solches, dem es in seinem alltäglichen und jeweiligen In-der-Welt-sein auf sein Sein ankommt. Wie in allem Spreche über die Welt ein Sichaussprechen des Daseins über sich selbst liegt, so ist alles *besorgende Umgehen ein Besorgen des Seins das Daseins*. Das, womit ich umgehe, womit ich mich beschäftige, woran mich mein Beruf kettet, bin ich gewissermaßen selbst und darin spielt sich mein Dasein ab. *Die Sorge um das Dasein hat jeweils das Sein in die Sorge gestellt*, wie es in der herrschenden Auslegung des Daseins bekannt und verstanden ist» (Heidegger 2004, p. 114).

LAS BASES GALTIANAS DE LA VIRICULTURA TRANSHUMANISTA

Voy a hacer algo semejante a una foucaultiana arqueología del saber, zambulléndome en la historia de la ciencia. Por desgracia, esta historia nunca ha sido la de una lineal y neutral acumulación de conocimientos ciertos sobre la naturaleza, que completan crecientemente a los anteriores, sino, antes bien, la historia de nuestras imposiciones, falsificaciones y violentaciones sobre la misma.

¿Cuál es el origen que marcó decisivamente el comienzo de una ideología bio-subyugadora e instrumentalizadora tan descerrajada como la eugenesia? Al encontrarme en Londres tengo acceso a muchas fuentes históricas de la Modernidad inglesa, que me permitirán responder más cabalmente a esta pregunta. Considero que la fecha del 1883, en la que Galton ingenia y sienta las bases de la eugenesia con sus *Inquiries*, constituye un verdadero punto de inflexión que no solo incide sobre nosotros sino sobre la sociedad occidental y las comunidades científicas de nuestros días (en los transhumanistas parciales con mucha más evidencia).

En la obra que comenté en el capítulo V, Galton cortaba para siempre con la viricultura y la substituía, definitivamente, por una eugenesia favorecedora de los *bien nacidos*; según el férreo moralismo victoriano. A partir de ese año, la vida humana dejará de ser el kantiano fin final de la existencia del mundo, como enseñaba el prusiano en su *Crítica del juicio*, para exponerse como la *tabula rasa* sobre la cual los poderes y los saberes hegemónicos ejecutarán y grabarán su voluntad y saber. En esta guisa, la vida de la persona humana ya no será más algo superior y normativo con respecto a todo saber y a toda *productio*.

Antes bien, nuestra vida encarnada, extensionada y materializada, constituirá, como he dicho, el lugar y el instrumento de trabajo favorito de la tecnología moderna. Pero, ¿qué había dicho el inglés anteriormente sobre la extraña disciplina bautizada con el nombre de la viricultura? En 1873, su artículo *Hereditary improvement*, el cual escribió para el *Fraser's Mazagine*, Galton hablaba todavía de la viricultura como de su inconfundible proyecto científico, desde lo que hoy se podría considerar en cuanto que hito para la genética y para el transhumanismo integral inclusive:

> Todo esto da esperanzas para el futuro de nuestra raza, especialmente si la «viricultura» es posible, a pesar de que nuestra naturaleza moral actual es tan inadecuada para una civilización de alto nivel como es inadecuada nuestra naturaleza intelectual para lidiar con una civilización compleja. Es curioso observar la gran variedad de morales de la raza humana [...]. (Galton 1873, p. 119)

En este texto, que ha pasado completamente desapercibida en la historia de la ciencia, se puede apreciar que el polímata británico todavía no había separado, en aquel preciso momento, el cultivo biológico de los hombres de su cultivo moral y civilizatorio; si bien, no hay que lamentarlo anacrónicamente sino simplemente asumirlo históricamente, en conformidad con una moral y un civilización burguesa y racista como la victoriana de su tiempo. De algún modo, se estaba admitiendo que, si se quería promover el nacimiento de mejores seres humanos, este nacimiento había de ser tanto biológico como moral. Posteriormente, sobre todo con sus *Inquiries*, ya no habrá vuelta atrás: olvidando este cultivo integral, la eugenesia será concebida según las líneas de un proyecto biologicista y parcializador de nuestra única encarnación.

No obstante, en el *Genio hereditario* todavía no ocurría tal cosa, puesto que Galton sostenía allí «que, tras miríadas de años de barbarismo, el hombre ha encontrado, aunque muy recientemente, su camino en las sendas de la moralidad y la civilización» (Galton 1869, p. 350). Este es un caso, seguramente tachable de anticuado por una concepción teleologista de la ciencia hacia estadios de mayor micro-reduccionismo materialista, que se relaciona intrínsecamente con una caracterización axiológica de las tecnociencias tan en boga, por otra parte, en la reciente reflexión sobre estas disciplinas. Para el inglés, intervenir en la herencia genética de los seres humanos, sin además ampliar su herencia cultural y moral, podría hacernos fracasar estrepitosamente; como se comprueba en las sorprendentes afirmaciones de un Galton no solo consciente de las «diferentes razas» sino discriminador entre las mismas:

> Y también nosotros, los primeros trabajadores en la creación de esta civilización, estamos empezando a mostrarnos incapaces de seguir el ritmo de nuestro propio trabajo. Las necesidades de centralización, comunicación y cultura exigen más cerebros y resistencia mental que la que posee la media de nuestra raza. Tenemos una necesidad imperiosa de un mayor caudal de capacidad en todas las etapas de la vida, pues ni las clases de estadistas, filósofos, artesanos ni trabajadores están a la altura de la complejidad moderna de sus diversas profesiones. Una civilización extensa como la nuestra comprende más intereses de los que los estadistas o filósofos ordinarios de nuestra raza actual son capaces de abordar, y exige un trabajo más inteligente que el que nuestros artesanos y trabajadores ordinarios son capaces de realizar. Nuestra raza está sobrecargada y parece probable que se vea arrastrada a la degeneración por exigencias que exceden sus poderes. (Galton 1869, p. 345)

En este Galton, tan oculto durante décadas, trabajar científicamente en la mejora humana es indisociable del trabajo civilizatorio y moral: esos cerebros mejores nacidos, de los que habla, no valdrán sin la «resistencia mental» propia de «un mayor caudal de capacidad en todas las etapas de la vida». Según la metodología que propone un enfoque integral y hoy contraria al racismo discriminatorio, no se puede perfeccionar a un ser humano sin dicho caudal de civilización y de moralidad. No me disgusta este desconocido Galton (1869, *Ibíd.*) todavía no eugenésico, tal y como se lo apropiará el eugenesismo ultraliberal transhumanista, al menos cuando exigía, mediante su viricultura, otro enfoque acorde con «la complejidad moderna» y con «una civilización extensa [... que] comprende más intereses». Este enfoque mundanalmente extenso, tal y como se podría decir ahora, difiere de aquellos pertenecientes a las disciplinas tecnocientíficas y las humanísticas cuando trabajan por separado de manera monodisciplinaria. Así pues, este primer Galton (1869, p. 358) se refería, por si fuera poca cosa lo que he citado hasta el momento, a la necesidad de alcanzar un alto y no solo un «muy moderado nivel de moralidad natural [*natural morality*]». No, ni se ha leído mal ni el lector se ha equivocado de libro. El británico naturalizaba la moral y no la separaba de nuestro ser ni de las diferentes formas del investigar científico, al contrario de lo que posteriormente hará el monismo materialista en su estrategia micro-reduccionista: para este último punto de vista, la naturaleza, y esto revierte en un determinado tipo de hacer ciencia y tecnología, no es más que extensión puramente *objetiva* en una mayor organización compleja y a la cual no se le pueden imputar valoraciones *subjetivas*.

Esto último, y no la viricultura galtiana, es lo que ha triunfado hasta hoy y goza del mayor prestigio tecnocientífico, de tal suerte que me parece comprensible, aunque no compartible, que muchos transhumanistas se adhieran a esta estrategia y no a otra menos valorada y explorada social y políticamente. Y es que la viricultura del inglés es una disputa, ciertamente de manera primordial en el plano biológico, pero no solo, contra el colapso y la degeneración moral del *Sapiens tecnichus*; lo cual inspira y alerta, a la vez, al transhumanismo integral. Qué pena que, al menos en esto, no tuviese continuidad histórica, en el devenir de la ciencia y de la tecnología, el concepto y la sistematización técnica de un cultivo integral de la persona humana. Galton supo ver, aunque condicionado por su tiempo, que el mejoramiento humano no era solo cosa del laboratorio. Hacía falta ensanchar las miras, aunque después, tanto él como sus herederos modernos, especialmente en el transhumanismo parcial, hayan acabado empequeñeciéndolo todavía más.

Pareciera, pues, que los citados textos de Galton hubiesen podido ser extraídos de cualquier autor que, en lo días que ahora corren, defendiesen el paradigma de la complejidad o la tecnoética. Esta última se encarga de interpretar la moralidad del conocimiento y la práctica tecnológica, no ya únicamente en lo que concierne al *uso*, sino muy principalmente en la educación de la conciencia moral; así como en el entrenamiento y la ejercitación de las virtudes morales. Hoy se habla, además de la mencionada tecnoética, y lo cual interesa también al transhumanismo integral, de *tecno-axiología*, de *tecnopraxiología* e incluso de *tecno-metafísica*; en la medida en que se pone en relieve el carácter ontológico y ambiental de las prácticas y constructos tecnológicos, los valores que despiertan o reciben en el entorno sociopolítico; juntamente con el planteamiento abierto de la pregunta de si la tecnología es o no autónoma con respecto de las instituciones sociales y poderes políticos. Cabe, pues, plantearse esta cuestión ante las amenazas de la alienación, el control o la dominación de las nuevas tecnologías; de las cuales se habrá de emancipar tanto la misma tecnología, como la persona de manera más integral.

Pero todo esto parece muy complicado y se les escapa a los transhumanistas parciales, optando por la vía de la hipostatización *ex-tatizante*, e incluso por la referida ontoteologización solucionista y apocalipticista, en una estrategia absolutamente volcada en la inmanencia del quehacer y retórica de las antropotecnias. Galton no fue tan lejos, incluso en lo que respecta a su etapa no eugenésica: la experticia y las competencias del conocimiento y de la práctica naturalista eran de todo punto insuficientes, sin compaginarlas con una educación integral del hombre. Podemos llegar a *hacer nacer* hombres biológicamente más capacitados para ser excelentes según su naturaleza, pero precisamos de los recursos y de los medios para actualizar su naturaleza espiritualmente superior. Por ello, el transhumanismo integral ha de tener claro que no basta con recrear o *hacer nacer* a personas mejoradas biológicamente, a menos que no quiera previamente educarlas, motivarlas y ayudarlas a *ser* mejores en la multidimensionalidad de su encarnación individual y comunitaria en la Tierra. En vez de la eugenesia, se ha de abogar por el cultivo de la persona en su unidad sistémica compleja.

Solo de este modo se podrá divisar, aunque muy tenuemente por el momento, un *progreso real* en la confluencia de los intereses tecnocientíficos y más originariamente humanos. La utopía de perpetuar la eugenesia, según los rígidos esquemas del monismo materialista, patente en su corolario anómalo o epifenomenista y en la ontoteologización de las antropotecnias (en una presunta «autonomía absoluta» de su estatuto monodisciplinar), no es más que una utopía abstracta al servicio, no ya de la libertad morfológica indefinida del hombre, sino de la ilimitación de una mayor y desaforada libertad de los poderes del mercado, de la sociedad y de la política. Estas disciplinas reducen a la persona integral a mero *locus* (lugar neutro de investigación) y *ob-iectum* (el material indeterminado alterable y lanzable por la ideología ultraliberal), que se habrá de sujetar, reescribir y atener a lo que se decida *desde fuera.* Ante esta preocupante tesitura, planteo en esta obra, tanto volver al Galton naturalizador y axiologizador de la ciencia y la tecnología de su tiempo, como separarnos del segundo Galton manifiestamente eugenesista. Este último hizo de lo natural humano y de lo cultural no ya algo concomitantemente necesario, sino aquello que se debía supeditar al porvenir de la utopía discriminatoria del triunfo de los cuerpos biomejorados según los estándares de la era conservadora victoriana primeramente y, más recientemente, regido por los cánones ultraliberales y ultrasecularistas.

Así las cosas, no puedo sino reconocer que, para bien y para mal, la viricultura de Galton goza de actualidad y merece nuestra más directa atención. Si los transhumanistas parciales bien podrían celebrar la separación biologicista de la eugenesia de Galton en 1883, el enfoque integral, con la arqueología del saber emprendida, busca desenterrar las raíces humanizadoras de las tecnociencias, haciendo una relectura y una reinterpretación de este momento crucial, en tanto que ampliación del concepto pro-reductivo de «mejora» o «mejoramiento» (*enhancement*), que prefiere hoy la práctica mayoría de los transhumanistas. Aunque, tal y como admite el profesor Forrest (1974, p. 136) en su célebre biografía intelectual de Galton, el polímata «no volvió a escribir sobre el tema de la 'viricultura', como lo llamó entonces, [sino] hasta los [años] 1880», se puede escarbar en el origen galtiano tanto de la preferencia biologicista como de otra más amplia de lo que podría ser considerado actualmente un cultivo reformado según los principios, valores y reflexión de un enfoque integral en diálogo. Este diálogo se lleva a cabo con las propias tecnociencias que el transhumanismo auspicia, así como con el humanismo occidental que, lamentablemente, se ha podido deformar prometeicamente (en el autoendiosamiento), así como, con más notoriedad, molokianamente (en la antropofagia objetivizadora y manipuladora).

A través de la argumentación con la que culminaré en seguida este capítulo, invito al lector a plantearse críticamente la posibilidad de esta nueva lectura de Galton, toda vez que, en cada uno de los diferentes aspectos de la viricultura, ponga a examen el *enhancenment* parcial de muchos transhumanistas y aviste, de este modo, un nuevo y distinto sentido que contradice una mejora comprendida como aumento de la complejidad del *mónon* material. Mas cuando hablo de viricultura, apartándome del sexismo semántico de este concepto y de sus resonancias racistas en el eugenesista inglés, me refiero al cultivo de las personas encarnadas que habitan nuestro planeta en sus respectivas comunidades culturales.

Estoy más que convencido que, si mejoramos la calidad de la cultura y de la ética, mejorará la calidad del cultivo antropotécnico, y no solo de este tipo, que se realice. Abogo, por lo tanto, por *mejorar la mejora* del transhumanismo mayoritario. Así pues y en las páginas que seguirán, pasaré a comentar al menos *cuatro aspectos* de la nueva viricultura que me parecen de suma importancia establecer y justificar racionalmente.

EL ASPECTO BIOLÓGICO: EL CUIDADO Y LA MEJORA DEL *BÍOS*

La viricultura no es solamente el cultivo de cuerpos genéricamente entendidos, como la viticultura o el cultivo de células o tejidos humanos o animales. Es verdad que la viricultura, en su significación más galtiana, fue el cultivo de los hombres renovados en las características genotípicas y fenotípicas características de la especie humana unidas a los aspectos morales y civilizatorios.

Por consiguiente, y cuando Galton concibió su nueva eugenesia, le confirió un estatuto nuevo, todavía no separado de las humanidades, pero decididamente más experimental y autónomo en comparación con estas. Pero el inglés, con el paso del tiempo, se acabará polarizando en la neopositivización contemporánea de una eugenesia ingenuamente separada de cualquier instancia moral o subjetiva, la cual, al menos en lo teórico (no se diga ya en lo social, económico o político) la normativice y la limite. Resulta obvio que esta deriva es la que más ocupa e interesa al transhumanismo parcial, en absoluto como *fin* sino como *medio* (he aquí su rasgo diferenciador) para llegar a fabricar, en el tiempo propicio, a un ser biológicamente transhumano o tal vez posthumano; cuyos atributos y rasgos vayan cambiando cuantitativa y cualititativamente, en su materialidad viviente heredada, al *Homo sapiens.*

Por su parte, el transhumanismo integral interpreta este primer y esencial aspecto de la viricultura de un modo muy diferente: se trata, sin una deriva necesariamente eugenesista de cuño rupturista para con nuestra especie, de la intervención tecnológica en la vida corporal del *Sapiens technicus* para que, por medio de ella, pueda corregir las disfunciones naturales sin tener que dañar a la totalidad encarnada, restableciendo su salud o desarrollando, si ello implica una posible supletoriedad artificial, sus capacidades humanas. Estos atributos terapéuticos y supletorios de las nuevas tecnologías, a diferencia de una experimentación que se reivindica sin límite alguno o por una cosmeticidad superficial, son plenamente deseables y valorados en el transhumanismo integral. Además, no ha de perderse del propio campo de consideración que el cuidado del cuerpo biológico constituye una experiencia del *Sapiens technicus* y una verdadera exigencia que este se impone.

Y es que mejorar a la persona no implica jugar a ser dioses, dado que toda mejora efectiva de su cuerpo ha de ir unida al desarrollo de sus concomitantes dimensiones, si en verdad se quiere perfeccionar en su totalidad y no desde una sola parte. Así pues, sería falsa e inoportuna aquí la acusación de bioconservadurismo a esta argumentación: el transhumanismo integral defiende y labora, como nunca antes se ha hecho, a favor de un marco intelectual donde quepa una mejora real (y no ideal) de la dimensión corporal humana en la unidad de su vida espiritual y comunitaria en la Tierra. El personalista cristiano Gabriel Marcel (2003, p. 14), en *Ser y tener*, sentenciaba de la forma siguiente: «[…] yo soy mi cuerpo: es decir, yo no puedo tratarme en absoluto como un término distinto de mi cuerpo».

La mejora corporal es, en definitiva, fundamentalmente necesaria para conseguir una vida lograda y plena en la persona humana. En razón de esto, el transhumanismo integral será un defensor acérrimo y tenaz del progreso real, eficaz y efectivo de la diversidad de las tecnociencias, especialmente de las que, de forma temáticamente directa, se apliquen a investigar la mejora de la corporalidad de la vida encarnada humana sin perjuicio de la familia humana y la Tierra. La mayor dificultad de esto será discernir qué tipos concretos de modificación morfológica serían moralmente aceptables, lo cual queda reservado a las diversas aproximaciones bioéticas. No me molesta en absoluto el término «biomejoramiento», siempre que con ello no se adopte una visión reduccionista y compartimentista de la unidad de la vida encarnada de la persona. Nuestro βίος no es solamente el de la extensión y organización material de los cuerpos, a lo cual el transhumanismo integral añade un dato de suma relevancia: no se trata del *stuff* ni del *stock* galtoniano, sino del βίος central que se autotrasciende en la realidad encarnada y mundanal de la persona.

Como afirmaba con actualidad Tomás de Aquino, pese a que su tiempo no es obviamente el de la ciencia actual, «el alma está toda en todo el cuerpo y toda en cada parte» (*S. Th.* I, q. 76, a. 8). Así, nuestro cuerpo vivo y vivido ha de ser tratado con la misma dignidad que corresponde a nuestra totalidad sistémica y ecosistémica. Por ello, no cabe una eugenesia reductivamente biologicista que, al margen de todo discernimiento en favor de lo espiritual, dañe, cercene o rompa nuestra unidad personal y que, *a fortiori*, nos arranque de nuestro entorno comunitario y natural. Sin duda, este βίος más primario y exterior, pero no menos participante del trascenderse humano, se ha de mejorar, habida cuenta de las fallas, disfunciones y patologías de las que padecemos; cuidando de nuestra vida con el máximo respeto junto a las demás dimensiones y participantes de nuestra encarnación mundanal. Esto, por tanto, se habrá de apreciar a la par con los otros aspectos importantes del cultivo integral de las personas; tal y como ahora seguiré comentando.

EL ASPECTO SOCIOPOLÍTICO: EL CUIDADO Y LA MEJORA DE LOS OTROS EN LA *POLIS*

He dicho, en anteriores capítulos, que la persona no es una mónada, ni en lo material ni en lo social. La persona, sin menoscabar la identidad de su ser sino más bien gracias a ella, es intrínsecamente y constitutivamente *relacional* en la estructuración de su *ser-en-el-mundo*.

Solo de esta forma se autotrasciende y puede abrirse a un *novum* auténticamente trascendente. La persona, tan solo conociéndose a sí misma y cuidando de sí en el ahí de su ser, puede conocer y cuidar responsablemente de lo otro, los otros y abrirse al encuentro del Totalmente Otro. El *Sapiens technicus et amoris*, en tanto que mundanalmente relacional, vive con otros en comunidad, creando y formando parte de instituciones tanto privadas como públicas. Coincido con el personalista comunitarista Emmanuel Mounier (1972, p. 21) en que «estas verdades expresan, frente al individualismo y al idealismo persistentes, que el sujeto no se nutre por autodigestión, que nadie posee sino lo que da, o aquello a lo que se da, que nadie alcanza su salvación totalmente solo, ni social ni espiritualmente».

Se trata, por lo tanto, de una *doble circularidad* en la encarnación de la persona humana: su relacionalidad mundanal le permite realizarse a sí misma y ella misma se realiza en su propio movimiento relacional. En la persona, la identidad o ipseidad no se logra al margen de la relación, ni la relación a costa de la ipseidad: el movimiento es doble; aunque difícilmente se puede alcanzar una armonización en la praxis. Una vez cumple este realizarse, la persona se descubre como comunitaria, de tal modo que su relación con la alteridad se opone precisamente a *dos excesos* que se encuentran diversificados en los diversos sistemas políticos. En primer lugar, la persona se arriesgar a incurrir en el exceso de la *colectivización* (la colección forzada de mónadas aisladas entre sí), el cual es propio de sociedades que entienden la vida en comunidad como el bien del conjunto a costa del individual. En lo que respecta a lo político, hallamos esto en los regímenes y sistemas colectivizadores o estatalistas, que conciben y tratan a la persona de manera prioritariamente pasiva o incluso desdeñosa.

En segundo lugar, otro exceso que solapa a la persona es el de la *individualización* (cada mónada campa a sus anchas y se realiza ciertamente junto a las otras, pero no en referencia ni cognoscitiva ni moralmente responsable hacia ellas), la cual aqueja el creciente individualismo de nuestras sociedades liberales. En el plano político, se podrían contar aquí las variedades del liberalismo, en las cuales se resalta un papel pro-activo del *zoon politikón* en detrimento de la comunidad. El transhumanismo integral, que deja la puerta abierta a reflexiones más concretas desde las ciencias sociales y políticas, entiende el aspecto sociopolítico desde la concepción griega de participación en la *polis*. Es, pues, sabiendo que lo social y lo político se refieren mutuamente sin confundirse ni anularse entre los mismos, cómo se puede intentar sortear estos dos excesos y se puede buscar mejorar cabalmente a la persona.

La viricultura, ciertamente y según su primer aspecto, cultiva corporalmente a las personas en tanto que somos parte de una misma especie y sabiendo que, si evolutivamente hemos llegado a nuestro estado actual de inteligencia, convivencia y bienestar, ha sido justamente gracias a la constitución corporal que nos relaciona, que compartimos y que nos obliga hacia nuestros congéneres. Pero no se ha de olvidar que esta constitución ha evolucionado socialmente y no solo por ciega selección natural. En el medio social, para qué negarlo, se nos ha permitido cooperar en el trabajo y en la humanización creciente de este *Sapiens technicus* mundanalmente relacional. La hominización y la humanización son las contracaras de un mismo proceso socio-evolutivo, el cual encuentra, en la vertebración de nuestra relacionalidad mundanal y en la vida en comunidad, su realización efectiva.

Además, y por ello cabe unir sin enmarañarlos a lo social y a lo político, esta vida en comunidad nos ha llevado a crear instituciones de mayores competencias y potestades hacia las personas. Cuando, junto con la romanización, la *polis* se convirtió en *civitas*, no fue simplemente para reprimir o coartar a la persona, sino fundamentalmente para proteger, por medio del *ius* en sentido objetivo y subjetivo, las mismas relaciones interpersonales, para garantizar el orden y la paz; así como para salvaguardar la dignidad y los derechos de sus moradores. La corresponsabilidad hacia esta acción de las instituciones sociopolíticas, entre las que sobresale el Estado, forma parte de la misma *responsividad* intrínseca de la persona, la cual corresponde con el bien a los bienes recibidos. Pienso que esta *responsividad* hacia el bien de la vida en comunidad e institucional puede casarse con un humanismo de inspiración cristiana, a tenor de lo que comentaba Maritain sobre el pensamiento político de Santo Tomás de Aquino:

> El bien de la «vida civil» o de la civilización es un fin último en un orden dado, en el orden temporal o de las virtudes adquiridas (cf. Santo Tomás de Aquino, *Sum. theol.*, 1-11 q. 65, a. 2; *De virtut. cardin.*, a. 4 ad 3), más no absolutamente; y, por su subordinación al fin absolutamente último, es decir, a la vida eterna, este fin relativamente último y el mismo orden temporal se encuentran intrínsecamente realzados. (Maritain 1966, p. 26)

Por su parte, el transhumanismo integral hace del aspecto sociopolítico un elemento imprescindible, si se quieren crear nuevas tecnologías que, en su diversidad, perfeccionen mayormente a la persona. Si, por el contrario, se fomentan aquellas tecnologías que aíslan, controlan o agrupan con violencia al hombre, haciendo que el bien de todos no sea el de cada uno y que el de cada uno no sea el todos, no podemos afirmar en propiedad que contribuyan a nuestra *mejora integral*: no se puede oponer, en nuestra encarnación personal, el cuidado-de-sí y el cuidado-del-otro. De esta manera, este nuevo enfoque quiere estar social y políticamente implicado, así como comprometido con las obligaciones morales e institucionales hacia la comunidad en tanto que auténticos actores (y no espectadores pasivos) en las problemáticas, dinámicas y desafíos de la *polis* que se convierte en *civitas*.

Un partidario del transhumanismo integral no pude estar satisfecho cuando, desde el transhumanismo parcial y su extremación posthumanista, escuchamos que se esperan tecnologías que nos sacarán del entorno sociopolítico, exonerándonos de nuestra responsabilidad para con los otros y las instituciones; al morar misteriosamente en algo borrosamente parecido a una teilhardiana noosfera. Incluso podríamos dudar, en lo relativo a las tecnologías posthumanistas, que se acabe estableciendo, tras haber llegado a una condición posthumana, un orden de castas (de los biomejorados prevaleciendo e imponiéndose sobre los no-biomejorados) en una clara dependencia de los intereses y programas impuestos por los más favorecidos socialmente y los más poderosos políticamente. Podría, en efecto, darse un nuevo orden mundial de tipo tecnocrático que propiciaría estos desequilibrios, desigualdades e injusticias (cf. Cortina 2022a).

Y es que podría pasar, como de hecho ocurre, que las instituciones públicas o privadas, sobre todo las grandes corporaciones empresariales y los Estados, usen las nuevas tecnologías para controlar, manipular y dominar a las personas y a las diversas comunidades humanas conformemente a sus intereses y fines perversos. En estos supuestos, los actores y las tecnologías de este tipo habrán de ser sometidos a una crítica sistemática y, en los casos de claro menoscabo de nuestra dimensión corporal, sociopolítica, económica o espiritual, sus acciones serán directamente condenadas y prohibidas. Por ello, y en lo que concierne directamente al aspecto sociopolítico de la nueva viricultura, el transhumanismo integral podrá de seguro dialogar estrechamente con transdisciplinas recientes; tales como la neuropolítica o la neurociencia política (cf. Haas, Warren y Lauf 2020), la teoría de la sociedad en red (cf. Castells (2004), o la *network politics* (cf. Andreas Sundmann 2019). Gracias a esta transdisciplinación biopolítica del transhumanismo, se podrá examinar y criticar el despliegue comunitario de la nuevas tecnologías, como sucede con la Inteligencia Artificial, para «manipular información visual o para crear noticias falsas», evaluando los efectos geopolíticos de los sistemas de armas autónomos (*drones*), así como la aplicación de métodos a través de «vastas redes de vigilancia» que elaboran pautas de condena, perfiles de riesgo o de reincidencia en los sistemas de justicia penal o migratoria (cf. Sundmann 2019).

Tampoco se ha de desatender, ampliando lo que señala Sundmann, la obtención de datos personales, que perjudican nuestra privacidad con fines de control o con fines publicitarios a través de la modulación demográfica; así como tampoco la propaganda y otras formas más complejas y nocivas de intervención del Estado; como es el caso del espionaje micropolítico o incluso geopolítico. Si el *Sapiens technicus* ha de cuidar de las instituciones sociales y políticas, estas han de cuidar, a su vez, de él. Así mismo, el Estado, en tanto que más alta y poderosa instancia de la *polis* convertida en *civitas*, no podrá decidir unilateralmente (como incluso llegó a proponer Galton) planificar y ejecutar planes eugenésicos transhumanistas, y mucho menos posthumanistas, que vulneren la centralidad, dignidad y trascendentalidad de la persona humana.

Para expresarlo más sencillamente, una mejora integral que en verdad permita cultivar la naturaleza y la excelencia del *Sapiens technicus* comunitario en la Tierra no puede obviar todos estos riesgos por parte de las relaciones interpersonales y las instituciones, las cuales conforman y estructuran nuestra relación mundanal con los otros en una vasta red a través de las instituciones públicas o privadas.

EL ASPECTO ECOLÓGICO Y ECONÓMICO: EL CUIDADO Y LA MEJORA DEL *OIKOS*

El tercer aspecto de la viricultura que propongo, y que también subordina el tipo de mejora que se desee obtener en aras de llevar a la persona a un mayor autotrascenderse, consiste en el cuidado del *oikos* en el cual habita el *Sapiens technicus*. El cuidado de su hábitat natural está fundamentalmente requerido en favor del cumplimiento verdadero y efectivo de su autotrascendencia.

La Tierra, que no es mero instrumento, alberga, nutre y envuelve a la persona, de modo que del estado favorable de la Tierra dependerá el estado, la salud y el ser más de este mamífero sapiencial, técnico y amoroso que somos. Ser sistemas personales y ser ecosistémicos es algo que se reclama el uno al otro, ya que, como bien señalaba Mounier, sin las circunstancias favorables de la Tierra, el *Sapiens* no podría con justicia llegar a ser persona ni ser cualificado en esta dignidad. En su mismo proceso de personalización, la persona necesita, a fin de desarrollar su vida autopoiética, de lo que hoy llamamos ecosistema. Todo el cosmos converge en la persona, no para que esta lo destruya, puesto que, incluso en ese supuesto, necesitaría de sus recursos para destruirla:

> Se puede partir del estudio del universo objetivo, mostrar que el modo personal de existir es la más alta forma de la existencia y que la evolución de la naturaleza prehumana converge sobre el momento creador en que surge esta culminación del universo. Se dirá que la realidad central del universo es un movimiento de personalización, y que las realidades impersonales, o más o menos ampliamente despersonalizadas (la materia, las especies vivientes, las ideas), no son más que pérdidas de velocidad o desfallecimientos de la naturaleza en el camino de la personalización. (Mounier 1972, p. 7).

No significa, a propósito de este texto, que el filósofo francés esté menospreciando lo *impersonal* en la naturaleza, sino que lo incardina en el marco de sentido mayor de la persona que se autotrasciende no *en contra* sino *gracias a* la alteridad cósmica. Esta, en su magnitud e inmensidad, la sostiene en su vida y le permite *ser más*, vivencialmente, en la inmensidad de su propio ser. Por consiguiente, la nueva viricultura promoverá aquella reflexión tecnológica y aquellas intervenciones tecnicas que, haciendo bien a la persona, hagan bien al *oikos* común. No me opongo, por tanto, ni me resulta molesto que se denomine a mi enfoque transhumanista como un «transhumanismo ecológico», e incluso que se le atribuya el apelativo amable de «transhumanismo biosostenible». La tecnología no nos ha de expulsar de la Tierra, como pretende la distopía posthumanista. La tecnología, más bien, nos hace relacionarnos, más holgadamente, con ella a fin de tratarnos con prioridad y sin abusar por ello de los recursos naturales. Somos, para qué negarlo, sistemas personales ecosistémicos.

Como he afirmado en el capítulo precedente, la preferencia del transhumanismo integral por las tecnologías humanas, en el sentido más extenso e intenso de este acuñado vocablo, hace que la mejora de la persona repercuta también positivamente en la Tierra a través de la investigación en tecnologías más sostenibles y eficientes; incluso si estas son antropotécnicas. Es decir, la excusa de mejorar al hombre no ha de implicar perjudicar severamente al planeta; al menos cuando la perentoria necesidad de sobrevivir no exija una intervención inmediata no-biosostenible. En el caso particular de este transhumanismo cuidadoso, esto es, en la búsqueda y facilitación, tanto a corto como a largo plazo, de una autotrascendencia cada vez mayor y más profunda de la persona humana, *siempre* se requerirá el cultivo de tecnologías que no fragmenten la armonía del *Sapiens* técnico y amoroso en su *oikos* natural.

A tenor de esto, el aspecto ecológico de la viricultura está muy cercanamente unido al *aspecto económico*, y este a los demás que estoy abordando en este último capítulo del libro. El cultivo de la persona, *en* la cual y *para* la cual, se investigan y se logran todo tipo de suplencias, auxilios o terapias técnicas, no ha de implicar un uso indiscriminado de los recursos naturales, ni tampoco una economía separada de la armonía de su vida en cuanto encarnada y habitante en una naturaleza mayor. Hace falta, por tanto, una economía que, toda vez que sitúa el bien de la persona en el centro, se dirija enfáticamente al bien comunitario, sociopolítico y ecosistémico.

Para el neotomista Jacques Maritain (1966, p. 95), «las cosas del dominio político y económico deben, pues, encontrarse conforme a su naturaleza, vinculadas a la ética». Cabe, por tanto, oponerse a financiar cualquier proyecto transhumanista que ponga en peligro la centralidad, dignidad y trascendentalidad de la persona, así como a un acceso y disfrute (que habrá de ser equitativo) de los recursos en la comunidad humana que, incluso al no tener barreras o criterios morales precisos, abuse de los recursos de la Tierra con la única finalidad de la ganancia, del enriquecimiento o de un experimentalismo presuntamente amoral para alcanzar, sobre todo a largo plazo, la condición transhumana o posthumana ideales:

> Es también posible tener un deseo para mejorar *per se*: desear *que mañana tendremos más de lo que tenemos hoy*. Esto podría sonar como una rara cosa a querer. Pero refleja una propiedad importante del sistema afectivo humano [...] el hecho que nuestro sistema de respuesta hedónica se aclimata a las ganancias. (Bostrom 2024, p. 13)

Contra lo que hace muy poco se puede leer en Nick Bostrom, el transhumanismo integral niega la validez y legitimidad de una mejora *per se*, así como esta interpretación del hombre como solo buscando placer, precisamente porque puede ser muy fácilmente proclive a una búsqueda a toda costa del placer de tipo político o económico, en tanto que muy parecido al hedonismo capitalista que se comprueba en nuestras sociedades. Suscribo, por tanto y en sintonía con el Magisterio del papa Francisco, una *economía* y una *ecología integrales*, bajo el principio normativo del bien de la persona armonizado con el bien común y del planeta «que no excluya al ser humano» y «que incorpore claramente las dimensiones humanas y sociales» (Francisco 2015, nn. 124 y 137). En definitiva, y si la «ecología integral posee esa mirada amplia» (Francisco 2015, n. 159), este transhumanismo ecológico solo puede mostrarse favorable a la financiación de proyectos y técnicas sostenibles y eficientes.

EL ASPECTO ESPIRITUAL Y CULTURAL: EL CUIDADO Y LA MEJORA DE SÍ

El enfoque transhumanista que propongo en esta obra procura una mejora integral de la persona comunitaria en su *oikos*, de modo que creo haber llegado al aspecto más importante, y no por ello excluyente, de los anteriores: el aspecto espiritual, desde el cual se crea, diseña, se orienta, pero también se corrige, el tipo de viricultura que se quiera pensar y poner en práctica.

Por esta razón, creo que este término galtiano puede aprovecharse todavía más ya que, en el bionomio usado, «cultura» no tiene por qué asociarse solamente al cultivo más biológicamente exteriorista, según una metodología experimentalista, sino, en un sentido más amplio, a la cultura humana, o al cultivo del espíritu, no como separado del cuerpo y del mundo, sino en cuanto encarnado mundanalmente en su relación con lo otro, con los otros y su apertura a lo Totalmente Otro en el que se puede concretar un encuentro personal definitivo. Por ello, el Galton anterior a la década de 1880 avalaba la necesaria ambivalencia de su viricultura.

De este modo, la cultura, si la concebimos de diversas maneras, puede ser tanto la transmisión más básica de información (hay quienes hablan de *cultura animal* en la transmisión de información que se da en muchas especies), si bien, en términos más humanistas, se puede hablar también de cultura en la forma de los actos y creaciones más excelentes, y aun sublimes, del ser humano. Ambas cosas no tienen por qué desecharse entre sí. El cultivo biologicista de los hombres, entendido con el nombre de «eugenesia» por los transhumanistas parciales, expresa y responde a los dictámenes de una determinada cultura (en este caso, una que afirma sospechosamente discriminar a nuestra especie, pero no a los hombres en su diversidad). Toda eugenesia está decisivamente condicionada por las ideas y esquemas culturales, esto es, por cómo se entiende la naturaleza, el ser humano, su importancia y el papel que desempeña en el cosmos y en la historia.

Mantengo que no puede ser aprobable, bajo ningún concepto, que el transhumanismo, en cualquiera de sus formas, responda a una cultura de la muerte y del descarte, retomando expresiones pontificias, a la hora de cultivar a las personas humanas, no ya solo biológicamente (contra el reduccionismo y parcialismo de muchos transhumanistas), sino sociopolíticamente, ecológicamente y económicamente. La nueva viricultura, en la cual el cultivo biológico es uno solo de sus otros importantes aspectos, expresa y responde a un marco cultural y ético mucho mayor: el de la cultura de la vida y del cuidado. La *metanoia* de un transhumanismo parcial hacia uno integral ha de pasar, por decirlo así, por una honda y radical transformación cultural y ética. En esta transformación está justamente en juego la puesta en obra de la mejora integral a la que tendemos y aspiramos enérgicamente. De hecho, la cultura se desenvuelve material y espiritualmente en la unidad encarnada del *Sapiens technicus*, por lo que una deseable viricultura transhumanista, al poner en su justo centro a la espiritualidad humana, respetará así mismo a sus contrapartes corporales, sociopolíticas, ecológicas y económicas.

No hay que ser maniqueos, ni aprovecharse de cada una por separado, para vulnerar a la persona, su comunidad y su ambiente; así como como tampoco, valga la redundancia, para vulnerar a los más vulnerables. Así pues, la intervención tecnológica en el ser humano está supeditada, según la significación ambivalente de la viricultura galtiana, a la transformación cultural de la propia vida de la persona, tanto espiritual como corporal, y, en ella, de los demás humanos con quicnes vive en comunidad; así como en las instituciones que comparten un mismo entorno natural. Una auténtica viricultura no ha de ceder al *dataísmo*, el cual, abusando de la analogía de atribución extrínseca del animal humano comparado con una máquina computacional, reduce la vida interior del hombre a la transacción de datos numéricos y el procesamiento de estímulos físicos.

Más bien, una viricultura que se proponga ser auténtica con respecto de la trascendentalidad amatoria del *Sapiens technicus* ha de amparar tecnologías que cuiden y mejoren, no solo la inteligencia calculadora y maquinadora, sino la inteligencia emocional y, en modo más propio, la *inteligencia espiritual* (cf. Torralba 2010). Pero aún nos queda responder a la pregunta de por qué no optar *per se*, como hace Bostrom y otros transhumanistas parciales, por la eugenesia. He de señalar que la eugenesia, elegida como fin en sí misma, *deshumaniza* y *desnaturaliza* a la tecnología; mientras que la viricultura la inserta y la entrelaza en la totalidad encarnada, comunitaria y planetaria, que está abierta a la dimensión creativa por medio de la tecnología, del *Sapiens technicus*.

No me satisface la antropofagia posthumanista, la cual se caracteriza por una concepción reductiva e instrumental de la tecnología, en tanto que necesitada de utilizar el cuerpo del hombre para, posteriormente y una vez que se hayan alcanzado los objetivos, desecharlo. Contra este canibalismo tecnológico, que ya comenté y al que sirve muy fácilmente la eugenesia biologicista que utiliza la vida humana tachada como peor para ir fabricando gradualmente una mejor, la viricultura fomenta y ensancha lo puramente biológico a través de un cultivo y de una cultura, según el doble sentido del binomio galtiano, en pro de la plenitud de la vida humana.

Según la metáfora antropofágica que exploré en los capítulos precedentes, en lugar de alimentar con los cuerpos humanos a una insaciable ambición tecnológica, es la persona la que ha de alimentarse de la tecnología en la diversidad de sus aspectos y dimensiones; especialmente los encaminados a la realización de su máxima excelencia. Propongo, pues, que sea el hombre el que *se* nutra de la tecnología para ser plenamente hombre y no la tecnología la que lo fagocite en nombre de un progreso ideal, utópicamente irrealizable o tecnocráticamente impuesto, del que, tal como pronostican los transhumanistas más parciales, ninguno de los *Sapiens* actuales llegaremos a disfrutar humanamente. Así pues, no hemos de alimentar y azuzar el progreso ideal sino el progreso real, esto es, aquel que esté de hecho disponible para mejorar a la persona, las comunidades, instituciones y ecosistemas en una relación armónica *co-dependiente* y *co-superante*.

Pero seamos más concretos, y tal vez más atrevidos, que Habermas en *El futuro de la naturaleza humana* (2002). No tiene por qué resultarnos un grave impase poder ser, por ejemplo, más empáticos con un tratamiento adecuado a base de oxitocina, paliar nuestra tristeza o apatía en una terapia acompañada con antidepresivos, o aumentar nuestra atención, nuestra memoria y nuestras habilidades cognitivas por medio de tecnologías cada vez más refinadas e integrales. Todo depende de la validez y licitud morales de los medios, así como de la materia y de las intenciones de lo que se deba juzgar aceptable. Considero que poner pegas a esto es objetar contra la misma biomedicina. Lo que quiero decir es que no ha de repugnarnos éticamente, siempre y cuando no se nos exima de nuestra implicación y responsabilidad personal y comunitaria, poder contar con tecnologías que restablezcan, corrijan, potencien o auxilien creativamente nuestra capacidad de amar bien y mejor en cuanto que ejercicio natural y teologal. Y esto, contra la «sabiduría de la repugnancia» de una postura tecnófoba como Leon Kass (1997, p. 22), se trata más bien de viricultura y no de eugenesia:

> Así, fármacos que se habían desarrollado originalmente para tratar enfermedades como la narcolepsia o el déficit de atención con hiperactividad (TDAH) [...] por tanto, con un objetivo claramente terapéutico [...], se utilizan ahora, fuera de la indicación inicial, para incrementar la memoria, el período de atención, o la capacidad para concentrarse en tareas cognitivas. Incluso, algunos de estos fármacos pueden mejorar las funciones ejecutivas, o la capacidad de resolver problemas, lo cual, sin duda es algo atrayente para multitud de personas. De hecho, existen estudios que muestran cómo uno de estos medicamentos para el TDAH, el Ritalin, es el más utilizado entre los estudiantes universitarios, para rendir mejor en los exámenes (dependiendo de los estudios, se estima entre un 10 % en Europa, y casi un 20 % en Estados Unidos). (Feito Grande 2013, p. 272)

Incluso aceptando esto, un problema más serio lo encontramos cuando contemplamos la posibilidad de la modificación genética, la cual, como reconocía Jürgen Habermas en la obra mencionada, supone intervenir no tanto en aspectos accidentales sino en aquello que, en nuestra biología, tiene que ver en mayor medida con nuestra identidad y naturaleza específica. ¿En qué situaciones concretas se puede modificar el código genético de una persona? Estoy en desacuerdo con el transhumanismo parcial en lo siguiente: la mejora tecnologizada no tiene un valor *per se*, sino que prefiero sostener que dicha mejora podría ser, solo en casos muy justificados, un imperativo y un deber moral. De hecho, he aclarado que no toda mejora es válida sino la que he denominado *mejora integral*, en función de la viricultura más envolvente que dota de fines, busca y otorga criterios éticos para la acción. Es, pues, a la viricultura, y no a la eugenesia, a lo que se debe *stricto sensu* esta mejora integral. ¿Por qué no a la segunda? La postura del teólogo Yves Congar, en una obra que publicó para la UNESCO, me parece acertada a este respecto:

> La Iglesia católica no reprueba toda eugenesia, pero ha adoptado una posición decidida y severa contra las formas de eugenesia que no respetan el valor absoluto de la vida humana y tratan al hombre como una simple especie animal, [o también] como un elemento de zootecnia. (Congar 1953, p. 22)

Así las cosas y aunque la vida goza de un valor más bien fundamental, este pensador defiende una versión eugenésica no homicida y no discriminante de la vida humana, ya que, como él mismo sostiene en cercanía con los aspectos sociopolíticos, ecológicos, económicos y espirituales de la viricultura, «la verdadera eugenesia es inseparable de la solución de la cuestión social (problema de la vivienda, alcoholismo, prostitución, miseria), del respeto general de la moral, de la formación de un sentido de responsabilidad y previsión [así como…] de una legislación sanitaria positiva» (Congar 1953, p. 24).

Habida cuenta de esto, el transhumanismo integral se posiciona a la vera de quienes defienden una *ética de la mejora responsable* (cf. Úriz Pemán 2012; Feito Grande 2013; Terrones 2018; Cortina 2022), llamando también a una mayor y más rigurosa investigación bioética sobre la relación (si en verdad puede haberla) entre la viricultura y la edición genética; por supuesto excluyendo en este enfoque la selección, lesión, instrumentalización y destrucción del embrión humano mediante el diagnóstico y manipulaciones preimplantatorias. Sobre este punto merece una lectura atenta el número 27 de la Instrucción *Dignitas Personae* (2009), el cual no me resulta contradictorio en relación con un cultivo secular del cuerpo biológico subordinado a la viricultura, dentro del marco mayor del reconocimiento y del trabajo por el bien y la mejora integral de la persona comunitaria y ecosistémica:

> Una consideración específica merece la *hipótesis según la cual la ingeniería genética podría tener finalidades aplicativas distintas del objetivo terapéutico*. Algunos han imaginado que es posible utilizar las técnicas de ingeniería genética para realizar manipulaciones con el presunto fin de mejorar y potenciar la dotación genética. En algunas de estas propuestas se manifiesta una cierta insatisfacción o hasta rechazo del valor del ser humano como criatura y persona finita. Dejando de lado las dificultades técnicas, con los riesgos reales y potenciales anejos a su realización, tales manipulaciones favorecen una mentalidad eugenésica e introducen indirectamente un estigma social en los que no poseen dotes particulares, mientras enfatizan otras cualidades que son apreciadas por determinadas culturas y sociedades, sin constituir de por sí lo que es específicamente humano. Esto contrasta con la verdad fundamental de la igualdad de todos los seres humanos, que se traduce en el principio de justicia, y cuya violación, a la larga, atenta contra la convivencia pacífica entre los hombres. Además, habría que preguntarse quién podría establecer que ciertas modificaciones son positivas y otras negativas, o cuáles deberían ser los límites de las peticiones individuales de una presunta mejora, puesto que no sería materialmente posible satisfacer los deseos de todos. Cada respuesta posible sería el resultado de criterios arbitrarios y discutibles. Todo esto lleva a concluir que la perspectiva de una manipulación genética con fines de mejoras individuales acabaría, tarde o temprano, por dañar el bien común, favoreciendo que la voluntad de algunos prevalezca sobre la libertad de otros. Finalmente hay que notar que en el intento de crear *un nuevo tipo de hombre* se advierte fácilmente una *cuestión ideológica*: el hombre pretende sustituirse al Creador.

Sin cerrar el Magisterio la posibilidad de la edición genética desde las etapas más tempranas de la vida, pero alertando de los posibles riesgos, pienso que el embrión es una *persona germinante* que, desarrollándose normal y saludablemente, se irá *personalizando* en la emergencia cualitativamente irreductible de su unidad y totalidad sistémica consciente, el cual le corresponde a su naturaleza encarnada de *Sapiens*. Pero, ¿toda «lotería biológica» ha de considerarse intocable e inmune por el mero hecho de acontecer accidentalmente en lo natural? ¿No es la persona, en su unidad encarnada y en su dignidad, la que es inalienable? ¿Podría haber intervenciones genéticas, del tipo CRISPR/CAS, que no sean un acto de dominación, de ejecución y de intervención libérrimamente arbitrarias en lo puramente experimental, o acatando las imposiciones de unos poderes y de una cultura de la muerte y del descarte? ¿Se puede aceptar una «mejora auxiliar» (Lara y Savulescu 2021, p. 294), que se abra camino en la división de la mejora médica/extra-médica, en lo que respecta a la edición genética? ¿Habría espacio para una «mejora moral», como piden Diéguez y Véliz, que no perjudique ni la libertad del experimentador, ni la de la persona sobre la que se experimenta (cf. Lara y Savulescu 2021, pp. 217-233)? ¿Se puede hacer esto, en definitiva, si respondemos a una cultura de la vida y a una investigación en ciencia y tecnología con una finalidad netamente, pero también creativamente, restablecedora o auxiliante?

Obviamente, y aun reconociendo el riesgo de un paternalismo que imponga a la descendencia cualidades genéticas y morfológicas no escogidas, como bien pondera el profesor de Lovaina Mark Hunyadi (2022),[19] no quiero responder a todo ello movido «por

[19] Vale la pena tener en cuenta su opinión como filósofo moral en relación con la extremación posthumanista: «Ciertamente, una discusión ajustada debería distinguir aquí entre la libertad de escoger estas mejoras por uno mismo y la libertad de escogerlas por los hijos que vendrán. El posthumanismo habla en este segundo caso de libertad procreadora [*liberté procreatrice*] o de autonomía

esa eugenesia inconscientemente materialista», tal y como como la descalificaba Congar (1953, p. 22) en su escrito y la cual abunda en la literatura del transhumanismo parcial. Me uno, más bien, al aportar este nuevo enfoque, al sentir de que «la posición católica es una solución de conjunto»; de tal manera que no se impongan «determinadas prohibiciones sin ofrecer al mismo tiempo medios positivos de vida sana» (Congar 1953, p. 24). No estoy de acuerdo, a diferencia de Cohen, que destacar la centralidad natural de la persona, sea exigir una suerte de «justificación de una razonable parcialidad hacia la humanidad» (Lara y Savulescu 2021, p. 19).

Contra esta parcialización, que como se ha podido ver no es mía sino de una porción importante del transhumanismo, el cuidado y la mejora del *Sapiens technicus et amoris*, de y en su *polis*, así como de y en su *oikos*, son inseparables; si en realidad la persona pretende autotrascenderse y ser elevada gratuitamente a formas cada vez más altas y complejas de vida. La absolutización de la libertad morfológica por parte de unas antropotecnias reduccionistas es de todo punto errónea: para ser coherentes con una defensa integral de la libertad humana, debería ser permitida incluso la libertad para no aplicarse nada que no sea estrictamente necesario para la supervivencia y el bienestar más básico que una persona precisara. Cuando una persona no pueda, o directamente

parental [*autonomie parentale*], pero esto es un manifiesto abuso de lenguaje: puesto que se trata en realidad de una libertad *paternalista* [*liberté paternaliste...*] libertad ejercida a propósito de alguien que no está en sí mismo en estado de escoger, y del cual no sabemos por consiguiente lo que escogerá. El liberalismo posthumanista considera que no sería sino una forma de totalitarismo limitar en lo que sea la elección procreativa de los padres. Pero a la inversa, ¡se puede considerar que no sería sino otra forma de totalitarismo, no forzadamente menor, poder formatear los seres que vendrán en función de las preferencias de los que están actualmente vivos! Imaginemos por ejemplo que, por un efecto de una moda rápidamente extendida, una generación de padres, preocupadas por el confort y la paz familiar y seducidas por el ideal de vida acomodada que le prometen los publicitarios, escogiese crear niños genéticamente dóciles, desprovistos de todo sentido de la autonomía y desarrollándose en perfecta conformidad con su medio» (Hunyadi 2018, p. 43).

no quiera para sí misma, un *enhancement* del cuerpo biológico en tanto que no necesario para una vida digna en la Tierra, habremos de esforzarnos en *cuidar* y ser solícitos hacia su vida personal. El cuidado es el inicio, el itinerario y la meta de toda mejora del *Sapiens technicus*.

La especie humana es central en el reino animal y en la Tierra, de modo que negarlo sería contrafáctico y contraproducente, toda vez que sería indiscernible el cuidado y la mejora de esta especie para que puede trascenderse y ser transformada en plenitud, si se repudia el bien la comunidad y del propio planeta. Este es el radical porqué de mi concepto de «tecnologías humanas» presentado en el capítulo XI de este libro: unas tecnologías al servicio del bien personal, el bien común y el bien planetario. Habiendo intentado abrir nuevas sendas de reflexión y lanzando abiertamente estas preguntas acerca de una denostada eugenesia transformable en una auténtica viricultura, espero humildemente que su planteamiento sea acogido favorablemente y que, algún día, quién sabe, estas cuestiones se puedan llegar a responder no solo desde la filosofía, sino también desde la bioética, la teología moral, la antropología teológica y otras relevantes transdisciplinas.

El transhumanismo integral no cierra el debate y el diálogo de forma dogmatista, sino que se abre y espera participar de ellos, mediante mayores intercambios e investigaciones con el fin de ayudar al hombre técnico y amante a trascenderse a sí mismo y a encontrar su máxima plenitud y verdad. Solo si revolucionamos nuestra cultura desde dentro, revolucionaremos auténticamente a las tecnologías de hoy y del mañana. Acabo, pues, este capítulo con un fragmento de la *Explicación dialogada* sobre la procreación matrimonial del cardenal Isidro Gomá, en la cual se puede comprobar, todavía en un contexto demasiado eugenesista, un talante crítico con respecto del apogeo de muchos regímenes totalitarios de Occidente hacia la postura que, en aquella época, buscaba la mejora de la progenie:

[...] todo cuanto sea mejorar la naturaleza del hombre, tanto en su aspecto físico o corporal como en su parte espiritual o moral, no puede menos que merecer la aprobación de la santa Iglesia [...] Ni puede la Iglesia desentenderse de una legítima preocupación por la procreación de hijos sanos, física y moralmente, y por la transmisión de la vida en las mejores condiciones posibles. Lo que ella reprueba, dice un médico famoso, no es un eugenesismo normal y legítimo, sino este otro que ha pactado con el neomaltusianismo una alianza desdichada, y que emplea medios contrarios al verdadero fin [...], tal como lo define la moral católica. (Gomá 1943, p. 153).

CONCLUSIÓN

> Las fantasías nietzscheanas de los que se hacen valer a sí mismos [...] solo llegan por ahora a la categoría de espectáculos mediáticos. En su lugar yo quisiera aportar algo [...].
>
> Jürgen Habermas

Han pasado más de veinte años desde que Habermas (2002, p. 36) escribiese las anteriores palabras. Como afirmé en el primer capítulo, no parece que el transhumanismo, sobre todo el mediático, dimita de su papel de espantapájaros; al pronosticar cataclismos de alcance universal. Sea mediático o no este movimiento, pero de todas maneras parcial y reductivo, en este libro, en vez de dramatizar su *performance* alertando de sus peligros (que los hay), he optado por un cuestionamiento serio de sus principales principios, elementos y argumentos controvertidos. Hacía falta aportar algo y no, como es ya común entre filósofos alarmistas y tecnófobos, contribuir, sin ser del todo conscientes, a atraer la atención en torno a uno de los más ambiciosos metarrelatos que se han podido hacer sobre la intervención tecnológica en el cuerpo de la persona humana. En este libro no me ha interesado para nada esa nebulosa del futuro que nos hace hipotecar el presente y, con él, la experiencia encarnada.

Hay, como dice el refrán, mucho ruido y pocas nueces en el transhumanismo mayoritario. Es ciertamente bonito y reconfortante hablar de vencer las enfermedades o el envejecimiento (este último tristemente patologizado), pronosticar no sufrir, no morir más y esperar el establecimiento del reino de la equidad. Podremos inclusive cantar entusiasmados *Born to be alive* de Patrick Hernández, pero ¿cómo hacer esto fuera del trabajo comprometido *hic et nunc* por ese mundo nuevo anhelado, es decir, sin trillar y abonar esta tierra para que la semilla del bien esperado empiece a germinar? Me he permitido dudar de la validez del discurso que mitifica un futuro muy prometedor y deslumbrante que, no obstante, no aporta nada en el ahora; a menos que lo anticipemos poco a poco: prefiero un *futuro-presente* a un *futuro-futuro*, esto es, a la mitificación de un futuro que nos desconecta de nosotros mismos, de la comunidad sociopolítica y del entorno natural. Y es que lo nuevo se ha convertido en un trascendental indiscutible que seduce a las masas y que conviene, por su puesto, a los grandes poderes y firmas tecnológicas; los cuales sacan año tras año al mercado nuevas versiones de sus artículos.

Pero «el poder del pasado sobre el futuro se estrella contra esta expectativa indeterminada de lo nuevo», como sentenciaba Habermas (2002, *Ibíd.*). Cabe ser conscientes que el futuro no es una irrupción abrupta, que resquebraja nuestra naturaleza y nuestra responsabilidad moral: el futuro florece entre el terreno agrietado de nuestras heridas existenciales y carnales, así como del mal propio y ajeno que se ceba contra nosotros. Me niego a mirar al futuro desde la espera de lo mismo, del *mónon* que no aporta nada y que nos revuelve en el estercolero de nuestros fracasos. Contra esa espera monista, dualísticamente anomalizada y sin horizonte auténtico de trascendencia, el transhumanismo integral se abre a la «esperanza de lo inesperado» (Habermas 2002, *Ibíd.*) que no proviene de nuestras solas fuerzas, sino que se descubre y se recibe en la experiencia agraciada y gratuita de lo real. Este enfoque interpretativo desde la óptica del *Sapiens technicus et amoris* sobre sí mismo, sus factibilidades y su misma responsabilidad, es secular; sin rendir su esperanza ante las ofertas finitas de este siglo: en medio de la *polis* humana articulada en *civitas*, aguardamos la verdadera novedad; aquella que autentifica plenamente la vida humana. A modo de conclusión, quisiera comentar unas breves líneas de cada capítulo, haciendo, si me lo permite el lector, un recorrido *à vol d'oiseau* de toda esta obra.

En el primer gran apartado, la *pars destruens* que comenté en la Introducción, he querido identificar y explorar de una manera crítica los elementos más espinosos, pero también promisorios, del transhumanismo parcial. La historia y los mecanismos de la parcialización y reducción de este movimiento ha sido tortuosa y no resulta fácil hacérselo advertir al lector. A esto hay que añadir que el transhumanismo, en tanto que movimiento *in genere*, es todo menos un *corpus* cerrado y sistemático de doctrina. Este hecho, que a ojos de los filósofos ávidos de sistema pudiera parecer un defecto, me ha sido enormemente útil en la segunda parte de este libro en aras de recomponer, en conformidad con la reflexión y los principios de un enfoque humanista y personalista de directa herencia cristiana, el revuelto puzle del transhumanismo.

Con el término «transhumanismo integral» no he querido separarme del mayoritario por razones crasamente extensivas o de magnitud, es decir, de menos a más material disponible para la intervención tecnológica en el cuerpo biológico humano. Si así hubiese procedido, este no sería sino un transhumanismo mucho más peligroso que aquel que he criticado, dado que tecnificaría obviamente no tanto lo técnico, a tenor de nuestra natural *techné*, sino también lo que más trasciende, uniéndola a sí, a esta importante dimensión humana. «Transhumanismo integral», en consecuencia, no denota una tecnificación ilimitada de la vida humana. Si se tratase de esto, hubiera extremado todavía más la ideología que ahora predomina; otorgándole carta de ciudadanía para hacer con nosotros lo que le plazca.

Por el contrario, con este neologismo me refiero a un incremento de la significación humana de nuestro espesor carnal en cuanto es capaz de materializar creaciones técnicas; y no tanto a su omisión o, *a fortiori*, a su precipitada substitución a través de los deseos, planes y prácticas rupturistas y futuristas enfocadas en mejorar y aumentar nuestras capacidades fisiológicas a largo plazo. Las tecnologías que nos han de valer para esto no son las que hacen languidecer nuestra carne, recortando su naturaleza material-espiritual. En vez de obligar a los tecnólogos a ser simples intervinientes instrumentalizadores, cabe que se exprese la propia carnalidad creadora, tecnificadora y amatoria, la cual abraza la novedad de las recientes tecnociencias, sin por ello despersonalizarse. Es un fenómeno incontestable que el último homínido evolucionado *es persona*: la trascendentalidad y la tecnicidad constituyen irreductiblemente su naturaleza desde hace miles de años. En efecto, se puede poner en acto nuestra tecnicidad natural, sin tener que desentrañarla de nuestra carne. Esta carne nuestra, desde su vulnerabilidad, la vivimos como carne deseante y amante en vías de plenitud; carne que, aun originando creaciones hermosas y maravillosas en muchos campos, sabe e intuye que aguarda siempre algo mayor no debido y donado gratuitamente.

Al mismo tiempo que el *Sapiens technicus* desea vivir por siempre, le duele la muerte, en especial de los inocentes y de sus seres más queridos; temiendo él mismo también morirse del todo. Esta experiencia no le hace resignarse, quedarse en el aturdimiento o desesperarse en la autodestrucción, según un nihilismo que algunos considerarían positivo, neutral o negativo. El transhumanismo integral propone a este homínido descubrir que la nada que le asusta *ante* él no es la nada *en* él: el *Sapiens technicus* está henchido de sentido, precisamente en esa fuerza fundante, posibilitante e impelente que le recuerda que está orientado a un *Quién* más grande que sus perfectibles productos; toda vez que este vulnerable homínido puede producir el bien, la verdad y la belleza de su ser. Aunque discierne que el fracaso no es una de tantas posibilidades, sino aquella que circunda todo lo que obra y ejecuta técnicamente, este homínido puede empezar ya aquí un anticipo muy pobre, aunque intrínsecamente análogo, de aquello que su deseo abisal clama y desborda. El fracaso total que nos cerca, en tanto que seres finitos, viene alumbrado en el aura del triunfo definitivo, naturalmente anhelado en nuestra carne y el cual no puede provenir de nuestras solas fuerzas, capacidades y destrezas.

Si, por algo importante, la persona puede entender la razonabilidad del transhumanismo integral, es porque, al mejorarse técnicamente, no está pecando contra sus deidades ni violentando su naturaleza. Otra cosa muy distinta y condenable del todo consiste en mejorar a las personas germinantes, en su estado embrionario, decidiendo e imponiendo de manera paternalista su futuro o dejándolas morir solo por la razón de que experimentar es más importante. También la persona podría comprender mejor si este nuevo enfoque es razonable, en la medida en que le hace apreciar que es posible la intervención de un sistema técnico en su carne; sin que deba atornillarla como parte manejable de un engranaje determinístico y tecnocrático. Los transhumanistas parciales luchan, sin dudarlo, contra el determinismo de la libertad, pero no contra un mecanicismo de fondo; de tal manera que la solución inmanente que esperan traernos para salvar nuestra autodeterminación es, paradójicamente, la de insertarnos todavía más en un mayor entramado maquinístico movido no solo en lo corpóreo sino en las intenciones, intereses y fines más variopintos. ¿Será la condición humana escatológica el *computronium* o estado informacional definitivo de un Tú 2.0, tal y como espera todavía hoy Kurzweil (2024),[20] en cuanto que fruto de la disolución de lo personal en la totalidad transpersonal de la nube de datos numéricos?

¿Cómo vencer el determinismo biológico y el tecnocratismo sobre la base de una mayor maquinización dataísta de la persona?

---

[20] «Este escenario [cree firmemente este transhumanista] se convertirá en real, mientras nos acercamos a la Singularidad, a mediados de la década de 2040» (Kurzweil 2024, p. 193).

Aunque esta nube sobrepase a las máquinas mediante modelos de gran escala, dependerá todavía tanto de nuevos programadores y nuevos soportes físicos para ser posible, como también de potentados pagadores o legisladores que lo favorezcan desde los poderes estatales e internacionales. Aunque no se tenga un determinismo proveniente de la lotería biológica, nada impide que acabemos determinados por la técnica, en tanto que creadores y apéndices suyos, para poder mejorar según sus dictámenes. De este modo y como comenté en María Zambrano (1988, p. 38), la retórica y la *performance* mayoritaria nos empujan al «desnacimiento» del hombre. Ni siquiera la defensa de la eugenesia ultraliberal está exenta de que me haya preguntado prudentemente si esta se trata, en verdad, de un *hacer nacer* o, quizá cómo pensaba esta gran mujer de nuestro país, de un *des-nacer* en el sentido de una imparable desnaturalización del hombre sobre la base de la *in-existencia* de un *eidos* todavía no manifestado ni advenido. La presunta bondad y neutralidad de esta eugenesia, identificada con la voluntad autoafirmativa y emancipadora de la Modernidad, se desmonta justo en el momento en que se desenmascara la cultura que la impulsa o la frena: la cultura de la muerte y del descarte.

La eugenesia obedece siempre a un marco epistémico y ético, que se enraíza en una cultura imperante. Solamente una fe ultrasecularista puede hacernos creer que el hombre viejo engendrará, desde la matriz baldía de su ser y por su buena voluntad, al hombre nuevo. Podrá conseguir engendrar seres materialmente más aumentados, así es, mientras se postre y le rinda tributo a un divinizado progreso; aunque el fruto de sus entrañas no será sino una repetida versión, biológicamente más refinada, de su *sien-in-der-Welt-zu-Tode* (*ser-en-el-mundo-para-la-muerte*); si lo expreso en léxico heideggeriano. En esta tesitura, aquello que se llama eugenesia, en una ideología que al desacralizar lo divino sacraliza lo profano, no es otra cosa que lo que favorece la perpetuación de la condición mortífera, no tanto porque mata la vida (que no es su cometido), cuanto porque renuncia a la vida plena a través de la producción deslumbrante de nuevas (pero mortíferamente repetitivas) versiones transhumanas y posthumanas. Así, el transhumanismo más extremo sería, en suma, una tipología tecnicista de la selección antropotécnica de la especie y no solo de los individuos. Seleccionar y descartar al Hombre 1.0 para que nazca el Hombre 2.0 (cf. Kurzweil 2007); seleccionar y descartar para re-crear a la especie humana resume el parcialismo y el reduccionismo transhumanista y posthumanista.

En cuanto a la *pars construens*, no me he querido encallar en un discurso que solo odia y teme a la tecnología en cuanto tal, renunciar y rechazar con rotundidad formas ideológicas que ningunean la centralidad, dignidad y trascendentalidad de la persona humana no es ni temer a la tecnología, ni un bioconservadurismo de rancio abolengo. Por ello, no hay que caer en la trampa de quienes piensan que la única forma de salvar al hombre del embate tecnocientífico es siendo parciales hacia la defensa, normativamente positivizada, de su naturaleza en detrimento de todo lo demás. Esto, además de impreciso, constituye un grave error que puede llevar a pensar, a los tecnófilos idolátricos, que la misma parcialidad arbitraria que los bioconservadores muestran hacia el hombre, ellos la pueden tener libérrimamente hacia la tecnología. La naturaleza, en su máxima complejidad sistémica, no significa un obstáculo para un enfoque integral críticamente tecnófilo sino, antes bien, su mayor baza. Por esta precisa razón no he querido ser parcial sino ampliativo.

De este modo, el transhumanismo integral rastrea un enfoque verdaderamente naturalista y antropológico que no surja como la protuberancia extravagante de un naturalismo reduccionista; así como tampoco de una antropomorfización más de la versión más decadente y corrupta del *Sapiens technicus*. ¿No es el transhumanismo parcial, en su extremación posthumanista, una antropomorfización del *self-made man* de la Modernidad, del optimista *yuppie* o del exitoso empresario de Silicon Valley; incluso cuando cree ciegamente que se podrá despojar de las vestiduras y de las limitaciones de su cuerpo? ¿De verdad se nos liberará tan tajantemente de las constricciones del ser humano, cuando se traspase el umbral hacia la condición transhumana y posthumana? ¿No nos encontraremos, incluso entonces, con la eternización del prototipo liberal del hombre moderno? De seguir así y por mucho que se empeñe esta ideología en su versión mayoritaria, nunca logrará escapar del fantasma de su demiurgo de carne y hueso, resonando en su interior sin parar el eco insoportable que pronosticaba Nietzsche en *Verdad y mentira en sentido extramoral*.

Este enfoque es mucho más amplio para con la naturaleza y el ser de la persona humana, que el de aquellos que no ven más allá de sus recortes ideológicos; dado que se sabe de la ideología de la que parte, aunque no totalmente, y se ha propuesto identificar sus límites. Me he preguntado, por tanto, por un transhumanismo *de* la persona en el desarrollo, restablecimiento y auxilio creativo y creciente de su carnalidad, sus capacidades y de su excelencia; esto es, de una persona convocada a cuidar y a mejorarse tanto a sí misma, como a los otros en sus respectivas comunidades y entornos naturales. Este es un transhumanismo que no es solamente el de una autotrascendencia *yuppie*, sino el que abre sus brazos para el bien de los demás y de la Tierra, así como a la elevación inmerecida y sorprendente de un Sumo Bien digno de querer y al que tender libremente. Los transhumanistas parciales, aun no teniendo más remedio que reconocer nuestra trascendentalidad, ni quiera la confunden con nuestra tecnicidad sino con nuestros productos; alimentando el abismo carnal humano mediante las migajas artefactuales, las cuales no hacen más que aumentar nuestra hambre de eternidad. Por si esto fuera poco, están alimentando también la voracidad de una antropofagia tecnológica que se nutre de nuestra vida más pura y de nuestros mayores esfuerzos.

Aunque hay transhumanistas muy solidarios y concienciados en lo social, algunos nos venden que se puede ser anti-humanista con respecto a nuestra especie y socorrer las disfunciones y fallas naturales de sus miembros, sin que ello parezca demasiado impostado. ¿De verdad? ¿Se creen esto, cuando lo predican? Por mi parte, mi nuevo imperativo tecnocientífico es muy diferente de esto. No he querido decantarme por una universalización del pavor al ejercicio descontrolado de la tecnología, ni tampoco por patrocinar una mentalidad limosnera, por parte de los tecnólogos o de sus pagadores, hacia los que no pueden biomejorarse. Antes bien, mi imperativo, imposible de universalizar e imponer sobre la sindéresis personal, pretender fundamentarse en nuestra naturaleza humana en toda su amplitud, profundidad y complejidad. Contra la superioridad de la caridad ingenieril por encima de las menudencias humanas, he concebido unas «tecnologías humanas», en las cuales lo que concierne a la investigación, competencia y experticia tecnocientíficas no sea inversamente proporcional a lo humano. Es más, las tecnologías más congruentes serían las que, sin resquebrajar nuestra unidad antropológica, fenomenológica y ecológica, nos permiten desenvolver *nuestra* vida; así como restablecer nuestra salud y suplirnos, si bien *no* eximiéndonos de nuestra responsabilidad moral, *sí* en el perfeccionamiento de nuestras limitaciones individuales, comunitarias y ambientales.

El único *enhancement* que he considerado interesante es el que denominado «mejora integral», en tanto que está implicado y comprometido en un cuidado actual, constante y concreto de la persona, en la *polis* y en el *oikos*; a diferencia de los que quisieran mejorarse sin cuidar a los hombres y esperando el éxito abrupto de una era singular o superinteligente. Al recuperar una idea abandonada y ocultada en la historia de la ciencia (la viricultura), he considerado oportuno modificar la cultura del descarte y de la muerte que rige, muchas veces de forma inconsciente y otras no tanto, la eugenesia ultraliberal bajo la rúbrica del progreso. La mejora tecnológica del cuerpo biológico es solo uno de los aspectos del bien que perfecciona al *Sapiens technicus et amoris*. En razón de esto, he optado, finalmente, por una cultura de la vida, depurada de los prejuicios antroporfizantes, en la cual el perfeccionamiento no sea (como en Galton) el de los sexos, la raza o la clase social, sino el de *la mejora de la mejora*, esto es, de *la persona en su integralidad*; considerando y atendiendo responsablemente los aspectos biológicos, sociopolíticos, económicos y ecológicos de su única vida encarnada.

Puesto que, en una contienda como esta, tendríamos todas las de perder, no es tiempo de contraponer el humanismo occidental de manera irracional ante el transhumanismo, ni tampoco contra su extrema edición posthumanista. Es hora, más bien, de dar razones humanísticas y tecnológicas de nuestra vida encarnada en tanto que *Sapiens* que tecnificamos y amamos. O nos dirigimos hacia una reforma de raíz del humanismo occidental, especialmente el humanismo cristiano, a luz de la crítica y de la innovación de la investigación tecnocientífica, o tarde o temprano correremos el riesgo de acabar en el tragadero enjundioso de una ideología siempre hambrienta de nuestra especie en sus miserias y grandezas Se quiere producir un ser nuevo e ideal, muy o totalmente diferente del humano, mientras el hombre real vaya siendo engullido poco a poco. ¿Pero producir otro ser significa crearlo? Como avisaba Gabriel Marcel en *Homo viator* (1944), no hay que confundir *crear* con *producir*, ya que lo primero, especialmente cuando la persona tiene experiencia de sí en tanto que desafiada por sus constructos creativos, implica que la espiritualidad no se diluya irremisiblemente en sus productos:

> Nos equivocamos cuando confundimos crear con producir. Lo esencial en el creador es el acto por el cual se pone a disposición de algo que, sin duda en cierto sentido, depende de él para su existencia, pero que al mismo tiempo le parece estar más allá de lo que él es y de lo que se juzga capaz de sacar directa e inmediatamente de sí mismo. (Marcel 1951b, p. 25)

Crear es más que producir, aunque lo más fácil es que nos dejemos seducir por nuestras creaciones. He propuesto, por consiguiente, un enfoque en el que la técnica deje de ser mera *productio* para encarnarse en la hondura de nuestra vida personal, comunitaria y ecosistémica. O acercamos la técnica a nuestro ser, o las cosas se complicarán todavía más. Por ello, la persona, siempre abierta y confrontada por lo real, todavía puede aprender de sus errores y reconducir su vida y sus creaciones: esta es nuestra mayor grandeza. Si podemos mejorarnos técnicamente, también podemos reorientar, e incluso detener si hace falta, toda esta invectiva contra la humanidad; en caso que nos ponga en un peligro inminente. En esto radica lo que nos hace insubstituibles y avala nuestro puesto privilegiado en el cosmos: somos la especie que puede facilitar o impedir este proyecto ideológico y ello, simple y llanamente, prueba nuestra superioridad. Aún así, puede estar filosóficamente, teológicamente, tecnocientíficamente y éticamente justificado que la persona dignifique su vida y la de su progenie, la plenifique y decida libremente (si no cree oportuno hacer lo contrario, según la calidad humana de las antropotecnias que se le ofrezcan) eliminar el sufrimiento innecesario tanto suyo como ajeno, a tenor del progreso sociopolítico y económico en el que se encuentre.

No es, en definitiva, este enfoque un transhumanismo precaucionista ni tampoco bioconservador: defender actualmente a la persona humana real, en vez de servirla como suculento plato a devorar por los poderes de este mundo, no es ser temerosamente cauteloso sino, más bien, tremendamente revolucionarios y contestatarios. No se puede mejorar a nadie descuidando sus necesidades espirituales: la mejora sin el cuidado se me ha presentado totalmente como desprovista de un verdadero sentido. Quiero citar, como colofón, unas enigmáticas afirmaciones del ilustrado Denis Diderot, recogidas por Lluís Duch, a tenor del distópico escenario de una tierra despojada de los hombres:

> Una idea que nunca hemos de perder de vista es que, si alguna vez desterráramos al hombre, es decir, al ser pensante y contemplativo, de la faz de la tierra, este patético y sublime espectáculo de la naturaleza se convertiría en una escena de melancolía y de silencio. Es la existencia del hombre la que da interés a la existencia de otros seres [...] ¿Por qué no habríamos de convertirle en el centro común? El hombre es el término único del que debemos partir. (Duch 1998, p. 488)

BIBLIOGRAFÍA

Abbagnano, N. *Diccionario de Filosofía*. Fondo de Cultura Económica: México 1980.

Agamben, G. *Homo sacer. El poder soberano y la nuda vida*, Pretextos: Valencia 2003.

Agar, N. *Liberal eugenics. In defense of human enhancement*. Blackwell Publishing: New York 2004.

Amengual, G. *Antropología filosófica*, BAC.: Madrid 2007.

—*Hitos históricos de la antropología filosófica*. Comares: Granada 2020.

Antúnez Cid, J. *Nuestro puesto está en el porvenir. Cruzar el límite del choque de paradigmas: el poder sobre el poder, una reflexión ante el reto de la IA*. Ediciones Universidad San Dámaso: Madrid 2024.

Armstrong, R. «Alternative biologies». En: M. More y N. Vita-More (Eds.). *The transhumanist reader*. Wiley: Oxford 2013, pp. 100-109.

Baena Bustamente, G. «El método antropológico trascendental». *Theologica Xaveriana*. Vol. 155 (2005): 351-378

Baier, A. «Secular faith». *Canadian Journal of Philosophy*. Vol. 10, n. 1 (1980): 131.148.

Bailey, R. «For enhancing people». En: M. More y N. Vita-More (eds.). *The transhumanist reader*. Wiley: Oxford 2013, pp. 327-344.

Behe, M. J. *Darwin's black box. The biochemical challenge to evolution*. The Free Press: New York 2006.

Benjamin, W. *La dialéctica en suspenso. Fragmentos sobre historia*. LOM Ediciones: Santiago de Chile 2009.

Bertolaso, M. y Marcos, A. *Inteligencia Artificial y humanismo tecnológico*. Digital Reasons: Madrid 2024.

Bloch, E. *El principio esperanza*. Vol. I-II. Aguilar: Madrid 1977.

—*Ateísmo en el cristianismo. La religión del Éxodo y del Reino*. Trotta: Madrid 2019.

Bostrom, N. «Transhumanist values». *Review of Contemporary Philosophy*. Vol. 4, n. 1-2 (2005): 87-101

—(2011). «Una historia del pensamiento transhumanista». *Argumentos de Razón Técnica*. Vol. 14: 157-191.

—*Superintelligence. Paths, dangers, strategies*. Oxford University Press: Oxford 2014.

—*Deep utopia: life and meaning in a solved world*. Ideapress Publishing: Londres 2024.

Bueno de la Fuente, E. *La revolución antropológica. ¿Más allá del humanismo...?* Editorial Monte Carmelo: Burgos 2020.

Buchanan, A. E. *Beyond Humanity? The Ethics of Biomedical Enhancement*. Oxford University Press: Oxford 2011.

Bunge, M. *Seudociencia e ideologia*, Alianza: Madrid 1985.

—*Filosofía de la tecnología y otros ensayos*. Universidad Inca Garcilaso de la Vega: Lima 2015.

Burgos, J. M. «El personalismo ontológico moderno I. Claves antropológicas». *Quién*. Vol. 1 (2015a): 9-27.

—«El personalismo ontológico moderno II. Claves antropológicas». *Quién*. Vol. 2 (2015b): 7-32.

—«¿Qué es el personalismo integral?». *Quién*. Vol. 12 (2020): 9-37.

Camus, A. *El mito de Sísifo*. Editorial Losada: Buenos Aires 2006.

Capra, F. *La trama de la vida. Una nueva perspectiva de los sistemas vivos*. Anagrama: Barcelona 1998.

Caro Almela, A. «El paradigma de la complejidad como salida de la crisis de la posmodernidad». *Discurso: Revista internacional de semiótica y teoría literaria*. Vol. 15-17 (2002): 69-83.

Carrillo, R. «La dignidad humana: ser persona. Reflexiones desde la antropología filosófica y teológica». *Teoría y Praxis. Revista de Ciencias Sociales y Humanidades*. Vol. 43, n. 2 (2023): 71-89.

Castells, M. *The Network Society. A cross-cultural perspective*. Edward Elgar: Northampton 2004.

Cerezo Galán, P. *Hegel y el reino del espíritu*. Granada: Universidad de Granada 2018.

Choza, J. *Manual de Antropología Filosófica*. Rialp: Madrid 1988.

Claeys, G. *Cambridge companion to utopian literature.* Cambridge University Press: Cambridge 2010.

Cohen, B. «The first English version of Newton's '*Hypotheses non fingo*'». *Isis.* Vol. 53 (1962): 379-388.

Comte, A. *Discurso sobre el espíritu positivo.* Alianza: Madrid 1988.

Congar, Y. *La Iglesia Católica y la cuestión racial.* UNESCO: París 1953.

Congregación para la Doctrina de la Fe. «Instrucción *Dignitas Personae* sobre algunas cuestiones de bioética». Santa Sede: 8-09-2008.

Cortina, A. *¡Despertad! Transhumanismo y nuevo orden mundial.* EUNSA: Pamplona 2021.

Cortina, A. *Transhumanismo. La ideología que desafía a la fe cristiana.* Ediciones Palabra: Madrid, 2022a.

Cortina, A. «Los desafíos éticos del transhumanismo». *Pensamiento. Revista de investigación e información filosófica.* Vol. 298 (2022b): 471-483.

Damour, F. y Doat, D. *Transhumanisme: quel avenir pour l'humanité*, Le Cavalier Bleu: París 2021.

De Andrade, O. *A utopia antropofágica. A Antropofogia ao alcance de todos.* Editora Globo: São Paulo 1990.

Delio, I. «Artificial Intelligence and Christian salvation: compatibility or competition». *New Theology Review.* Vol. 16, n. 4 (2003): 39-51.

Del Hierro, J. «El concepto de persona en 'Introducción al cristianismo' de Joseph Ratzinger». *Hallazgos.* Vol. 20, n. 40 (2023): 11-42.

De Miguel Beriain, I. «Consideraciones sobre el concepto de dignidad humana». *Anuario de Filosofía del Derecho.* Vol. 21 (2004): 187-212.

Diéguez, A. *Transhumanismo. La búsqueda tecnológica del mejoramiento humano.* Herder: Barcelona 2017.

—*Cuerpos inadecuados.* Herder: Barcelona 2021.

Dorobantu, M. «Recent advances in Artificial Intelligence (AI) and some of the issues in the theology and Artificial Intelligence dialogue». *ESSSAT News and Reviews.* Vol. 29, n. 2 (2019): 4-17.

Duch, L. *Mito, interpretación y cultura.* Herder: Barcelona 1998.

Echeverría, J. *La revolución tecnocientífica*, Fondo de Cultura Económica. Madrid 2003.

Ellacuría, I. *Filosofía ¿para qué?* UCA Editores: El Salvador 2001.

Esteban Duque, R. *Nostalgia de futuro. Transhumanismo y desafíos a la naturaleza humana.* Ediciones Encuentro: Madrid 2022.

Gallagher, S. «Phenomenology and non-reductionist Cognitive Science». En: S. Gallagher y D. Schmicking (eds). *Handbook of phenomenology and Cognitive Science*. Springer: Dordrecht 2010, pp. 21-34.
Galton, F. *Hereditary genius*. MacMillan: London 1869.
—»Hereditary improvement». *Fraser's Magazine*. Vol. 7 (1873): 116-130.
—*Inquiries into human faculty and its development*. MacMillan & Co: Londres 1883.
Febvre, L. *Le probleme de Vincroyance au XVI siecle: la religion de Rabelais*. Michelet: Paris 1947.
Feenberg, A. *Transforming technology. A critical theory revisited*. Oxford University Press: Oxford 2002.
Feito Grande, L. «El debate ético sobre la mejora humana». *Diálogo Filosófico*. Vol. 86 (2013): 267-290.
Ferry, L. *La pensé 68. Essai sur l'antihumanisme contemporain*. Gallimard: París 1983.
—*L'homme-Dieu ou le Sens de la vie*. Grasset: París 1996.
—*La revolución transhumanista. Cómo la tecnomedicina y la uberización del mundo van a transformar nuestras vidas*. Alianza: Madrid 2017.
Floridi, L. *L'éthique de l'intelligence artificielle. Principes, défis et opportunités*. Mímesis: París 2023.
Forrest, D. W. *Francis Galton. The life and work of a Victorian genius*. Elek Books: London 1974.
Foucault, M. *Las palabras y las cosas. Una arqueología de las ciencias humanas*. Siglo XXI: Madrid 1997.
Francisco. «Carta Encíclica *Laudato si'* sobre el cuidado de la casa común». Santa Sede: 24-05-2015.
Fuller, S. y Lipinska, V. *The proactionary imperative. A foundation for transhumanism*. Palgrave MacMillan: New York 2014.
Fuster, I. *Persona y libertad*. Balmes: Barcelona 2010.
García del Muro, J. *Good bye, veritat. Una aproximació a la postveritat*. Pagès Editors: Barcelona 2018.
Goffette, J. *Naissance de l'anthropotechnie. De la médecine au modelage de l'humain*. Vrin: París 2006.
Gomá, I. *El matrimonio. Explicación dialogada de la Encíclica Casti Connubii*. Rafael Casulleras: Barcelona 1943.
Gordon, P. E. «The place of the sacred in the absence of God: Charles Taylor's 'A Secular Age'». *Journal of the History of Ideas*. Vol. 69, n. 4 (2008): 647-73.

Gray, Ch. *Cyborg citizen. Politics in the posthuman age*. Routledge: Londres 2001.

Hacking, I. «La Mettrie´s soul: vertigo, fever, massacre, and *The Natural History*». *Canadian Bulletin of Medical History*. Vol. 26, n. 1 (2009): 179-202.

Hadot, P. *The veil of Isis. An essay of a history of the idea of Nature*. The Belknap Press of Harvard University Press: Londres 2006.

Habermas, J. *El futuro de la naturaleza humana. ¿Hacia una eugenesia liberal?* Paidós: Barcelona 2002.

—*Pensamiento postmetafísico*. Taurus: México 2008.

Harari, Y. N. *Sapiens. A brief history of humankind*. Vintage: Londres 2015.

—*Homo Deus. A brief history of tomorrow*. Vitage: Londres 2017.

Haas, I. J., Warren, C. y Lauf, S. J. «Political neuroscience. Understanding how the brain makes political decisions». En: D. Redlawsk (ed.), *The Oxford Encyclopedia of Political Decision Making*. Oxford University Press: Oxford 2020.

Haraway, D. *Simians, cyborgs, and women. The reinvention of Nature*. Routledge: New York 1991.

Hegel, G. W. F. *Fe y saber*. Norma: Bogotá 1992.

—*Enciclopedia de las ciencias filosóficas*. Abada: Madrid 2017.

Heidegger, M. *Identität und Differenz*, Verlag Gunther: Neske 1957 (ed. esp.: *Identidad y diferencia*, Anthropos: Barcelona 1988).

—*Die Grundprobleme der Phänomenologie*. Klostermann, Frankfurt: 1975 (ed. esp.: *Los problemas fundamentales de la fenomenología*. Trotta: Madrid 2000).

—*Ser y tiempo*. Trotta: Madrid 2003.

—*Gesamtausgabe. III. Abteilung: Unveröffentlichte Abhandlungen. Vorträge - Gedachtes. Band 64. Der Begriff der Zeit*. Vittorio Klostermann: Frankfurt 2010.

—*Carta sobre el humanismo*. Alianza Editorial: Madrid 2006.

Hopkins, P. «Transcending the animal: how transhumanism and religion are and are not alike». *Journal of Evolution and Technology*. Vol. 14, n. 2 (2005): 13-28.

Horkheimer, M. *Crítica de la razón instrumental*. Editorial Sur: Buenos Aires 1973.

—*Gesammelte Schriften II*. Fischer Taschenbuch Verlag, Frankfurt: 1987.

Hottois, G. *Le Signe et la technique*. Vrin: París 1984.

—«Humanismo, Transhumanismo, Posthumanismo». *Revista Colombiana de Bioética.* Vol. 8, n. 2 (2013): 167-192.
Philosophie et idéologies trans/posthumanistes. Vrin: París 2018.
Hughes, J. (2007). «The compatibility of religious and transhumanist views of metaphysics. Suffering, virtue and transcendence in an enhanced future». *The Global Spiral.* Vol. 8, n. 2.
Hunyadi, M. *Le temps du posthumanisme.* Les Belles Lettres: París 2022.
Jonas, H. *Das Prinzip Verantwortung. Versuch einer Ethik für die technologische Zivilisation.* Insel: Frankfurt 1979.
—*El principio de responsabilidad.* Herder: Barcelona 1995.
Jordan, G. «Apologia for transhumanist religion». *Journal of Evolution and Technology.* Vol. 15, n. 1 (2006): 55—72.
Kass, L. «The wisdom of repugnance». *The New Republic.* Vol. 216 (1997): 17-26.
Kierkegaard, S. *Los lirios del campo.* Madrid: Guadarrama 1963.
Koyré, A. *Pensar la ciencia.* Paidós: Barcelona 1994.
Kurzweil, R. *L'humanité 2.0. La bible du changement.* M21 Éditions: París 2007.
—*The singularity is nearer.* The Bodley Head: Londres 2024.
La Mettrie, J. O. *Obra filosófica.* Editorial Nacional: Madrid 1983.
—*El hombre-máquina, El hombre planta y otros escritos.* El Cuenco: Buenos Aires 2014.
Lara, F. y Savalescu, J. (Eds.). *Más (que) humanos. Biotecnología, inteligencia artificial y ética de la mejora.* Tecnos: Madrid 2021.
Löwith, K. *El hombre en el centro de la historia.* Herder: Barcelona: 1998.
Lumbreras Sancho, S. *Respuestas al transhumanismo. Cuerpo, autenticidad y sentido.* Digital Reasons: Madrid 2020.
Mainländer, Ph. *Filosofía de la redención. Antología,* Fondo de Cultura Económica: Santiago de Chile 2011.
Marcel, G. *Du refus à l'invocation.* Gallimard: París 1940.
—*Le mystère de l'être.* Vol. I. Aubier: París 1951a.
—*Homo viator.* Henry Regnery: Chicago 1951b.
—*Essai de philosophie concrète.* Gallimard: París 1967.
—«Testamento filosófico». *Revue de métaphysique et de morale.* Vol. 74 (1969): 253-262.
—*Ser y tener.* Caparrós: Madrid 2003.
—*De la negación a la invocación. Obras selectas.* Vol. II. BAC: Madrid 2004.

Polo, L. *Quién es el hombre. Presente y futuro del hombre. Obras Completas.* Vol. X. EUNSA: Pamplona 2016.

Marcos, A. «La bioética ante las nuevas antropotecnias». *Bioethics Update.* Vol. 2 (2016): 102-114.

—«Transhumanismo y cultura. Una hermenéutica para el ciborg». En: *Anuario AC/E de cultura digital. Focus: análisis internacional sobre el uso de lenguas minoritarias en la cultura digital.* Acción Cultura Española: Madrid 2024, pp. 10-27.

Marcos, A. y Pérez Marcos, M. *Meditación de la naturaleza humana.* BAC: Madrid 2018.

Marcuse, H. *El hombre unidimensional.* Ariel: Barcelona 2010.

Maritain, J. *Tres reformadores.* Editorial Letras: Santiago de Chile 1938.

—*Les Droits de l'Homme et la Loi Naturelle.* Maison Française: New York 1943.

—*Humanismo integral. Problemas espirituales y temporales de una nueva cristiandad.* Carlos Lohlé: Buenos Aires 1966.

—*La persona y el bien común.* Club de lectores: Buenos Aires 1968.

Martínez Miguélez, M. «Conceptualización de la transdisciplinariedad». *Polis. Revista Latinoamericana.* Vol. 16 (2007): 1-17.

—«Hacia una epistemología de la complejidad y transdisciplinariedad». *Utopía y Praxis Latinoamericana.* Vol. 14, n. 46 (2009): 11-31.

Marx, K. y Engels, F. *La ideología alemana.* Grijalbo: Barcelona 1974.

Meinvielle, J. *Crítica de la concepción de Maritain sobre la persona humana.* Nuestro Tiempo: Buenos Aires 1948.

Mejía Fernández, R. «Foucault y el concepto biológico de raza: Entre el poder y la ciencia». *Relectiones.* Vol. 2 (2005): 77-94.

—*El giro fenomenológico en las neurociencias cognitivas. De Francisco Varela a Shaun Gallagher.* Edicions Sant Pacià: Barcelona 2019.

—*Pensar la Inteligencia Artificial. El legado de Hubert Dreyfus a la fenomenología.* Aula Magna-McGrawHill Interamericana: Madrid 2020.

—«El pensamiento proto-etológico de Condillac. Raíces ilustradas de la ciencia del comportamiento animal». *Daimon. Revista Internacional de Filosofía.* Vol. 86 (2022): 21-33.

Merejo, A. «Tecnociencia en el siglo XXI desde una perspectiva filosófica». *Trilogía Ciencia Tecnología Sociedad.* Vol. 5, n. 8 (2013): 11-17

Merleau-Ponty, M. *Phenomenology of perception.* Routledge: New York 2012.

Missa, J.-N. «Gilbert Hottois y '*Species Technica*'». *Revista Colombiana de Bioética*. Vol. 16, n. 1 (2021): 1-19.

Mitcham, C. *¿Qué es la filosofía de la tecnología?* Anthropos: Barcelona 1989.

Monserrat, J. *Epistemología evolutiva y teoría de la ciencia.* Universidad Pontificia Comillas: Madrid 1984.

Morin, E. *Ciencia con conciencia*. Anthropos: Barcelona 1984.

—*Introducción al pensamiento complejo*. Gedisa: Buenos Aires 1999.

El método 1. La naturaleza de la naturaleza. Editorial Cátedra: Madrid 2001.

More, M. «Transhumanism: Toward a Futurist Philosophy». *Extropy*. Vol. 6 (1990): 6-12.

—«The Overhuman in the transhumanism». *Journal of Evolution and Technology*. Vol. 21, n. 1 (2010): 6-12.

Morin, E. y Le Moigne, J.-L. *L'Intelligence de la complexité.* L'Harmattan: París 1999.

Morozov, E. *La locura del solucionismo tecnológico*. Katz: Madrid 2016.

Mounier, E. *Liberté sous conditions*. París: Seuil 1946.

—*Manifiesto a favor del personalismo*. Taurus: Madrid 1967.

—*El personalismo*. Eudeba: Buenos Aires 1972.

Nava Amezcua, A. «¿Qué es la tecnociencia? Tecnociencia, poder y entorno». *Revista Colombiana de Filosofía de la Ciencia*. Vol. 20, n. 41 (2020): 113-145.

Nédoncelle, M. *Love and the person*. Sheed and Ward: New York 1966.

Neusch, M. «Luc Ferry et l'émergence d'un nouvel humanisme sans Dieu». *Nouvelle Revue Théologique*. Vol. 119, n. 3 (1997)): 335-351.

Nietzsche, F. *Sobre verdad y mentira en sentido extramoral.* Tecnos: Madrid 1996.

Ortega y Gasset, J. *Obras Completas.* Vol. V, Revista de Occidente: Madrid 1964.

Oviedo, L. «La teología ante el transhumanismo». *Pensamiento. Revista de investigación e información filosófica*. Vol. 78, n. 298 (2022): 515-522.

Pearson, K. *The life, letters and labours of Francis Galton*. Cambridge, Cambridge University Press 1924.

Parfit, D. *Reasons and persons*. Clarendon Press: Oxford 1971.

Polo, L. *Quién es el hombre. Presente y futuro del hombre. Obras Completas.* Vol. X. EUNSA: Pamplona 2016.

Postigo, E. «Bioética y transhumanismo desde la perspectiva de la naturaleza humana». *Arbor: ciencia, pensamiento y cultura*. Vol. 195, n. 792, a. 507 (2019).

Prigogine, I. *El fin de las certidumbres*. Ariel: Barcelona 2001.

Quintanilla, A. *Tecnología: un enfoque filosófico y otros ensayos de filosofía de la tecnología*. Fondo de Cultura Económica: México 2017.

Rahner, K. *Hörer des Wortes. Zur Grundlegung einer Religionsphilosophie*. München: Kösel-Verlag, 1941.

—*Geist in Welt. Zur Metaphysik der endlichen Erkenntnis bei Thomas von Aquin*. Kösel-Verlag: München 1957.

—*Curso fundamental sobre la fe. Introducción al concepto de cristianismo*. Herder: Barcelona 1984.

Ricœr, P. *Sí mismo como otro*. Siglo XXI: Madrid 2006.

Ros García, S. «La experiencia del «deseo abisal» en San Juan de la Cruz: 'Qué bien sé yo la fonte que mana y corre». *San Juan de la Cruz*. Vol. 35 (2005): 5-32.

Sánchez Cañizares, J. *Razón y fe. La plenitud de la vida moral*. EUNSA: Pamplona 2013.

Sandberg, A. «Morphological freedom — why we not just want It, but need it». En: M. More y N. Vita-More (eds.), *The transhumanist reader*. Wiley: Oxford 2013, pp. 56-64.

Santo Tomás de Aquino. *Suma de Teología*. BAC: Madrid 1993.

Sartre, J-P. *El existencialismo es un humanismo*. Sur: Buenos Aires 1973.

Sieneux, R. *Compendio de la Suma Teológica de Santo Tomás de Aquino*. Vol. II, Editorial Tradición: México 2001.

Sloterdijk, P. *Extrañamiento del mundo*. Pretextos: Valencia 2001.

Solomon, R. C. *Spirituality for the skeptic: the thoughtful love of life*. Oxford University Press: Oxford 2002.

Somavilla Rodríguez, E. (Ed.). *El transhumanismo en la sociedad actual*. Centro Teológico San Agustín: Madrid 2019.

Sudmann, A. *The democratization of Artificial Intelligence. Net politics in the era of learning algorithms*. Bielefeld: Transcript 2019.

Taylor, Ch. *A secular age*. Belknap Press of Harvard University Press: Cambridge 2007.

Ten Have, H. *Vulnerabilità. Una sfida per la bioetica*. Mimesis Edizioni: Milán 2024.

Terrones, A. «Transhumanismo y ética de la responsabilidad». *Resonancias. Revista de Filosofía*. Vol. 4 (2018). 59-73.

Torralba, F. *La inteligencia espiritual*. Plataforma: Barcelona 2010.

—«Espiritualidad y transhumanismo: autotranscendencia y humildad óntica». *Pensamiento. Revista de investigación e información filosófica*. Vol. 78, n. 298 (2022): 503-513.

Toulmin, S. *La comprensión humana I. El uso colectivo y la evolución de los conceptos*. Alianza Editorial: Madrid 1977.

Touraine, A. *Crítica de la modernidad*. Fondo de Cultura Económica: Madrid 1994.

Úriz Pemán, M. J. «Principios éticos en la mejora técnica del ser humano». *Thémata. Revista de Filosofía*. Vol. 46 (2012): 57-66.

Villela Cortés, F. y Linares Salgado, J. «Eugenesia. Un análisis histórico y una posible propuesta». *Acta Bioethica*. Vol. 17, n. 2 (2011): 189-197.

Vita-More, N. «Aesthetics: bringing the arts and design into the discussion of transhumanism». En: M. More y N. Vita-More (eds.), *The transhumanist reader*. Wiley: Oxford 2013, pp. 18-27.

Volpi, F. *El nihilismo*. Buenos Aires: Biblos 2005.

Von Balthasar, H. U. *Teología de la historia*. Guadarrama: Madrid 1964.

—*Teológica I. La verdad del mundo*. Ediciones Encuentro: Madrid 1997.

Warin, I. «La notion de *technè* en Grèce ancienne». *Artefact*. Vol. 15 (2021): 43-60.

Weger, K. H. *Karl Rahner. Introducción a su pensamiento teológico*. Herder: Barcelona 1982.

Zambrano, M. *La agonía de Europa*. Mondadori: Madrid 1988.

Zubiri, X. *Naturaleza, Historia, Dios*. Editora Nacional: Madrid 1963.

—*El hombre y Dios*. Alianza: Madrid 1998.

—*Cursos Universitarios*. Vol. II. Alianza: Madrid 2010.